普通高等学校“十三五”规划新形态教材
中央高校教育教学改革基金（本科教学工程）资助

金属材料及热处理

JINSHU CAILIAO JI RECHULI

主　编　徐林红　饶建华
副主编　韩光超　杨　洋　刘　浩

華中科技大學出版社
http://www.hustp.com
中国·武汉

图书在版编目(CIP)数据

金属材料及热处理/徐林红,饶建华主编. —武汉：华中科技大学出版社,2019.11(2024.8 重印)
普通高等学校"十三五"规划新形态教材
ISBN 978-7-5680-4928-3

Ⅰ.①金… Ⅱ.①徐… ②饶… Ⅲ.①金属材料-高等学校-教材 ②热处理-高等学校-教材
Ⅳ.①TG14 ②TG15

中国版本图书馆 CIP 数据核字(2019)第 226428 号

金属材料及热处理 徐林红 饶建华 主编
Jinshu Cailiao ji Rechuli

策划编辑：袁 冲
责任编辑：狄宝珠
封面设计：孢 子
责任监印：朱 玢
出版发行：华中科技大学出版社(中国·武汉) 电话：(027)81321913
武汉市东湖新技术开发区华工科技园 邮编：430223
录 排：华中科技大学惠友文印中心
印 刷：武汉邮科印务有限公司
开 本：787mm×1092mm 1/16
印 张：13
字 数：322 千字
版 次：2024 年 8 月第 1 版第 7 次印刷
定 价：39.00 元

前言

“金属材料及热处理”是机械类和近机类专业的一门重要专业技术基础课。通过本课程的学习，不仅可以掌握金属材料及其热处理的相关知识并加以应用，同时可以对工程实践能力和创新意识的培养以及后续课程的学习等起到非常关键的作用。

中国地质大学(武汉)“金属材料及热处理”MOOC课程是国家级在线开放精品课程，自2016年在中国大学MOOC平台上线以来，获得众多在校学生和社会从业人员的一致好评，选课人数在同类课程中一直名列前茅，并入选“学习强国”平台，在此感谢各位学习者对我们课程的支持和关注，同时应广大网上在线课程学习者的要求，中国地质大学(武汉)“金属材料及热处理”课程教学团队组织编写了本册与MOOC课程配套教材。

为了适应金属材料科学的发展及学生和工程技术人员的学习需求，面向实用，注重培养学生金属材料工程应用的能力，同时结合MOOC课程和课堂教学的特点，本教材在前人优秀教材的基础上对教学内容进行归纳、梳理、总结、提炼，让学习者对金属材料有一个全面的完整的了解，进而培养他们合理地选择应用金属材料和制订热处理工艺的能力。为方便读者学习本课程的内容，本教材在编写过程中融入了网上的教学资源，包括课件和部分视频，供学习者在学习过程中参考，更多的视频见中国大学MOOC网。本教材既适合机械类及近机类本科专业使用，也可满足专科学校、职业技术学院等相关专业及网络MOOC课程教学的需求。

本书主要包含以下内容。①材料及材料科学；②材料的性能：材料的力学性能、物化性能及工艺性能；③材料的结构：晶体结构的概念、实际金属的晶体结构；④纯金属和合金的结晶；⑤铁碳合金相图；⑥金属的塑性变形：金属的形变强化及其他强化方式和机理；⑦热处理原理；⑧金属材料的热处理：普通热处理、表面热处理及其他热处理；⑨碳钢和合金钢：结构钢、工具钢等；⑩铸铁：铸铁概述、铸铁的分类；⑪有色金属及合金：铝及铝合金、铜及铜合金、钛及钛合金、镍及镍合金、镁及镁合金等；⑫材料的选用：零件的失效分析以及材料的选用。

本书在编写过程中参考和吸收了很多同类优秀教材与著作的思想、经验和优点，引用文献中的材料，编者谨向各位作者表示诚挚的敬意和谢意。

本书的出版得到了华中科技大学出版社的大力支持，出版社编辑为此付出了辛勤的劳动，特此感谢。

由于编者学识、能力等方面的限制，教材中一定还存在很多疏漏与错误之处，恳请同人和读者批评指正，我们将不胜感激。

编　者

2019 年 6 月于武汉

目录

第1章 金属材料的性能

金属材料的性能包括使用性能和工艺性能两方面。使用性能是指保证零件正常工作应具备的性能，即材料在使用过程中表现出来的性能，主要有力学性能、物理性能和化学性能等。工艺性能是指材料在各种加工过程中表现出来的性能，主要包括铸造性能、压力加工性能、热处理性能、焊接性能和切削加工性能等。

1.1 金属材料的使用性能

1.1.1 金属材料的力学性能

金属材料的力学性能是指金属材料在各种载荷(外力)作用下表现出来的抵抗变形或破坏的能力，它是机械零件设计和选材的主要依据。常用的力学性能指标主要包括强度、硬度、塑性、韧性等。

1. 强度

强度是指材料在外力作用下抵抗变形或断裂的能力。根据所受载荷形式的不同，金属材料的强度又可分为抗拉强度、抗压强度、抗弯强度和抗剪强度等。各种强度指标之间有一定的联系，其中抗拉强度是最基本的强度指标。

材料受外力时，其内部产生了大小相等方向相反的内力，单位横截面积上的内力称为应力，用 σ 表示。拉伸试验是指在轴向拉伸载荷下测定材料特性的试验方法，是评价材料力学性能最简单和最有效的方法，通过拉伸试验可测定材料的一系列强度指标和塑性指标。对标准试样(见图 1-1)施加一单轴拉伸载荷，使之发生变形直至断裂，便可得到试样应变随应力变化的关系曲线，称为应力-应变曲线。图 1-2 所示为退火状态的低碳钢的应力-应变曲线。试样原始面积 A_0 去除拉力 F 得到应力，以试样原始标距 l_0 去除绝对伸长量 Δl 得到应变 ε，即 $\sigma=P/A_0$，$\varepsilon=\Delta l/l_0$，则力-伸长(P-Δl)曲线就成了工程上的应力-应变(σ-ε)曲线。

金属材料的强度是用应力值来表示的。从拉伸曲线可以得出材料的三个主要强度指标：弹性极限、屈服强度和抗拉强度。

1) 弹性极限

在应力-应变曲线中，OA 为弹性变形段，此时卸载掉载荷，试样可恢复到原来的尺寸。A 点所对应的应力为材料承受最大弹性变形时的应力值，称为弹性极限，用符号 σ_e 表示。

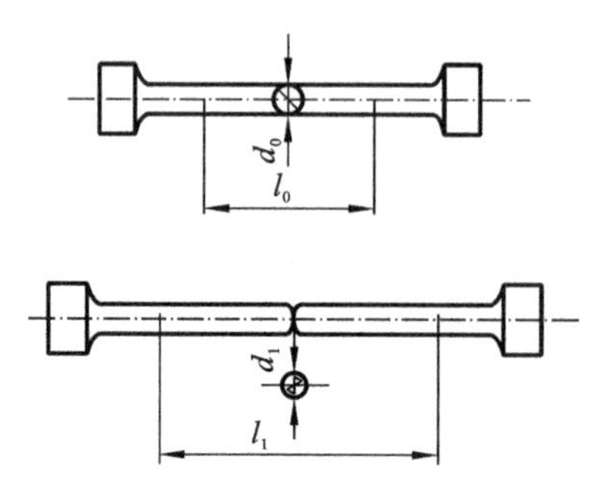

图 1-1 圆形标准拉伸试样

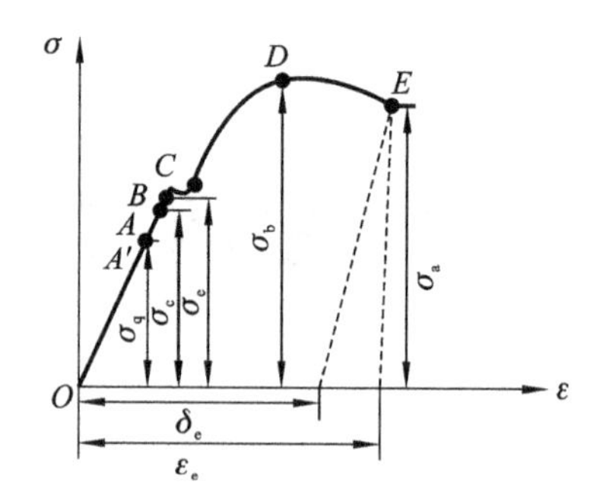

图 1-2 低碳钢的应力-应变曲线

2）屈服强度（屈服点）

在图 1-2 中，应力超过 B 点后，塑性应变急剧增加，应力出现微小波动，这种现象称为屈服。这一阶段的最大、最小应力分别称为下屈服点和上屈服点。由于下屈服点的数值较为稳定，因此以它作为材料抗力的指标，称为屈服点或屈服强度。用符号 σ_s 表示。有些金属材料，如高碳钢、铸铁等，在拉伸试验中没有明显的屈服现象，由此，国家标准规定以试样的塑性变形量为试样标距长度的 0.2%时所对应的应力作为屈服强度，用 $\sigma_{0.2}$ 表示。

3）抗拉强度

在图 1-2 中，CD 段为均匀塑性变形阶段。在这一阶段，应力随应变的增加而增加，产生应变强化。变形超过 D 点后，试样开始产生局部塑性变形，即出现缩颈现象，随应变增加，应力明显下降，并迅速在 E 点断裂。D 点所对应的应力值为材料断裂前所能承受的最大应力，称为抗拉强度，用 σ_b 表示。

4）真实应力-应变曲线

真实应力简称真应力，也就是瞬时的流动应力 Y，用单向均匀拉伸（压缩）时各加载瞬间的载荷 P 与该瞬间试样的横截面积 A 之比来表示，即 $Y=P/A$。图 1-2 所示应力-应变曲线中的应力和应变是以试样的初始尺寸进行计算的，事实上，在拉伸过程中试样的尺寸是在不断变化的，此时的真实应力 Y 应该是瞬时载荷（P）除以试样的瞬时截面积（A），即：$Y=P/A$；同样，真实应变 ε 应该是瞬时伸长量除以瞬时长度：$d\varepsilon=dl/l$。

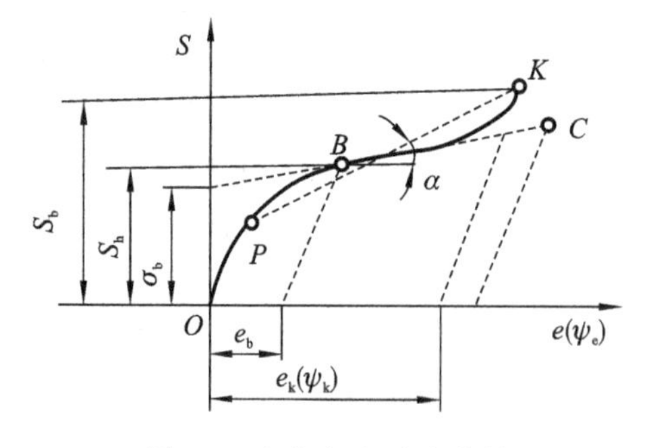

图 1-3 真实应力-应变曲线

如图 1-3 中所示，真实应力-应变曲线不像图 1-2所示应力-应变曲线那样在载荷达到最大值后转而下降，而是继续上升直至断裂，这说明金属在塑性变形过程中不断地发生加工硬化，从而使得外加应力必须不断增高，才能使变形继续进行，即使在出现缩颈之后，缩颈处的真实应力仍在升高，这就排除了应力-应变曲线中应力下降的假象。

弹性极限是弹性元件（弹簧）设计和选材的主要依据。而绝大多数机械零件（如紧固螺栓）在工作中不允许产生明显的塑性变形，所以屈服强度是大多数机械零件设计和选材的主要依据。抗拉强度表示材料抵抗断裂的能力，由于脆性材料没有屈服现象，故常用抗拉强度作

为设计依据。

2. 塑性

塑性是指金属材料在载荷作用下产生塑性变形而不被破坏的能力。金属材料的塑性指标也是通过拉伸试验测得的。常用的塑性指标有伸长率和断面收缩率。

1）伸长率

试样拉断后标距长度的伸长量与原始标距长度的百分比即为伸长率，用符号 δ 表示，即

$$\delta = \frac{l_k - l_0}{l_0} \times 100\% \tag{1-1}$$

式中：l_0 为试样原始标距长度；

l_k 为试样拉断后的标距长度。

长试样和短试样的伸长率分别用 δ_{10} 和 δ_5 表示，习惯上 δ_{10} 也常写成 δ。伸长率的大小与试样的尺寸有关，对于同一材料，短试样测得的伸长率大于长试样测得的伸长率，即 $\delta_5 > \delta_{10}$。因此，在比较不同材料的伸长率时，应采用相同尺寸规格的标准试样。

2）断面收缩率

试样拉断后，缩颈处横截面积的缩减量与原始横截面积的百分比即断面收缩率，用符号 ψ 表示，即

$$\psi = \frac{A_0 - A_k}{A_0} \tag{1-2}$$

式中：A_0 为试样原始横截面积；

A_k 为试样拉断处的最小横截面积。

断面收缩率与试样尺寸无关，因此能更可靠地反映材料的塑性。材料的伸长率和断面收缩率越大，则表示材料的塑性越好。塑性好的材料如铜、低碳钢等容易进行轧制、锻造、冲压等；塑性差的材料如铸铁等不能进行压力加工，只能用铸造方法成形。

3. 硬度

硬度是衡量材料软硬程度的指标，表示材料抵抗局部塑性变形或破裂的能力。硬度是通过硬度试验测得的，生产中常用压入法测量硬度。其方法是将一定几何形状的压头，在一定压力作用下压入材料表面，根据压入的程度来测算硬度值。利用压入法测定硬度的常用方法有布氏硬度法、洛氏硬度法和维氏硬度法，如图 1-4 所示。

1）布氏硬度（HBW/HBS）

布氏硬度采用直径为 D 的淬火钢球或硬质合金球做压头，在试验力 F(N)的作用下压入被测金属表面，保持规定的时间后卸除试验力，则在金属表面留下一压坑（压痕），用读数显微镜测量其压痕平均直径 d(mm)，然后根据 d 值从有关的布氏硬度表中查出 HB 值。

用淬火钢球做压头测得的硬度用符号 HBS 表示，适合于测量布氏硬度值小于 450 的材料；用硬质合金球做压头测得的硬度用符号 HBW 表示，适合于测量布氏硬度值在 450～650 的材料。在标注时，硬度值写在硬度符号的前面，例如 120 HBS，表示用淬火钢球做压头测得材料的布氏硬度值为 120。我国目前布氏硬度机的压头主要是淬火钢球，故主要用来测定灰铸铁、有色金属以及经退火、正火和调质处理的钢材等的硬度。

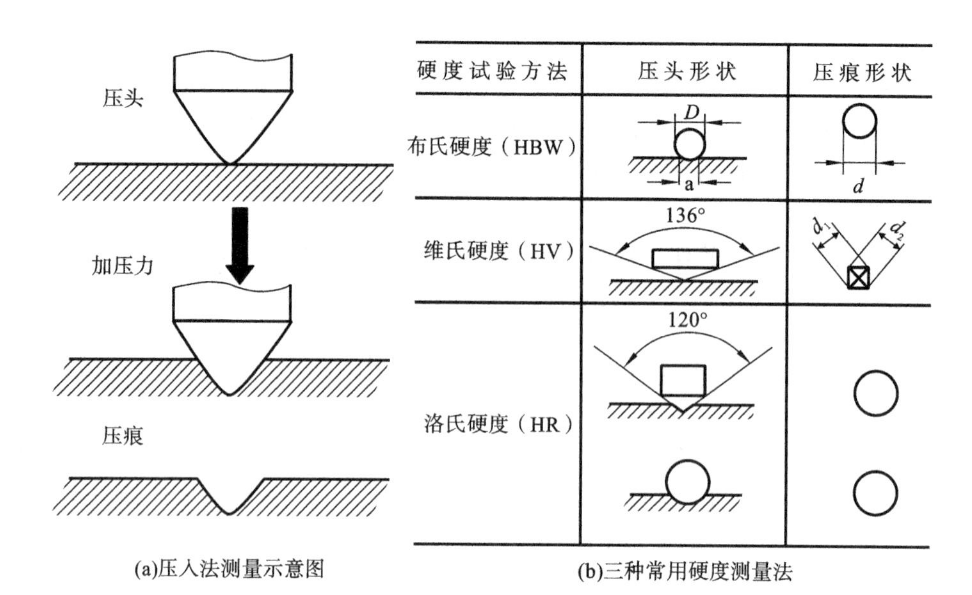

(a)压入法测量示意图

(b)三种常用硬度测量法

图 1-4　压入法测量硬度

布氏硬度压痕大，试验结果比较准确。但较大压痕会有损试样表面，不宜用于成品件与薄件的硬度测试，而且布氏硬度的测试过程较麻烦。

2）洛氏硬度（HR）

洛氏硬度测试原理是用顶角为 120°的金刚石圆锥或直径为 1.588 mm 的淬火钢球做压头，先预加初载荷，再加主载荷，将压头压入金属表面，保持一定时间后卸除主载荷，根据压痕的残余深度确定硬度值，用符号 HR 表示。

为了能在同一洛氏硬度机上测定从软到硬的材料硬度，采用了由不同的压头和载荷组成的几种不同的洛氏硬度标尺，并用字母在 HR 后加以注明，常用的洛氏硬度是 HRA、HRB 和 HRC 三种。表示洛氏硬度时，硬度值写在硬度符号的前面。如：50 HRC 表示用标尺 C 测得的洛氏硬度值为 50。

表 1-1 所示为常用洛氏硬度的试验条件、硬度范围和应用举例。

表 1-1　常用洛氏硬度的试验条件、硬度范围和应用举例

硬度符号	压头类型	总试验力 F/N	硬度范围	应用举例
HRA	120°金刚石圆锥	588.4	20～88	硬质合金、碳化物、浅层表面硬化钢等
HRB	ϕ1.588 mm 硬质合金球	980.7	20～100	退火钢、正火钢、铝合金、铜合金、铸铁
HRC	120°金刚石圆锥	1471	20～70	淬火钢、调质钢、深层表面硬化钢

洛氏硬度的测量具有迅速、简便、压痕小、硬度测量范围大等优点，可直接测量成品或较薄工件的硬度。但由于压痕较小，测得的数据的准确性、稳定性和重复性不如布氏硬度，通常应在试样不同部位测定三点取其算术平均值作为材料的硬度值。

3）维氏硬度（HV）

维氏硬度试验原理基本上与布氏硬度相同，也是根据压痕单位表面积上的载荷大小来计算硬度值，所不同的是采用相对面夹角为 136°的正四棱锥体金刚石做压头。

试验时用选定的载荷 F 将压头压入试样表面，保持规定时间后卸除载荷，在试样表面

压出一个四方锥形压痕，测量压痕两对角线长度，求其算术平均值，用以计算出压痕表面积，以压痕单位表面积上所承受的载荷大小表示维氏硬度值，用符号 HV 表示。

维氏硬度适用范围宽（5～1000 HV），可以测量从极软到极硬材料的硬度，尤其适用于极薄工件及表面薄硬层的硬度测量（如化学热处理的渗碳层、渗氮层等），其结果精确可靠。缺点是测量较麻烦，工作效率不如洛氏硬度高。

综上所述，硬度测量具有简便、快捷及不破坏试样（非破坏性试验）等特点，能综合反映材料的其他力学性能，如根据硬度值可以估算出强度。在一定范围内，金属材料的硬度提高，强度也相应增加。同时硬度与耐磨性也具有直接关系，硬度越高，耐磨性越好。所以，硬度测量应用极为广泛，常把硬度标注在图样上，作为工件检验和验收的主要依据。上述各种硬度测量法，相互之间没有理论换算关系，但可通过查国家标准《金属材料 硬度值的换算》（GB/T 33362—2016）进行近似换算。也可粗略地根据以下经验公式进行换算：硬度为 200～600 HBW 时，1 HRC 相当于 10 HBW；硬度小于 450 HBW 时，1 HBW 相当于 1 HV。

4. 韧性

韧性是指金属在断裂前吸收变形能量的能力，即抵抗冲击破坏的能力。韧性的主要判据是冲击吸收能量，冲击吸收能量越大，材料承受冲击的能力越强。

冲击吸收能量可通过一次摆锤冲击试验来测量。按 GB/T 229—2007《金属材料 夏比摆锤冲击试验方法》规定，冲击试样的横截面尺寸为 10 mm×10 mm，长度为 55 mm，试样的中部开着 V 形或 U 形缺口，如图 1-5 所示。

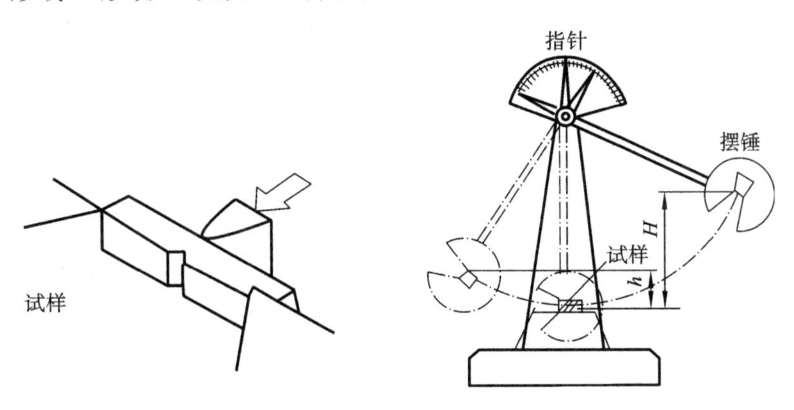

图 1-5　摆锤式冲击试验原理

试验时将带有缺口的标准冲击试样安放在冲击试验机的支座上，试样缺口背向摆锤冲击方向。质量为 m 的摆锤从一定高度 H 落下，将试样冲断，冲断试样后，摆锤继续升到 h 的高度。摆锤冲断试样所消耗的能量为冲击吸收功，用符号 KV（或 KU）表示，单位为 J。试验时，冲击吸收能量可直接在试验机上读取。

$$\text{KV（或 KU）} = mgH - mgh = mg(H-h) \tag{1-3}$$

将冲击吸收功除以试样缺口底部横截面积，即得到冲击韧性值，冲击韧性用 α_k 表示。α_k 越大，表明材料韧性越好。冲击韧性值是在大能量一次冲断试样条件下测得的性能指标。但实际生产中许多机械零件很少会受到大能量一次冲击而断裂，多数是在工作时承受小能量多次冲击后才断裂。试验发现，在小能量多次冲击载荷作用下，材料的使用寿命并非完全取决于冲击韧性，而是主要取决于材料的强度。例如，大功率柴油机的曲轴采用球墨铸

铁制成，它的冲击韧性并不高，但使用中并未发生断裂。

5. 疲劳强度

零件的受载形式除静载荷和冲击载荷外，常见的还有交变载荷，其特点是载荷随时间而有周期性变化，如轴在转动中承受周期性的弯曲，锤杆在打击中承受周期性的拉伸和压缩，齿轮在传动过程中两齿轮的齿部相互周期性的作用也属于交变载荷。在交变载荷的作用下，零件在工作过程中截面上的应力往往随时间做周期性的变化，这种随时间作周期性变化的应力称为交变应力(也称循环应力)。在交变应力作用下，虽然零件所承受的应力远低于材料的屈服点，但在长期使用过程中往往会产生裂纹或突然发生完全断裂，这种破坏过程称为疲劳断裂。

疲劳断裂与静载荷作用下的失效不同，不管是脆性材料还是韧性材料，疲劳断裂都是突然发生的，事先均无明显的塑性变形预兆，属低应力脆断，因此具有很大的危险性，常常造成严重的事故。据统计，80%以上机械零件的损坏都是因金属疲劳造成的。因此，工程上十分重视疲劳规律的研究，疲劳现象对于正确使用材料、合理设计零件具有重要意义。

工程中规定，无裂纹材料的疲劳性能指标有疲劳强度(也叫疲劳极限)和疲劳缺口敏感度等。通常材料疲劳性能指标的测定是在旋转弯曲疲劳试验机上进行的。在交变载荷下，金属材料承受的交变应力(σ)和材料断裂时承受交变应力的循环次数(N)之间的关系通常用疲劳曲线来描述，如图 1-6 所示。金属材料承受的交变应力 σ 越大，则断裂时应力循环次数 N 越小；反之 σ 越小，则 N 越大。当应力低于某值时，应力循环无数次也不会发生疲劳断裂，此应力称为材料的疲劳强度(亦称疲劳极限)，用 σ_D 表示。也就是说疲劳极限是金属材料在无限次交变应力作用下而不破坏的最大应力。当交变应力对称循环时，如图 1-7 所示，其疲劳极限用符号 σ_{-1} 表示。

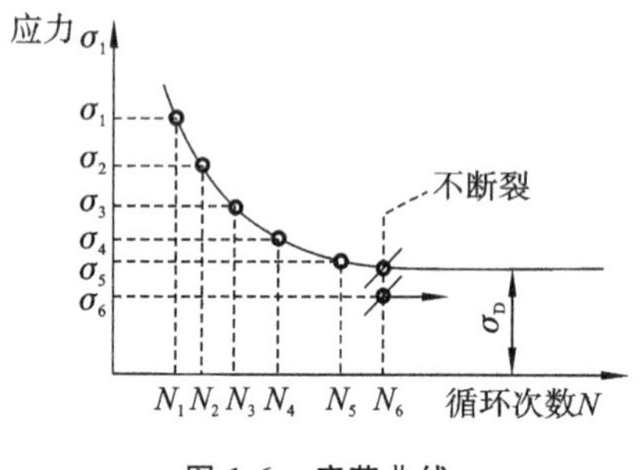

图 1-6 疲劳曲线

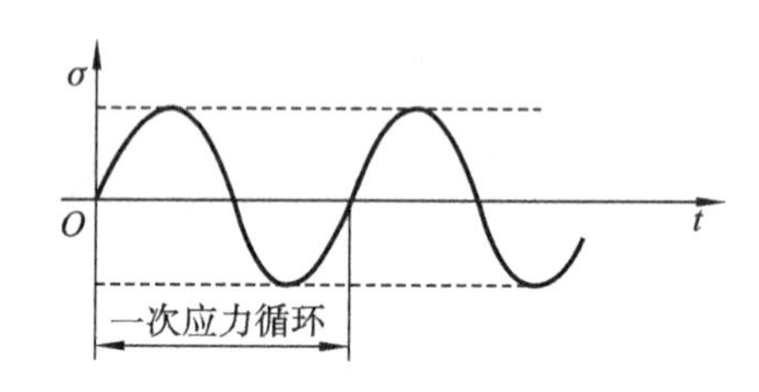

图 1-7 对称循环应力

常用钢铁材料的疲劳曲线有明显的水平部分。而一般有色金属、高强度钢及腐蚀介质作用下的钢铁材料的疲劳曲线不存在水平部分，在这种情况下，要根据零件的工作条件和使用寿命，规定一个疲劳极限循环基数 N_0，并以循环次数 N_0 断裂时所对应的应力作为“条件疲劳极限”，以 σ_N 表示。一般规定常用钢铁材料疲劳极限循环基数 N_0 取 10^7 次，有色金属、不锈钢等取 10^8 次，腐蚀介质作用下的钢铁材料取 10^6 次。

由于疲劳断裂通常是在机件最薄弱的部位或缺陷造成的应力集中处发生，因此疲劳失效对许多因素很敏感，如零件外形、循环应力特性、环境介质、温度、机件表面状态、内部组织缺陷等。这些因素会导致疲劳裂纹的产生或加速裂纹扩展而降低材料的疲劳抗力。

为了提高机件的抗疲劳能力，防止疲劳断裂事故的发生，在进行机件设计和加工时，应

选择合理的结构形状，防止表面损伤，避免应力集中。由于金属表面是疲劳裂纹易于产生的地方，而实际工作的零件大部分都承受交变弯曲或交变扭转载荷，表面应力最大。因此，表面强化处理是提高疲劳强度的有效途径。合理设计零件结构，避免应力集中，降低表面粗糙度值，进行表面滚压、喷丸、表面热处理等，均可以提高零件的疲劳强度。

1.1.2　金属材料的物理性能

物理性能是指物体固有的属性。金属材料的物理性能包括熔点、密度、电性能、热性能和磁性能等。

1. 密度

单位体积物质的质量称为该物质的密度，常用符号 ρ 表示，单位为 kg/m^3。密度小于 $5\times10^3\ kg/m^3$ 的金属称为轻金属，如铝、镁、钛及其合金。密度大于 $5\times10^3\ kg/m^3$ 的金属称为重金属，如铁、铅、钨等。金属材料的密度直接关系到由它们所制构件和零件的自重，轻金属多用于汽车和航天航空器上。

抗拉强度 σ_b 与密度 ρ 之比称为比强度；弹性模量 E 与密度 ρ 之比称为比弹性模量。在汽车、航空及航天领域使用的材料一般都要求具有高的比强度和比弹性模量。

2. 熔点

金属从固态向液态转变时的温度称为熔点。金属及合金都是晶体，都有固定的熔点；陶瓷也有固定的熔点，一般显著高于金属及合金的熔点。高分子材料一般不是完全晶体，没有固定的熔点。熔点高的金属称为难熔金属，如钨、钼、钒等，可以用来制造耐高温器件，在火箭、导弹、燃气轮机和喷气飞机等方面得到广泛应用。熔点低的金属称为易熔金属，如锡、铅等，可用于制造保险丝和防火安全阀零件等。常用金属材料的熔点见表 1-2。

表 1-2　常用金属材料的熔点

材料	钨	钼	钛	铁	铜	铝	铅	锡	铸铁	碳素钢
熔点/℃	3380	2630	1677	1538	1083	660.1	327	231.9	1148～1279	1450～1500

3. 热膨胀性

材料随温度变化而出现膨胀和收缩的现象称为热膨胀性。一般来说，材料受热时膨胀，而冷却时收缩，材料的热膨胀性通常用线膨胀系数来表示。对精密仪器或机械零件来说，热膨胀系数是一个非常重要的性能指标。在异种金属材料的焊接过程中，会因为材料的热膨胀系数相差过大而使焊接件产生焊接变形或破坏。

用热膨胀系数大的材料制造的零件，在温度变化时，尺寸和形状变化大。如轴和轴瓦之间要根据其热膨胀系数来控制其间隙尺寸。在热加工和热处理时也要考虑材料的热膨胀影响，以减少工件在加工过程中的变形和开裂。

4. 导电性

材料传导电流的能力称为导电性，一般用电阻率表示，电阻率的单位是 $\Omega\cdot m$。电阻率越小，金属材料的导电性越好。金属材料的导电性以银为最好，铜、铝次之。合金的导电性比纯金属差。电阻率小的金属（纯铜、纯铝）适合于制造导电零件和电线。电阻率大的金属或合金（如钨、钼、铁、铬）适合于做电热元件。金属材料的电阻率随温度的升高而增加，非金属材料的电阻率随温度的升高而降低。

5. 导热性

材料传导热量的能力称为导热性，一般用热导率来衡量。热导率（导热系数）的符号是λ，单位是W/(m·K)。材料的热导率越大，则导热性越好。金属的导热性以银为最好，铜、铝次之。合金的导热性比纯金属差。金属及其合金的热导率远高于非金属材料。在热加工和热处理时，必须考虑金属材料的导热性，防止材料在加热或冷却过程中形成过大的内应力，以免零件变形或开裂。导热性好的金属散热也好，在制造散热器、热交换器与活塞等零件时，要选用导热性好的金属材料。

6. 磁性

材料能导磁的性能称为磁性。磁性材料常分为软磁材料和硬磁材料（也称为永磁材料）。软磁材料（如电工纯铁、硅钢片等材料）容易磁化、导磁性良好，外磁场去除后磁性基本消除；硬磁材料（如淬火的钴钢、稀土钴等材料）经磁化后能保持磁场，磁性不易消失。

金属材料可分为铁磁性材料（在外磁场中能强烈地被磁化，如铁、钴等）、顺磁性材料（在外磁场中只能微弱地被磁化，如锰、铬等）和抗磁性材料（能抗拒或削弱外磁场对材料本身的磁化作用，如铜、锌等）三类。铁磁性物质可以被磁铁吸引，或者说在外磁场的作用下产生很大的磁感应强度。铁磁性材料可用于制造电压器、电动机、测量仪表灯。抗磁性材料则用于要求避免电磁场干扰的零件和结构材料，如航海罗盘。铁磁性材料的温度升高到一定数值时，磁畴被破坏，变为顺磁体，这个转变温度称为居里点，如铁的居里点是770 ℃。常用金属的物理性能及机械性能见表1-3。

表1-3 常用金属的物理性能及机械性能

金属	铝	铜	镁	镍	铁	钛	铅	锡	锑
元素符号	Al	Cu	Mg	Ni	Fe	Ti	Pb	Sn	Sb
密度×10^3/(kg/m^3)	2.7	8.94	1.74	8.9	7.86	4.51	11.34	7.3	6.69
熔点/℃	660	1083	650	1455	1539	1660	327	232	631
线膨胀系数/(1/℃×10^5)	23.1	16.6	25.7	13.5	11.7	9.0	29	23	11.4
相对电导率/(%)	60	95	34	23	16	3	7	14	4
导热系数/[W/(cm·K)]	2.09	3.85	1.46	0.59	0.84	0.17	—	—	—
磁化率	21	抗磁	12	铁磁	铁磁	182	抗磁	2	—
弹性模量 E/MPa	72 400	130 000	43 600	210 000	200 000	112 500	—	—	—
抗拉强度/MPa	80～110	200～240	200	400～500	250～330	250～300	18	20	4～10
伸长率/(%)	32～40	45～50	11.5	35～40	25～55	50～70	45	40	0
断面收缩率/(%)	70～90	65～75	12.5	60～70	70～85	76～88	90	90	0
布氏硬度/HB	20	40	36	80	65	100	4	5	30
色泽	银白	玫瑰红	银白	白	灰白	暗灰	苍灰	银白	银白

1.1.3　金属材料的化学性能

1. 耐腐蚀性

耐腐蚀性是指金属材料在常温下抵抗空气、水蒸气及其他各种化学介质腐蚀破坏的能力。材料在常温下与周围介质发生化学或电化学作用而遭到破坏的现象称为腐蚀。非金属材料的耐腐蚀能力远高于金属材料，提高材料的耐腐蚀性可有效地节约材料和延长机械零件的使用寿命。金属的腐蚀现象随处可见，如铁生红锈、铜生绿锈、铝生白点等。金属的腐蚀既造成金属表面光泽的缺失和材料的损失，也造成一些隐蔽性和突发性的事故。因此，应采取适当的防腐蚀措施。对一些特殊用途的工件，应用耐腐蚀材料制作。

2. 抗氧化性

材料在加热时抵抗氧化作用的能力称为抗氧化性。金属及其合金的抗氧化机理是金属材料在高温下迅速氧化后，可在金属表面形成一层连续而致密并与母体结合牢固的氧化薄膜，阻止金属材料的进一步氧化。在高温下金属材料易与氧结合，形成氧化皮，造成金属的损耗和浪费，因此高温下使用的工件，要求材料具有高温抗氧化的能力。

3. 化学稳定性

化学稳定性是材料的耐腐蚀性和抗氧化性的总称，高温下的化学稳定性又称为热稳定性。在高温条件下工作的设备，如工业锅炉、加热设备、汽轮机、火箭等上的许多零件，应尽量选用热稳定性好的材料制造。

1.2　金属材料的工艺性能

材料的工艺性能是其力学性能、物理性能和化学性能的综合。工艺性能的好坏，会直接影响所制造零件的工艺方法、质量以及成本，因此选材时也必须充分考虑它。按工艺方法不同，材料的工艺性能可分为以下几个方面。

1. 铸造性

铸造性通常指液体金属能充满比较复杂的铸型并获得优质铸件的性能。流动性、收缩率、偏析倾向都是衡量铸造性好坏的指标。流动性好，充满铸型的能力大，铸件尺寸可得到保证；收缩率小，可减少铸件中的缩孔；偏析倾向小，则铸件各部分成分能均匀一致。所以流动性好、收缩率小、偏析倾向小的材料，其铸件质量也好。一般来说，共晶成分合金的铸造性好。

一些工程塑料，在其成形工艺方法中，也要求低的流动性和小的收缩率。

2. 锻造性(塑性加工性)

锻造性指材料是否易于进行压力加工(包括锻造、压延、拉拔、轧制等)的性能。锻造性的好坏主要以材料的塑性变形能力及变形抗力来衡量。金属在高温时，变形抗力减小，塑性变形能力增大，所以高温下可用较小的力获得很大程度的变形。不过，不同的金属其变形能力各不相同，如钢的锻造性良好，铸铁不能进行任何压力加工。

3. 焊接性

焊接性指材料是否易于焊接在一起并能保证焊缝质量的性能，一般用焊接处出现各种缺陷的倾向来衡量。焊接性好的材料，焊接时不易出现气孔、裂纹，焊后接头强度与母材相近。低碳钢具有优良的焊接性，而铸铁和铝合金的焊接性就很差。

某些工程塑料也有良好的焊接性，但与金属的焊接机制及工艺方法并不相同。

4. 切削加工性

切削加工性指材料进行切削加工的难易程度。它与材料种类、成分、硬度、韧性、导热性及内部组织等许多因素有关，可以用切削抗力的大小、加工表面的质量、排屑的难易程度以及切削刀具的使用寿命来衡量。对于一般材料，过硬或过软，其切削加工性都不好。有利于切削的合适硬度为 160～230 HB。切削加工性好的材料，切削容易，刀具磨损小，加工表面光洁。

陶瓷材料的硬度高，难以进行切削加工，但可作为加工高硬度材料的刀具。除以上所述外，金属材料在热处理过程中，还需考虑其淬透性、淬硬性等工艺性能。

思考练习题

1. 金属材料的力学性能主要包括哪些指标？
2. δ 与 ψ 分别代表什么性能指标，哪个能更准确地表达金属材料的塑性？为什么？
3. 硬度包括哪些测量方法？HRA、HBW、HV 各代表用什么方法测量硬度？
4. 布氏硬度和洛氏硬度各有什么优缺点？
5. 什么是疲劳强度？什么是疲劳极限？
6. 什么是韧性？α_k 代表什么意思？
7. 用标准试样测得的金属材料的力学性能是否可以直接代表该材料制成的零件的力学性能？为什么？

第2章　金属材料的结构

2.1　原子的结合方式

工程材料通常都是固态物质，组成固态物质的基本单元原子、离子或分子在构成物质具体状态时，彼此之间存在着相互作用力，存在着产生相互作用的势能，同时，这些基本单元粒子本身不停地做热运动，存在着相应的动能。组成物质的质点（原子、分子或离子）因其之间的互相作用而联系在一起的结合力称为结合键。原子的结合能越大，键的结合力越强。根据结合力的强弱，通常把结合键分为：离子键、共价键、金属键和分子键。

1. 离子键

当周期表中相隔较远的正电性元素原子和负电性元素原子相互接近时，正电性元素原子失去外层电子变为正离子，负电性原子获得电子变为负离子。正负离子通过静电引力互相吸引，当引力与离子间的斥力相等时便形成稳定的离子键。图 2-1 给出了钠原子和氯原子相互作用构成的离子键。离子键结合力大，通过离子键结合的材料强度高、硬度高、熔点高、脆性大。由于离子键中没有自由电子的存在，故在常温下导电性很差；同时离子难以移动输送电荷，因此这类材料都是良好的绝缘体。NaCl、MgO 等都是典型的离子键化合物。

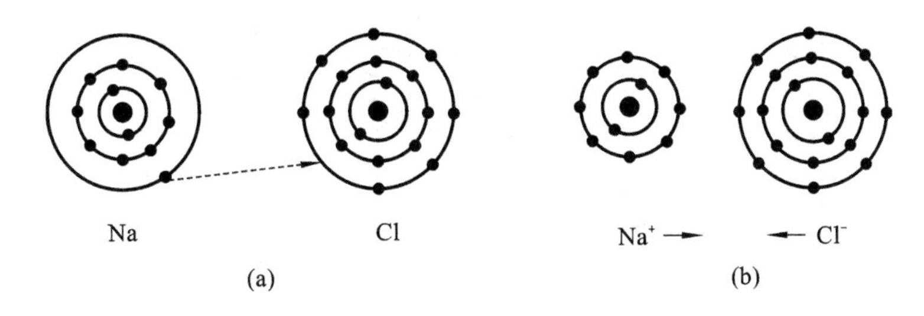

图 2-1　NaCl 形成离子键的过程

2. 共价键

处于周期表中间位置的具有 3、4、5 个价电子的两个相同原子或性质相差不大的原子互相靠近时，由于原子得失电子的能力相当，不可能通过电子转移来获得稳定的外层电子结构，但可以通过共用电子来达到，原子间借共用电子对所产生的力而结合，这种方式称为共价键，如金刚石、SiC。以 Si 原子为例，1 个 4 价的 Si 原子，与 4 个在它周围的 Si 原子共享最外层的电子，从而使得每个 Si 原子最外层获得满壳的 8 个电子，如图 2-2 所示。为了形成 Si 的共价键，Si 原子排列必须堆集成四面体，另有一个 Si 原子处在四面体的中心。由此可以看出，共价键彼此之间有固定的方向关系。通过共价键结合的材料与通过离子键结合的材料一样，也具有强度高、熔点高、脆性大的特点，但其导电性依共价键的强弱而不同。如硅是半导体，金刚石是绝缘体。具有共价键的工程材料多为陶瓷或高分子聚合物材料。

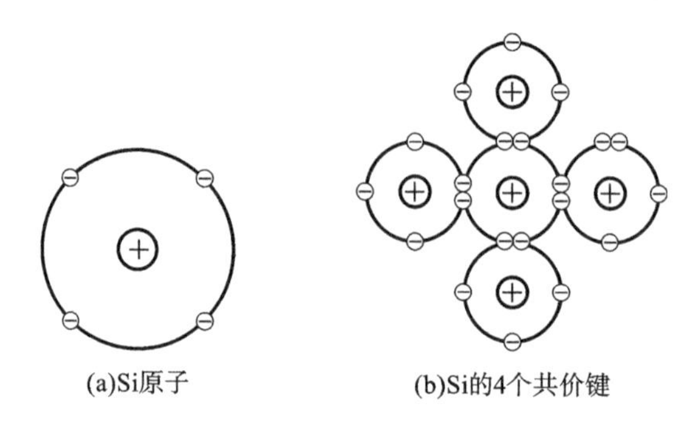

图 2-2　Si 的共价键

3. 金属键

金属原子的外层电子少，一般是 1～2 个，这些最外层电子与原子核的结合力较弱，当金属原子相互靠近时，其外层电子容易脱离原子核的引力，成为自由电子，而金属原子则成为正离子，自由电子在正离子之间自由运动，为各原子所共有，形成电子云。金属离子通过正离子和自由电子之间的引力而相互结合，这种结合键称为金属键。由于维持离子在一起的电子并不固定在一定的位置上，所以金属键无方向性。当金属发生弯曲时，金属键方向也会随之变动，金属原子间发生相对位移，但金属键不被破坏，如图 2-3 所示，因此，金属键使金属晶体具有良好的塑性。自由电子的存在使金属具有良好的导热性和导电性，同时由于自由电子可吸收可见光的能量而使金属具有不透明性。

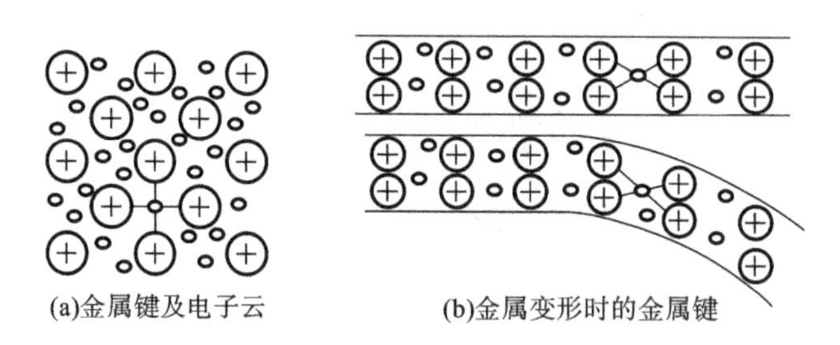

图 2-3　金属键示意图

4. 分子键

对于惰性气体元素，在低温下可结合成固体，由于惰性元素的原子状态已经是稳定电子壳层，因此在其结合过程中没有电子的得失或共有等，而是一个分子的带正电部分会吸引另一个分子的带负电部分，这种结合方式称为分子键。分子键结合力很弱，在较小的外力作用下，键的平衡容易被破坏，因此，由分子键结合的固体材料的熔点和硬度都比较低。

2.2　晶体结构基本常识

2.2.1　晶体结构的基本概念

固态物质按其原子排列规律的不同可分为晶体与非晶体两大类。原子在三维空间呈周期性规则排列的物质称为晶体，如金刚石、石墨和固态金属及合金等。晶体具有固定的熔点，通常具有各向异性特征。原子呈不规则排列的物质称为非晶体，如玻璃、松香、沥青、石蜡等，非晶体没有固定的熔点。

为了便于研究，人们把金属晶体中的原子近似地设想为固定不动的刚性小球，这样就可将金属看成是由刚性小球按一定的几何规则紧密堆积而成的晶体，如图 2-4(a)所示。

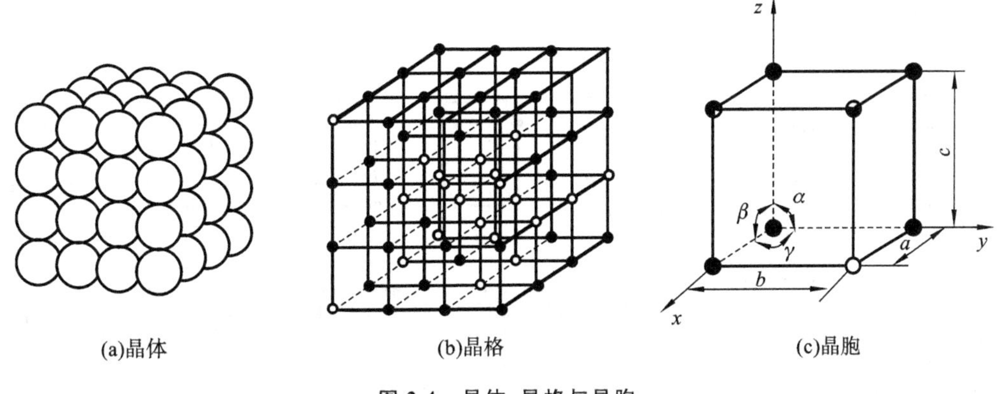

(a)晶体　(b)晶格　(c)晶胞

图 2-4　晶体、晶格与晶胞

1. 晶格

为了研究晶体中原子的排列规律，假定理想晶体中的原子都是固定不动的刚性球，并用假想的线条将刚性球中心连接起来，便形成了一个空间格子，这种抽象的、用于描述原子在晶体中规则排列方式的空间格子称为晶格，如图 2-4(b)所示。晶格中的各直线的交点称作结点。

2. 晶胞

晶体中原子的排列具有周期重复性的特点，因此，通常从晶格中选取一个能够完全反映晶格特征的、最小的几何单元来分析晶体中原子的排列规律，这个最小的几何单元称为晶胞，如图 2-4(c)所示。应该指出的是，在晶体中可以选取多种不同形状和大小的平行六面体作为晶胞，为了统一起见，规定选取的平行六面体应能充分反映晶格的对称性，且晶体内的棱和角(尽量为直角)相等的数目最多，此外还应保证晶胞具有最小的体积。

3. 晶格常数

晶胞的大小和形状常以晶胞的棱边长度 a、b、c 及棱边夹角 α、β、γ 来表示，如图 2-4(c)所示。其中 a、b、c 称为晶格常数，单位为 nm，金属的晶格常数为 0.1～0.7 nm。而 α、β、γ 称为晶轴间夹角，单位为度(°)。在晶体学中，通常按晶胞中三个棱边的长度及夹角是否相等，还有夹角是否为直角等原则，将全部晶体分为 7 种类型，即 7 种晶系(如表 2-1 所示)。其中立方晶系和六方晶系比较重要。各种晶体物质的晶格类型及晶格常数不同，主要与原子构造及结合键性质有关。

表 2-1　7 种晶系

晶　　系	晶胞棱边	棱边夹角	举　　例
立方系	$a=b=c$	$\alpha=\beta=\gamma=90°$	Fe、Cr、Cu、Ag、Au
正方(四方)系	$a=b\neq c$	$\alpha=\beta=\gamma=90°$	β-Sn、TiO_2
六方系	$a=b\neq c$	$\alpha=\beta=90°,\gamma=120°$	Zn、Cd、Mg
正交(斜方)系	$a\neq b\neq c$	$\alpha=\beta=\gamma=90°$	Fe_3C
菱方(三角)系	$a=b=c$	$\alpha=\beta=\gamma\neq 90°$	Sb、Bi
单斜系	$a\neq b\neq c$	$\alpha=\gamma=90°\neq\beta$	β-S
三斜系	$a\neq b\neq c$	$\alpha\neq\beta\neq\gamma\neq 90°$	$K_2Cr_2O_7$

在 7 个晶系中，又存在着 7 种简单晶胞(晶胞中的原子个数为 1)和 7 种复杂晶胞(晶胞原子数≥2)，即 14 种晶胞，如图 2-5 所示。

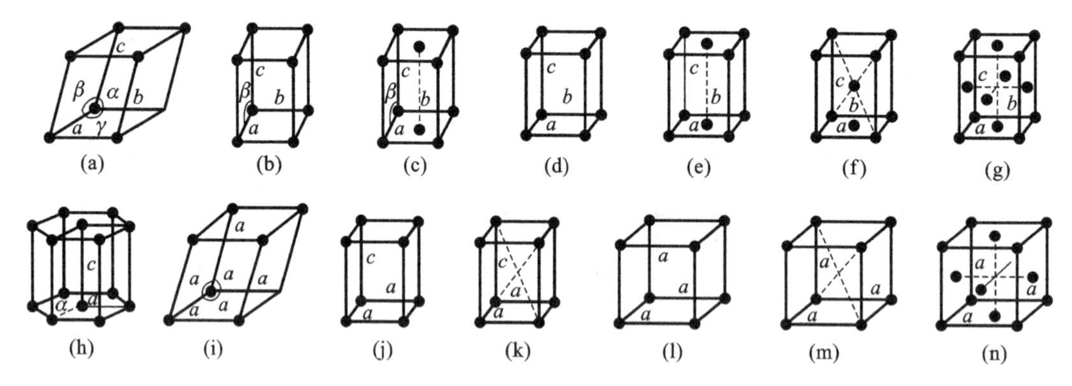

图 2-5　14 种晶胞示意图

2.2.2　立方晶系的晶向指数和晶面指数

在晶体中，通过空间点阵中的任意一组阵点的平面代表晶体中的原子平面，称为晶面。空间点阵中各阵点列的方向代表晶体中原子列的方向，称为晶向。国际上统一采用米勒指数对晶向和晶面进行表征和描述，分别称为晶面指数和晶向指数。研究表明，晶体中的一些特定的晶面和晶向与晶体表现出的性能有密切关系。

1. 晶向指数的标定

晶向指数是表示晶体中点阵方向的指数，由晶向上点阵的坐标值决定。其标定步骤如下：

(1) 以晶胞的三个棱边作三维坐标的坐标轴，以晶格常数为单位长度，过原点引一平行于待定晶向的直线，求出该直线上任一结点的坐标值；

(2) 将空间坐标值按比例化为最小简单整数，加上方括号，即为晶向指数[uvw]。如果有负值则在相应指数上加负号。

对于晶向指数需作如下说明：

(1) [uvw]代表的是一组互相平行、方向一致的晶向；

(2) 若晶体中两晶向相互平行但方向相反，则晶向指数中的数字相同，而符号相反；

(3) 原子排列完全相同，只是空间位向不同的各组晶向称为晶向族，用<uvw>表示，如<100>、<010>、<001>属于一个晶向族，如图2-6所示。

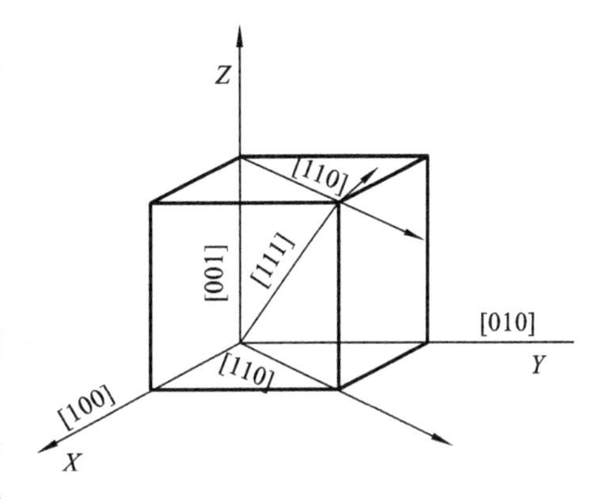

图 2-6　立方晶格中的晶向及指数

2. 晶面指数的标定

晶面指数是表示晶体中点阵平面的指数，由晶面与三个坐标轴的截距值决定。其标定步骤如下：

(1) 以晶胞的三个棱边作三维坐标的坐标轴，以晶格常数为单位长度，求出所求晶面在三个坐标轴上的截距；

(2) 将所得的三个截距值变为倒数；

(3) 将所得数值化为最简单整数，用圆括号括起，即为该晶面的晶面指数(hkl)，这三个数不用标点分开。若截距为负，则在相应的指数上方加负号。

对于晶面指数需作如下说明：

(1) 一个晶面指数(hkl)不是指一个晶面，而是代表着一组相互平行的晶面；

(2) 互相平行的晶面其晶面指数相同，或数字相同而正负号相反；

(3) 晶体中具有等同条件(即这些晶面上的原子排列情况和晶面间距完全相同)而只是空间位向不同的各组晶面称为晶面族，用{hkl}表示。立方晶系常见的晶面族{100}，包括(100)、(010)和(001)三个晶面；{110}包括(110)、(101)、(011)、($1\bar{1}0$)、($10\bar{1}$)和($0\bar{1}1$)六个晶面；{111}包括(111)、($\bar{1}11$)、($1\bar{1}1$)和($11\bar{1}$)四个晶面。其中(100)、(110)和(111)三个晶面如图2-7所示。

(4) 在立方晶系中，具有相同指数的晶向和晶面必定相互垂直，例如[100]和(100)，[111]和(111)等，但此关系不适用于其他晶系。

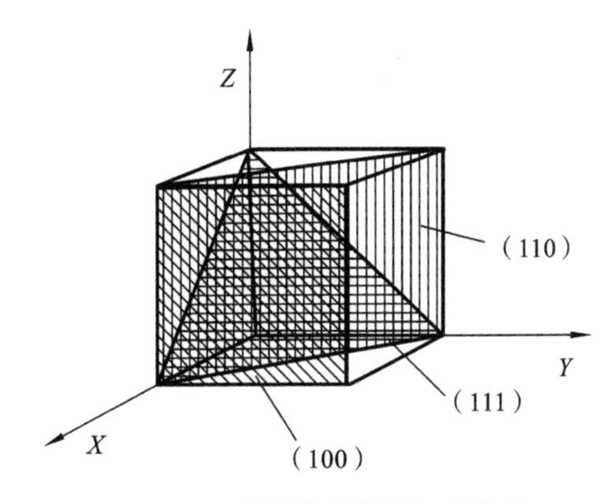

图 2-7　立方晶格中的晶面及指数

3. 晶面和晶向上的原子密度

在晶体中，不同位向晶面上和晶向上的原子密度是不同的。晶向原子密度是指该晶向上单位长度上的原子个数；晶面的原子密度是指该晶面上单位面积中的原子个数。如表 2-2所示，以体心立方晶格为例，给出了不同晶面和晶向上的原子密度，从中可以看出晶体各个方向上和各个晶面上原子密度是不同的。由于原子排列的周期性和疏密程度不尽相同，引起相互间结合力的大小不同，从而导致了金属理想状态的单晶体在不同方向上表现出不同的性能，即各向异性。

表 2-2 体心立方晶格主要晶面和晶向上原子排列和原子密度

晶面指数	体心立方晶格	
	晶面原子排列示意图	晶面原子密度（原子数/面积）
(100)	a，a	$\frac{4\times\frac{1}{4}}{a^2}=\frac{1}{a^2}$
(110)	a，$\sqrt{2}a$	$\frac{4\times\frac{1}{4}}{\sqrt{2}a^2}=\frac{0.7}{a^2}$
(111)	$\sqrt{2}a$，$\sqrt{2}a$，$\sqrt{2}a$	$\frac{3\times\frac{1}{6}}{\frac{\sqrt{3}}{2}a^2}=\frac{0.58}{a^2}$

晶向指数	体心立方晶格	
	晶向原子排列示意图	晶向原子密度（原子数/长度）
(100)	a，a	$\frac{2\times\frac{1}{2}}{a}=\frac{1}{a}$
(110)	$\sqrt{2}a$	$\frac{2\times\frac{1}{2}}{\sqrt{2}a}=\frac{0.7}{a}$
(111)	$\sqrt{3}a$	$\frac{2\times\frac{1}{2}+1}{\sqrt{3}a}=\frac{1.15}{a}$

2.3 常见金属的晶体结构

大多数纯金属的晶体结构都比较简单，其中常见的有体心立方、面心立方和密排六方三种类型。

2.3.1 三种常见金属的晶胞类型

1. 体心立方晶格(B. C. C，body-centered cubic lattice)

体心立方晶格的晶胞是一个立方体，其晶格常数 $a=b=c$，$\alpha=\beta=\gamma=90^\circ$。在立方体的八个角上和立方体的中心各有一个原子，如图 2-8 所示。具有体心立方晶格的金属有铬(Cr)、钨(W)、钼(Mo)、钒(V)和 α-铁(α-Fe)等。

2. 面心立方晶格(F. C. C，face-centered cubic lattice)

面心立方晶格的晶胞也是一个立方体，晶格常数 $a=b=c$，$\alpha=\beta=\gamma=90^\circ$。在立方体的八个角点上和立方体的六个面的中心上各有一个原子，如图 2-9 所示。具有面心立方晶格的金属有铝(Al)、铜(Cu)、镍(Ni)、金(Au)、银(Ag)和 γ-铁(γ-Fe)等。

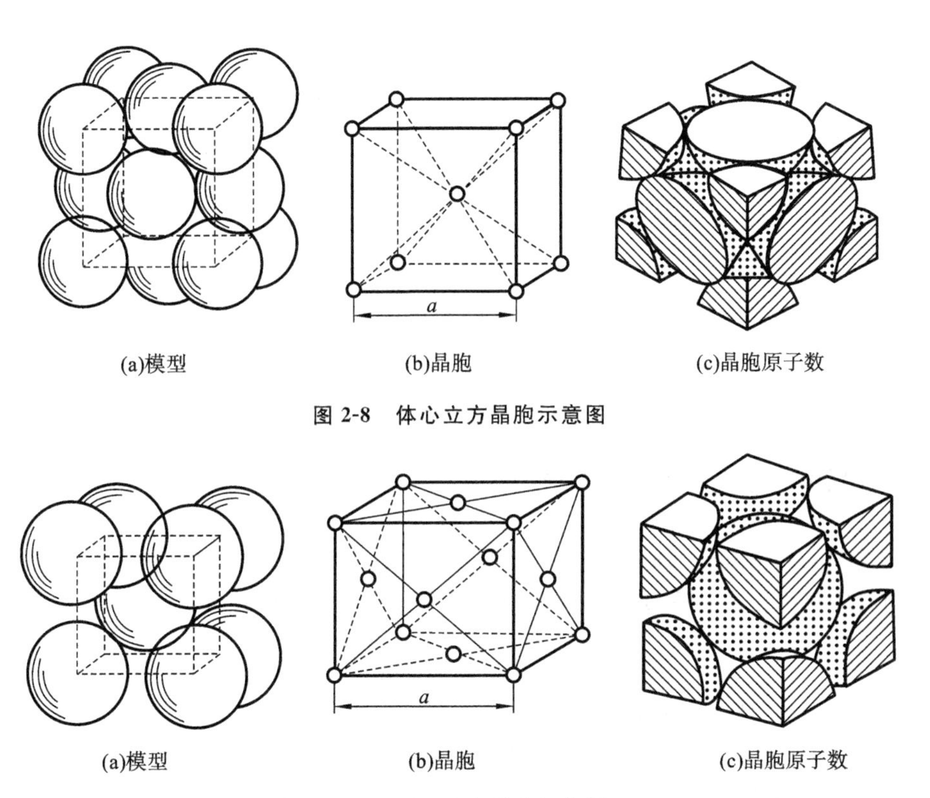

(a)模型　(b)晶胞　(c)晶胞原子数

图 2-8　体心立方晶胞示意图

(a)模型　(b)晶胞　(c)晶胞原子数

图 2-9　面心立方晶胞示意图

3. 密排六方晶格(C. P. H，close-packed hexagonal lattice)

密排六方晶格的晶胞是个正六棱柱体，它是由六个呈长方形的侧面和两个呈正六边形的底面所组成。该晶胞的晶格常数用六边形的边长 a 和柱体的高度 c 表示。在密排六方晶胞的 12 个角点上和上、下底面中心上各有一个原子和其他晶胞所共有，在晶胞中间还有三个原子为该晶胞所独有，如图 2-10 所示。具有密排六方晶格的金属有镁(Mg)、锌(Zn)、铍(Be)等。

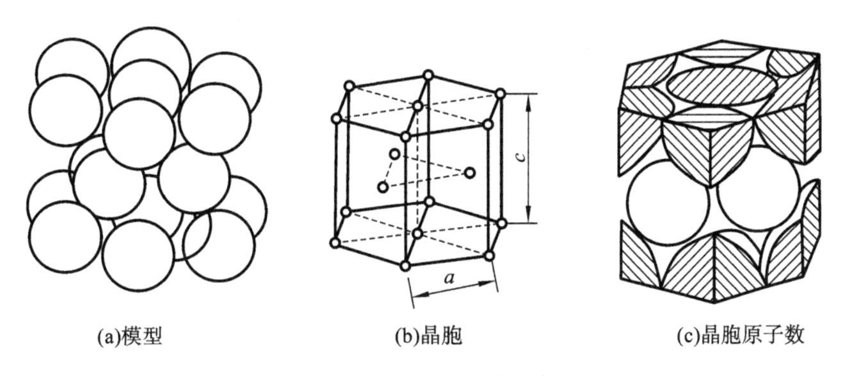

(a)模型　(b)晶胞　(c)晶胞原子数

图 2-10　密排六方晶胞示意图

2.3.2　晶胞原子数和原子半径

晶胞原子数指一个晶胞内所包含的原子数目。由于晶体可看作是由许多晶胞重复堆砌而成的，故立方晶胞中各角点处的原子为 8 个晶胞所共有，六方晶胞中各角点处的原子为 6 个晶胞所共有，晶面上的原子为 2 个晶胞所共有，只有晶胞内的原子才完全为 1 个晶胞所独有。因此，体心立方晶胞中实际含有的原子数为(1/8)×8＋1＝2 个，面心立方晶胞中的原子数为(1/8)×8＋6×(1/2) ＝4 个，密排六方晶胞中的原子数为(1/6)×12＋(1/2)×2＋3＝6 个。

原子半径是晶胞中原子密度最大方向上相邻原子间距的一半尺寸。根据前面的假设，把原子作为等直径的刚性球，并认为它们之间紧密排列时是彼此相切的。由此可以得出，体心立方晶格的原子半径是体对角线的 1/4，$r=\sqrt{3}a/4$；面心立方晶格的原子半径是面对角线的 1/4，$r=\sqrt{2}a/4$；密排六方晶格的原子半径是底面边长的 1/2，$r=a/2$。

2.3.3 晶胞的致密度和配位数

不同类型的晶格其内部原子排列的密集情况不一样，用致密度和配位数两个参数来描述其排列的密集程度。致密度 k 是晶胞中原子本身所占有的体积分数，如式(2-1)所示。

$$k=\frac{\text{晶胞原子数}\times\text{原子体积}}{\text{晶胞的体积}} \tag{2-1}$$

通过计算得到，体心立方晶格的致密度 $k=0.68$；面心立方晶格的 $k=0.74$；密排六方晶格的 $k=0.74$。由此可以看出，体心立方晶胞中原子占体积的 68％，面心立方和密排六方晶胞中原子占体积的 74％，其余的 32％和 26％的体积则为晶格间隙。

配位数是晶体中与任一原子最近的且相等的原子数目，配位数越大则原子排列的致密度越高。体心立方晶格的配位数为 8；面心立方和密排六方晶格的配位数均为 12。三种晶格的常用数据如表 2-3 所示。可以看出，在三种常见的晶体结构中，原子排列最致密的是面心立方晶格和密排六方晶格，其次是体心立方晶格。当金属从高配位数结构向低配位数结构发生同素异构转变时，随着致密度的减小和晶体体积的膨胀，原子半径同时发生变化。由此可见，同种原子处于不同的晶格中，其原子半径也是不同的。

表 2-3　三种晶格的常用数据

晶胞类型	原子数	原子半径	配位数	致密度
体心立方	2	$\frac{\sqrt{3}}{4}a$	8	0.68
面心立方	4	$\frac{\sqrt{2}}{4}a$	12	0.74
密排六方	6	$\frac{1}{2}a$	12	0.74

在不同类型晶格的晶体中，原子排列的紧密程度不同，因而具有不同的比容(即单位质量物质所占的容积)，当金属的晶格类型发生转变时，会引起金属体积的变化。若体积的变化受到约束，则会在金属内部产生内应力，从而引起工件的变形或开裂。

2.4　实际金属的晶体结构

2.4.1　单晶体与多晶体

所谓单晶体就是指晶体内部晶格位向完全一致且不发生改变的晶体。单晶体在自然界几乎不存在，金属的单晶体只能靠特殊方法制得，现在可用人工方法制成某些单晶体(如单晶硅)。工程实际使用的金属材料并不是一个理想的单晶体，而是由许多颗粒状的单晶体组成的多晶体。每个单晶体内部的晶格位向是一致的，而各小晶体之间位向却不相同，如图 2-11 所示。这种不规则的、颗粒状的单晶体称为晶粒，晶粒与晶粒之间的交界称为晶界。由于组成多晶体的单晶体内原子排列不同，每个晶粒在不同方向上的性能差异相互抵消，从而使得多晶体呈现出各个方向上性能大体相同的现象，称为各向同性。

通常金属材料的晶粒尺寸都很小，如钢铁材料的晶粒尺寸仅为 $10^{-2}\sim10^{-1}$ mm，一般需要用显微镜放大后才能观察到。图 2-12 所示为工业纯铁经过化学试剂浸蚀后在金相显微镜下观察到的晶粒。

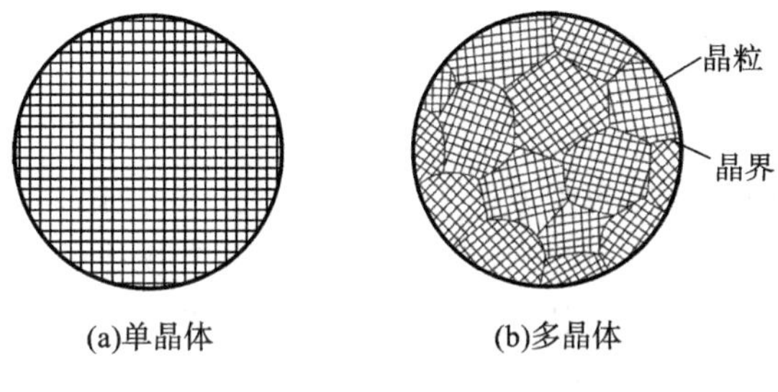

图 2-11　金属单晶体与多晶体示意图

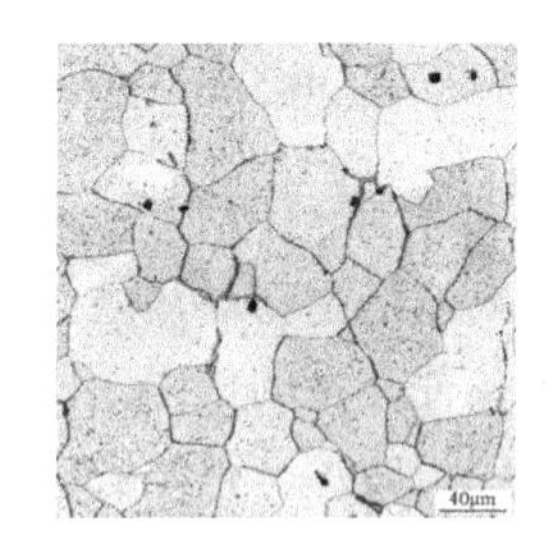

图 2-12　工业纯铁的晶粒(200×)

2.4.2　晶体缺陷

金属晶体内部原子规则有序地排列是理想晶体的状态。实际金属不仅具有多晶体结构，同时由于结晶或其他加工条件的影响，即使在单个晶粒内部原子的排列也不是理想的排列，或多或少地偏离理想结构，存在着一些不规则排列的缺陷称为晶体缺陷，根据晶体缺陷的几何特点，将其分为点缺陷、线缺陷和面缺陷三大类。

1. 点缺陷

点缺陷是指空间三维尺寸都很小的缺陷，一般不超过几个原子间距。常见的点缺陷是晶格空位、间隙原子和置换原子，如图 2-13 所示。在实际晶体结构中，晶体中的原子在结点上不是固定不动的，而是不停地进行热振动，某些能量高的原子克服周围原子对它的束缚作用，而脱离原来的结点位置，从而造成该结点处的空缺，这种空着的结点位置称为晶格空位；由于任何纯金属中都或多或少存在杂质，即其他元素原子，这些原子称为异类原子。当这些异类原子比金属原子半径小得多时，则这些异类原子存在于晶格的间隙中，这种在晶格结点以外存在的原子称为间隙原子。晶格间隙都较小，因此间隙原子一般都是较小的碳、氮、氢等非金属原子。当异类原子与金属原子半径接近时，则异类原子可能占据晶格上的一些结点，把这种占据晶格结点的异类原子称为置换原子。无论是空位、间隙还是置换原子的存在都将引起周围原子间的作用力失去平衡，使其周围原子向缺陷处靠拢或被撑开，从而使晶格发生歪扭，这种现象称为晶格畸变。晶格畸变的存在使金属的性能发生变化，如强度和硬度升高，塑性下降。同时空位和间隙原子的运动是金属中原子扩散的主要形式，对金属材料的热处理过程极为重要。

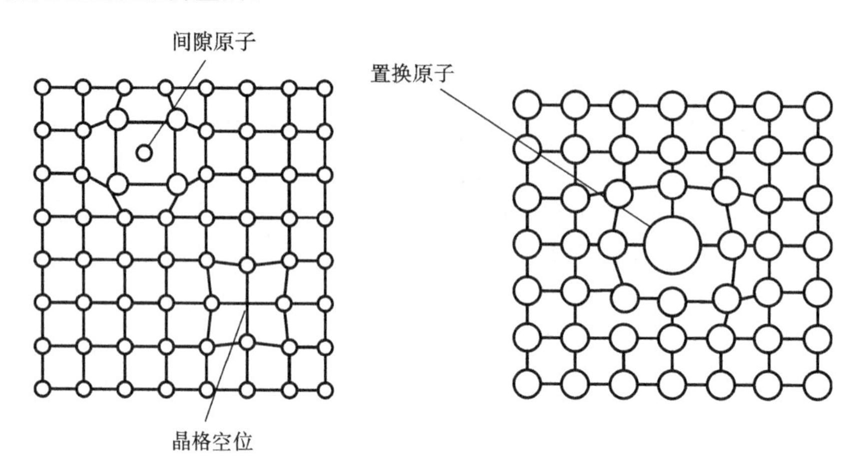

图 2-13　晶体中的晶格空位、间隙原子和置换原子

2. 线缺陷

线缺陷是指在晶体空间一个方向上尺寸很大，另两个方向上尺寸很小的一种缺陷，主要表现为各种类型的位错。所谓位错是晶体中某处有一列或若干列原子发生了有规律的错排现象。位错的形式很多，主要类型有刃型位错和螺型位错。其中简单而常见的刃型位错如图 2-14 所示。由图 2-14 可见，晶体的上半部多出一个原子面(称为半原子面)，它像刀刃一样切入晶体中，使上、下两部分晶体间产生了错排现象，因而称为刃型位错。*EF* 线称为位错线，在位错线附近晶格发生了畸变。离 *EF* 线越近，原子的错动越大、越远，反之错动越小；与此同时，位错的出现使得周围原子的应力场重新分布，位错周围原子受到挤压，承受压应力，同时使得位错下部原子受拉应力。

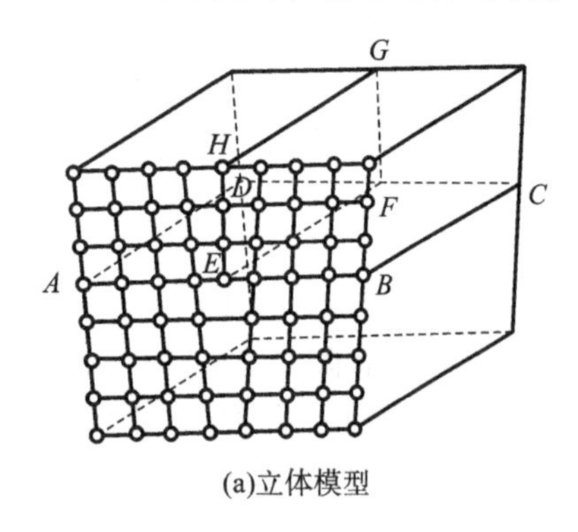

(a)立体模型

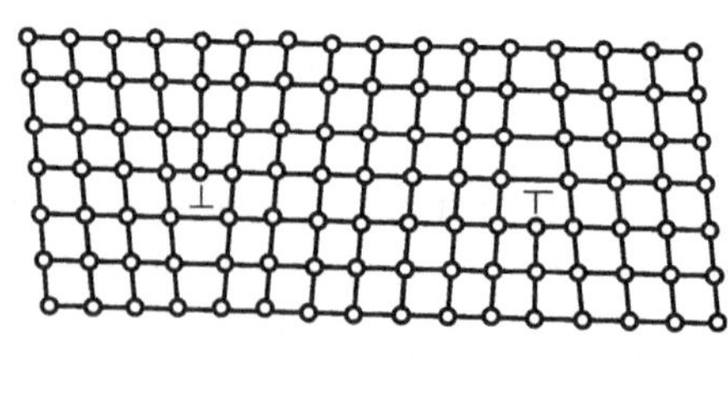

(b)平面结构

图 2-14　刃型位错

金属中位错很多，每一个位错都产生一个应力场，这些应力场彼此交互作用，从而对金属的力学性能产生很大的影响。当位错数量足够时，便使金属的强度提高，塑性降低。同时金属的塑性变形主要是由位错运动引起的，因此阻碍位错运动是强化金属的主要途径。减少或增加位错密度都可以提高金属的强度，生产中一般是采用增加位错的办法提高强度，但塑性随之降低。例如金属材料经过冷塑性变形后，产生强度提高、塑性降低的加工硬化现象，就是因为位错大量增加的结果。

3. 面缺陷

面缺陷是指在三维空间两个方向上的尺寸很大，第三个方向上的尺寸很小的缺陷。面缺陷的主要形式是各种类型的晶界和亚晶界，它是多晶体中晶粒与晶粒之间的界面。由于各晶粒之间的位向不同，晶界处的原子需要同时适应相邻两个晶粒的位向，从一种晶粒位向逐步过渡到另一种晶粒位向，因而晶界处的原子排列不规律，是两个不同位向的晶粒的过渡层，如图 2-15 所示。大多数相邻晶粒的位向差都在 15°以上，称之为大角度晶界。在一个晶粒内部，还可能存在许多更细小的晶块，它们之间晶格位向差很小，通常小于 3°，这些小晶块称为亚晶粒。亚晶粒之间的界面称为亚晶界，如图 2-16 所示。亚晶界其实就是一系列的刃型位错所组成的，亚晶界对金属同样也有强化作用。

晶界处杂乱无章的原子排列对位错运动有阻碍作用，在宏观上则为阻碍材料的变形，为金属中的强化部分。金属的晶粒越细，晶界总面积越大，金属的强度也越高，实际使用的金属材料力求获得细的晶粒。同时由于晶界处能量比晶内高，有自发地向低能量状态转化的趋势，因此在高温和腐蚀剂的作用下，晶界处先熔化或腐蚀。晶界也是相变的优先形核部位，这是因为晶界处原子排列不规则，容易重新聚集组合。

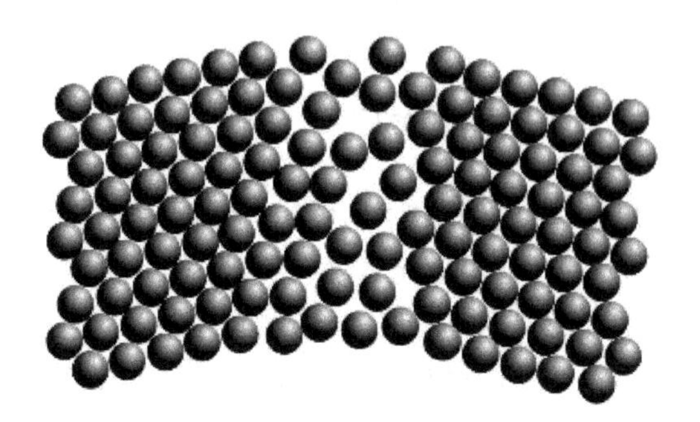

图 2-15　晶界的结构

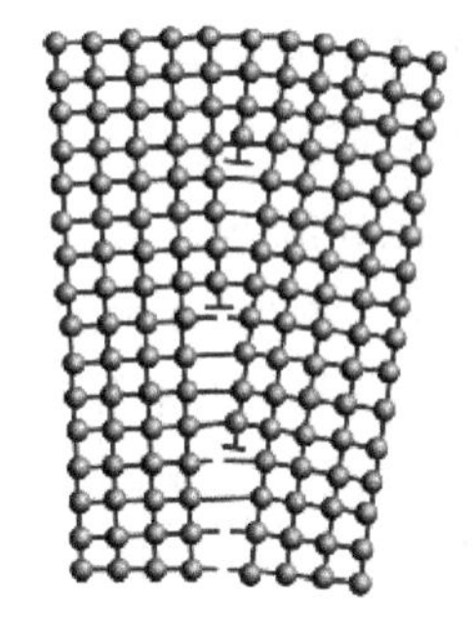

图 2-16　亚晶界的结构

2.5　合金的晶体结构

合金是指由两种或两种以上的金属元素或金属与非金属元素组成的具有金属特性的物质。组成合金的元素可以都是金属元素，如黄铜（铜和锌），也可以是金属元素与非金属元素，如碳钢（铁和碳）。纯金属虽然具有良好的导电性、导热性和良好的塑性，但其品种少，力学性能低，冶炼也十分困难，所以其应用受到了限制。工业上使用的金属材料大多数是合金。组元是指组成合金最基本的独立物质。根据组元数目的多少，可将合金分为二元合金、三元合金和多元合金。

2.5.1 相和组织的基本概念

合金中化学成分及晶体结构相同，并与其他部分有界面分开的均匀组成部分叫作相。合金中相与相之间有明显的界面。液态合金通常都为单相液体。合金在固态下，若合金是由化学成分、晶体结构都相同的同一种晶粒构成的，各晶粒虽由界面分开，但它们仍属于同一种相，称为单相合金；若合金是由化学成分、晶体结构都不相同的几种晶粒构成的，则它们将属于不同的几种相，称为多相合金。组织是指用肉眼或显微镜所观察到的材料的微观形貌，包含合金不同形状、大小、数量和分布的相。合金的组织可以由一种相组成也可以由多种相组成，而纯金属的显微组织一般都是由一种相组成。合金的性质取决于它的组织，而合金组织的性质又取决于合金中相的性质。不同的相形成不同的显微组织，不同的显微组织导致合金不同的性能。研究表明，组成合金的基本相按其晶体结构特点可分为两大类：固溶体和金属化合物。

2.5.2 固溶体

合金中的各组元相互溶解，结晶时形成一种在某组元的晶格中含有其他组元原子的新固相，称为固溶体，通常用希腊字母 α、β、γ 来表示。固溶体的晶体结构与组成合金元素之一的晶体结构相同，而其他组元的晶格类型将消失。能保留住晶体结构的组元称为溶剂，另外的组元称为溶质。因此，固溶体的晶格类型与溶剂的晶格类型相同，而溶质以原子状态分布在溶剂的晶格中。在固溶体中，一般溶剂含量较多，溶质含量较少。

1. 固溶体的分类

根据溶质原子在溶剂原子晶格中所处位置的不同，固溶体可分为以下两类。

1）间隙固溶体

溶质原子较小，分布于溶剂晶格间隙所形成的固溶体称为间隙固溶体，如图 2-17(a)所示。由于溶剂晶格的空隙有一定的限度（小于 0.1 nm），溶质元素通常为原子半径较小的非金属元素，如碳、氢。随着溶质原子的溶入，溶剂晶格将发生畸变，溶入的溶质原子越多，所引起的畸变就越大。当晶格畸变超过一定数值时，溶剂的晶格就会变得不稳定，于是溶剂原子就不能继续溶解，所以间隙固溶体的溶质在溶剂中的溶解度是有一定限度的。

2）置换固溶体

溶质原子取代溶剂原子而占据晶格中某些结点位置而形成的固溶体，则这种类型的固溶体称为置换固溶体，如图 2-17(b)所示。

2. 固溶体的溶解度

固溶体的溶解度是指在一定条件下，溶质原子在固溶体中的极限浓度。根据溶解度的不同，固溶体又可分为有限固溶体和无限固溶体。溶解度有一定限度的固溶体为有限固溶体，间隙固溶体由于晶格间隙有限，只能形成有限固溶体。而组成元素可以无限互溶的固溶体称为无限固溶体。形成无限置换固溶体的条件为组成元素的原子半径、电化学特性相近，晶格类型相同的置换固溶体。无限固溶体没有溶解度限制，可按任意比例溶解，直到溶解 100%溶质组元也不改变其晶格类型。如图 2-18 所示为 A、B 两组元形成无限固溶体时，B

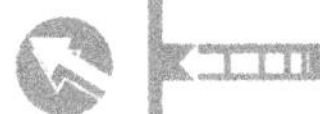

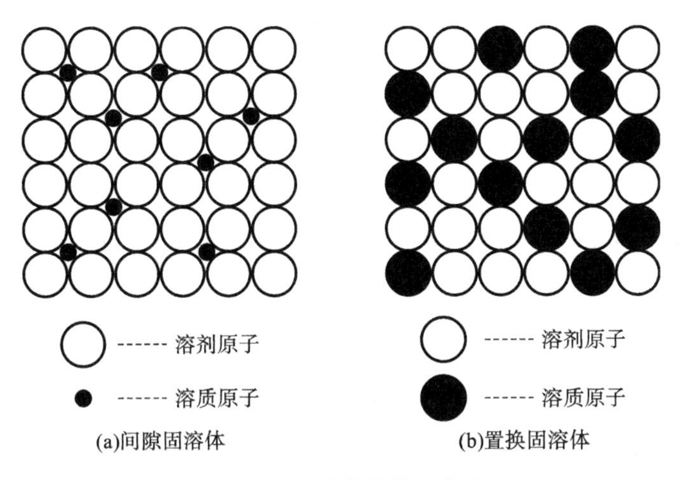

图 2-17　固溶体结构示意图

原子置换 A 原子，直至完全被 B 原子置换。

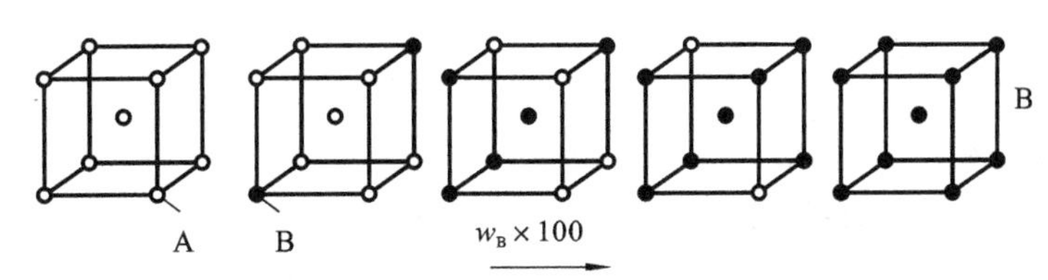

图 2-18　无限固溶体的原子置换示意图

3. 固溶体的性能

由于固溶体的晶格发生畸变，使位错移动时所受到的阻力增大，结果使金属材料的强度、硬度增高。这种通过溶入溶质元素形成固溶体，从而使金属材料的强度、硬度升高的现象，称为固溶强化。固溶强化是提高金属材料机械性能的重要途径之一。

实践表明，适当控制固溶体的溶质含量，可以在显著提高金属材料的强度、硬度的同时，仍能使其保持良好的塑性和韧性。例如，在铜中加入 19% 的镍，可使合金材料的强度极限 σ_b 由 220 MPa 提高到 380～400 MPa，硬度由 44 HBS 提高到 70 HBS，而延伸率仍然能保持在 50%左右。若用加工硬化的办法使纯铜达到同样的强化效果，其延伸率将低于 10%。这说明，固溶体的强度、韧性和塑性之间能有较好的配合，所以对综合机械性能要求较高的结构材料，几乎都是以固溶体作为最基本的组成相。但是，通过单纯的固溶强化所达到的最高强度指标仍然有限，仍不能满足人们对结构材料的要求，因而在固溶强化的基础上须再补充进行其他的强化处理措施。

2.5.3　金属化合物

金属化合物是合金中各组元间发生相互作用而形成的具有明显金属特性的一种新相，一般可用其化学式来表示，如铁碳合金中的 Fe_3C(渗碳体)。金属化合物通常具有复杂的晶体结构，而且不同于任一组成元素的晶体类型。

金属化合物的熔点较高，性能硬而脆。当合金中出现金属化合物时，通常能提高合金的强度、硬度和耐磨性，但会降低塑性和韧性。金属化合物是各类合金钢、硬质合金和许多有色金属的重要组成相。如碳钢中的 Fe_3C 可以提高钢的强度和硬度；工具钢中 VC 可以提高钢的耐磨性；高速钢中的 WC、VC 等可使钢在高温下保持高硬度；而 WC 和 TiC 则是硬质合金的主要组成物。

1. 金属化合物的分类

金属化合物的种类很多，常见的有三种类型：正常价化合物、电子化合物和间隙化合物。间隙化合物中当非金属原子半径与金属原子半径之比大于 0.59 时，形成的间隙化合物称为复杂结构的间隙化合物。如钢中的 Fe_3C 就属于此类化合物，其晶体结构如图 2-19 所示。它具有复杂斜方晶格的特点(其 C 原子半径与 Fe 原子半径之比为 0.63)，由图 2-19 可见，在每一个 C 原子的周围有 6 个 Fe 原子构成八面体，各八面体轴线相互倾斜一定的角度，每个 Fe 原子为 2 个八面体所共有，因此 Fe 原子的个数与 C 原子的个数比例为 3∶1。Fe_3C 又称为渗碳体，是铁碳合金中重要的组成相，将在后面章节详细讨论。

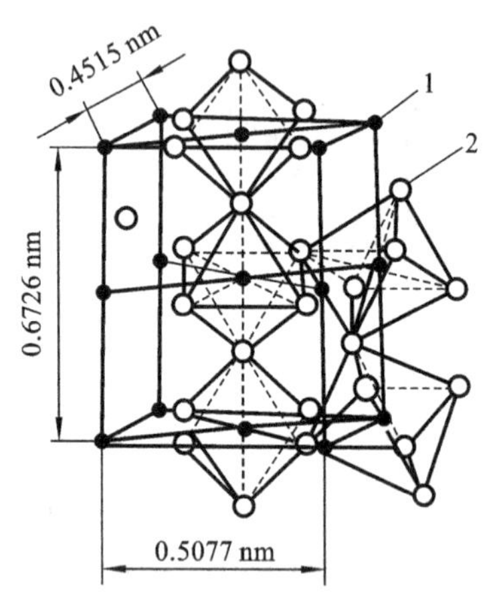

图 2-19　Fe_3C 的晶体结构

1—C 原子；2—Fe 原子

2. 金属化合物的性能

由于金属化合物的晶格与其组元晶格完全不同，因此其性能也不同于组元。绝大多数合金的组织都是固溶体与少量金属化合物组成的混合物，其性质取决于固溶体与金属化合物的数量、大小、形态和分布状况。金属化合物的熔点一般较高，性能硬而脆，当它呈细小颗粒状均匀分布在固溶体基体上时，将使合金的强度、硬度和耐磨性明显提高，这一现象称为弥散强化。因此，金属化合物在合金中常作为强化相存在，它是许多合金钢、有色金属和硬质合金的重要组成相。

固溶体、金属化合物是组成合金的基本相。实际使用的合金，其组织通常是由固溶体与少量金属化合物组成的机械混合物。通过调整固溶体中溶质原子的含量，以及控制金属化合物的数量、形态、分布状况，可以改变合金的力学性能，获得性能各异的合金材料，满足工程上不同的使用要求。

思考练习题

1. 原子的结合键分哪几类？

2. 从原子结合的观点来看，金属、陶瓷和高分子材料有何主要区别？在性能上有何表现？

3. 体心立方晶格、面心立方晶格和密排六方晶格有什么区别？

4. 什么是晶格的致密度和配位数？

5. 晶体缺陷有哪些？对材料有哪些影响，对所有的材料都有影响吗？

6. 什么是固溶体？什么是金属化合物？它们有什么区别？

7. 合金一定是单相吗？固溶体一定是单相吗？为什么？

第3章 纯金属和合金的结晶

几乎所有的金属都是用矿物冶炼成液态，再由液态凝固成固态进入到工程应用中。金属由液态转变为固态的过程称为金属的凝固过程，而金属的凝固过程又是一个结晶过程。作为金属生产的第一步，金属的结晶过程对金属材料的性能有很大的影响。

3.1 纯金属的结晶

3.1.1 纯金属的冷却曲线及过冷度

金属的冷却曲线如图 3-1 所示，它是由实验测定的液体金属冷却温度和时间的关系曲线。该曲线是通过热分析法得到，将纯金属加热熔化成液体，然后缓慢地冷却下来，在冷却过程中，每隔一定时间测量一次温度，记录下它的温度随时间变化的情况，从而得到纯金属的温度随时间变化的冷却曲线。

从图 3-1 中可以看出，在冷却开始阶段，随着时间的延长，热量的散失，温度呈现出均匀下降的趋势。但当冷却到某一温度时，曲线上出现了一段水平线，这段水平线意味着在该区间不随时间的延长而下降。实验表明：该水平段所对应的温度即为金属的实际结晶温度 T，水平段的出现是因为在结晶过程中释放出的结晶潜热补偿了金属冷却时随时间延长所散失的热量，从而在结晶过程中能保持温度不变。

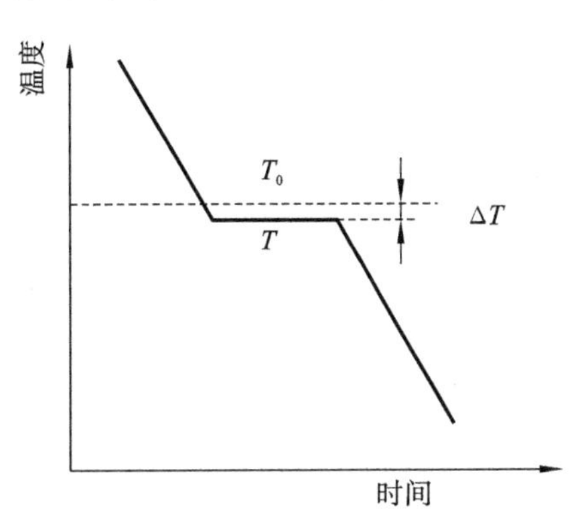

图 3-1 纯金属的温度随时间变化的冷却曲线

金属的实际结晶温度 T 与理论结晶温度 T_0 之间的差值称为过冷度 ΔT，过冷度 $\Delta T = T_0 - T$。对于某种金属来说，过冷度不是一个恒定值，它的大小与冷却速度有关，冷却速度越快，过冷度就越大，则金属的实际结晶温度越低。

3.1.2 结晶的基本过程

任何一种物质的液体结晶过程都是由晶核形成和晶核长大两个基本过程组成的。

当液态金属冷却到理论结晶温度 T_0 以下，即具有一定的过冷度条件下，经过一段时间后形成一些微小稳定的小晶体即晶核，这段时间也称为孕育期。晶核形成后即向各个方向生长。与此同时，在液态金属的其他地方也会出现新的晶核。这样，晶核不断形成以及晶核不断长大这两个过程交织同时进行，直至液态金属完全消失，结晶完毕。由此，每一个晶核最终都长成一个小晶粒，相邻两晶粒接触后便形成晶界，最后得到一个多晶体的结构。

由此可以看出，金属的结晶过程是由晶核不断形成和晶核不断长大两个基本过程组成，那么影响结晶后组成多晶体结构的晶粒大小必然与这两个过程相关。

1. 晶核的形成方式

晶核的形成方式分为两种，自发形核和非自发形核。

1）自发形核

由液体金属内部有序规则排列的原子团自发形成结晶的核心称为自发形核。

2）非自发形核

非自发形核是由液体金属中的固态杂质微粒聚集形成晶核。在工程金属材料中必然存在着一些杂质，这些杂质在熔化的液态金属中往往以难熔的固体微粒形式存在而悬浮在液体中，或者为改善材料性能，特意在冶炼过程中加入一些能形成难熔固体微粒的物质。在一定的过冷度条件下，液态金属会在这些固体微粒表面聚集形核，这种形核方式称为非自发形核。在实际结晶过程中，自发形核和非自发形核是同时存在的，但以非自发形核方式结晶更为普遍。

2. 晶核的长大方式

晶核的长大方式也有两种：均匀长大和树枝状长大。当过冷度很小时，即冷却速度很慢时，晶核呈均匀长大，晶粒在长大过程中具有规则的几何外形，这种长大方式称为均匀长大。而实际金属在结晶过程中冷却速度一般较大，即过冷度较大，此时晶核的生长方式如树枝形式长大。这是因为在结晶过程中晶核的棱角处散热条件好，温度低，晶粒在棱角处得到优先生长，在生长过程中，先形成树的主干，称为一次晶轴，再形成树的分支，称为二次晶轴，最后得到的形状为树枝状，称为枝晶。对实际金属而言，晶核长大的主要方式为树枝状长大，如图 3-2 所示。

3.1.3 结晶后晶粒的大小及控制

1. 晶粒度

由一个晶核长大形成的晶体称为晶粒，晶粒的大小用晶粒度来衡量。晶粒度是表示晶粒大小的一种尺度，可以用单位面积的晶粒数目或以晶粒的平均直径来表示。国家标准中晶粒度共分八级，一级最粗，八级最细。工业生产中常用的金属材料的晶粒多为 7～8 级的细晶粒，晶粒尺寸为 0.022 mm 左右。由于测量晶粒尺寸很不方便，工业生产中常常通过 100 倍显微镜下的晶粒大小与国家标准图样相对照来进行晶粒度的评级。

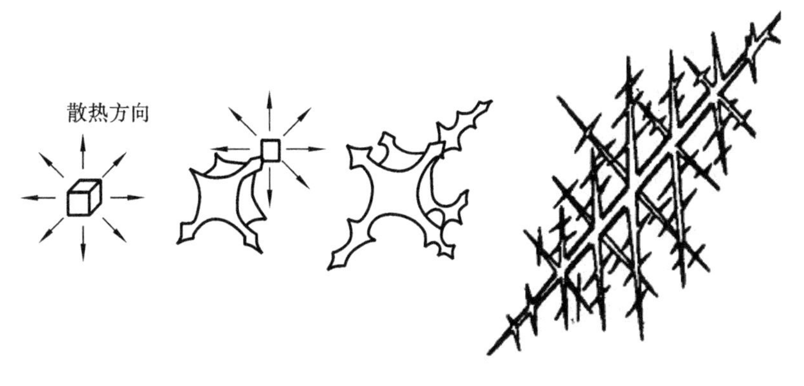

图 3-2　晶核树枝状长大示意图

2. 晶粒大小对材料性能的影响

一般而言，常温下的金属材料，晶粒越细，则力学性能越好，强度、塑性、韧性越高。

但值得注意的是：对于在高温下工作的金属材料，晶粒不宜过大或过小。这是因为在高温下晶界呈黏滞状态，在外力作用下易产生滑动和迁移，因而细晶粒容易发生蠕变、易腐蚀。但如果晶粒太粗，则易发生应力集中。

3. 决定晶粒大小的因素

由于金属的结晶过程是由晶核的不断形成和晶核的不断长大两个基本过程组成，因此影响结晶后晶粒大小的因素有如下两个。

(1) 形核率(N)：单位时间单位体积内形成晶核的数目，用字母 N 来表示，单位时间内形核率越高，则晶粒越细。

(2) 晶核的长大速度(G)：单位时间晶体生长的线长度，用字母 G 表示，G 越大，则晶粒越大。

4. 控制晶粒尺寸的方法

1) 控制过冷度

如图 3-3 所示为过冷度与形核率和晶核的长大速度之间的关系曲线，从中可以看出随着过冷度的增大，N/G 值增加，晶粒越细。工业生产中常采用增加过冷度的方法。在工业生产中，由于小型和薄壁铸件比大型铸件冷却速度快，因此小型和薄壁铸件所得到的组织较细。在实际生产中常采用降低浇铸温度和增大冷却速度来获得细小的晶粒。

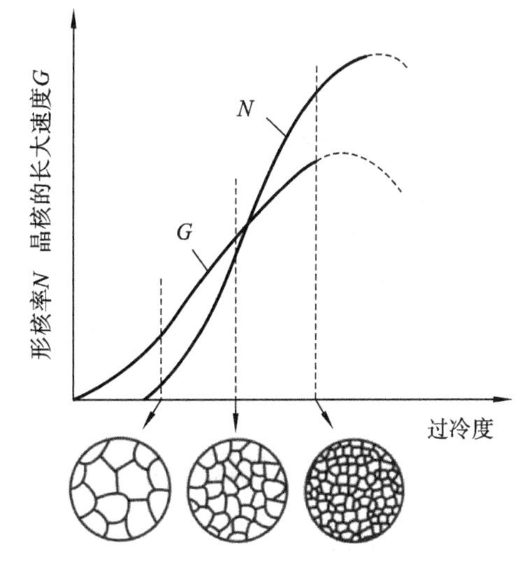

图 3-3　过冷度与形核率和晶核的长大速度之间的关系曲线

降低浇铸温度：降低浇注温度的目的是降低实际的结晶温度，从而增大过冷度。

增大冷却速度：冷却速度越大，过冷度越高。如在生产中采用导热性好的金属模代替砂模来进行铸造。

2）变质处理（又称为孕育处理）

变质处理是利用非自发形核的原理，在液态金属中加入能成为外生核的物质，促进形核，提高形核率，达到细化晶粒的目的。加入的物质称为变质剂或孕育剂，铸造工业中利用此法，可生产出高强度的孕育铸铁。但并不是加入任何物质都能起变质或孕育作用的，不同的金属液体要加入不同的物质。

3）振动、搅拌等方法

在结晶时采用机械振动、电磁搅拌及超声振动等方法打碎正在生长的枝状晶，打碎后碎晶块形成新的晶核，从而增加晶核数目，同时由于外部输入能量，又能促进形核，达到细化晶粒的目的。

3.2 合金的结晶

合金是两种或两种以上的金属元素，或金属元素与非金属元素组成的具有金属特性的物质，如铜锌合金、铁碳合金等。而把组成合金的最简单、最基本且能独立存在的物质称为组元，大多数情况下组元是指组成合金的元素，但既不发生分解也不发生任何反应的化合物也可以看作组元，如铁碳合金中的 Fe_3C。按所含组元的多少，合金又分为二元合金、三元合金及多元合金。合金的结晶过程本质上与纯金属相同，也是在过冷条件下通过晶核的形成与晶核的长大两个过程而进行的。但合金至少是由两种以上的元素所组成，因此它在结晶过程中相的状态变化比纯金属复杂。

3.2.1 合金的结晶特点

(1) 合金的结晶可能在恒温下完成也可能在某一温度范围内进行：合金的结晶过程不一定在恒温下进行，很多合金的结晶都是在一个温度范围内完成的，而纯金属在恒温下完成。

(2) 合金晶体结构及成分的变化：由于合金由两种或两种以上元素组成，一种合金的液相可能结晶出单一固相，也可能结晶出多种相，同时在不同的温度范围内，相的化学成分也会发生变化。因此合金在结晶过程中不仅会发生晶体结构的变化，还会伴有化学成分的变化。而纯金属的结晶仅发生晶体结构的变化。

合金的结晶过程比纯金属复杂得多，为研究方便，通常采用以温度和成分作为独立变量的相图来分析合金的结晶过程。

3.2.2 二元合金相图的建立

由两个组元组成的合金称为二元合金，二元合金结晶过程中合金状态与温度、成分之间的关系通常用二元合金相图来反映。相图是制定熔炼、铸造、热加工及热处理工艺的重要依据，根据合金组元的多少，可分为二元相图、三元相图及多元相图，本节只介绍应用最广的二元合金相图。

相图反映的是在平衡条件下各成分合金的结晶过程以及相和组织存在范围与变化规律的简明示意图。此处的平衡条件指的是极缓慢冷却或加热的条件。由于加热和冷却都是在极缓慢的情况下进行的，结晶时原子得到充分扩散，在某一条件下形成的相的成分和质量分数不随时间而改变，达到了一种平衡状态，因此把相图又称为平衡图。同时由于相图可以反映材料在不同条件下的状态，因此又将相图称为状态图。

目前所使用的相图大多数都是根据大量实验结果，以温度为纵坐标、材料成分为横坐标绘制出来的。实验方法有很多，最常用的为热分析法。下面以 Cu-Ni 二元合金系为例，说明利用热分析法建立二元相图的过程。

(1) 合金系的配制：配制一系列不同成分的二元合金，如 100%Cu，20%Ni＋80%Cu，40%Ni＋60%Cu，60%Ni＋40%Cu，80%Ni＋20%Cu，100% Ni 等。配制的合金组数越多，则测得的相图也越准确。

(2) 将它们分别熔化后在缓慢冷却的条件下，分别测出它们的冷却曲线。冷却速度越慢，越接近平衡条件，测量的结果越准确。从图 3-4(a)中可以看出：纯金属在恒温下结晶，其冷却曲线上有一水平线段，合金在一定温度范围内结晶，则结晶过程为斜线。同时找出各冷却曲线上的临界点(即曲线上的转折点)，即结晶的开始温度和终了温度。

(3) 在温度-成分坐标系中过合金成分点作成分垂线，将临界点标在成分线上，将成分垂线上相同意义的点连接起来，标上相应的数字和字母即得到一张完整的 Cu-Ni 合金的二元相图，如图 3-4(b)所示。相图中各个冷却曲线上合金开始结晶的温度点的连线称为液相线，在该线温度以上，合金尚未开始结晶，仍然处于液相；同理，相图中各个冷却曲线上合金结晶终止温度点的连线称为固相线，在固相线温度以下，合金已全部结晶为固相。

最基本的二元合金相图为匀晶相图、共晶相图、共析相图、包晶相图和形成稳定化合物的相图。在二元相图中，有的相图很简单，如 Cu-Ni 合金相图；而有的相图很复杂，如 Fe-C 合金相图。但不管多么复杂，任何二元相图都可以看成是由几类基本类型的相图叠加、复合而组成的。

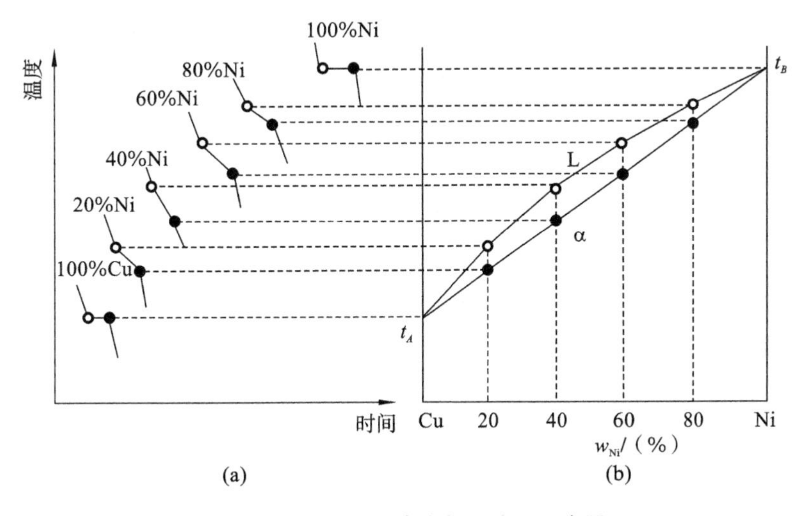

图 3-4　Cu-Ni 二元合金相图建立示意图

3.2.3　二元匀晶相图

匀晶相图是指两组元在液态和固态下均无限互溶，且只发生匀晶反应的相图。匀晶反应是指从液相中结晶出单一固溶体的反应。匀晶反应要求两组元在固态下可以任何比例形成无限互溶的无限置换固溶体，如 Cu-Ni 合金相图是典型的匀晶相图，Cu-Ni、Cu-Au、Au-Ag、W-Mo 等合金均具有此类相图。匀晶相图是最简单的二元相图。几乎所有的二元合金相图都包含有匀晶转变部分，因此掌握匀晶相图是学习二元合金相图的基础。现以 Cu-Ni 合金相图为例来进行相图分析，如图 3-5 所示。

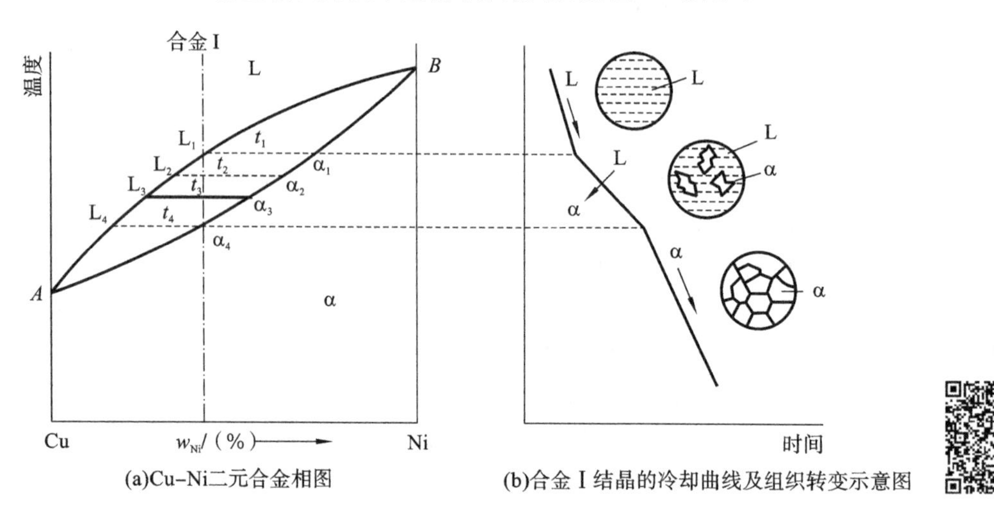

(a)Cu-Ni二元合金相图　　(b)合金Ⅰ结晶的冷却曲线及组织转变示意图

图 3-5　Cu-Ni 二元合金的结晶过程

1. 相图分析

（1）相图中的点：相图中的 A 点为铜的熔点；B 点为镍的熔点。

（2）相图中的线：Cu-Ni 合金相图中只有两条线，上面的一条线 $\overset{\frown}{AB}$ 为液相线，是加热时合金熔化的终了温度点或冷却时结晶的开始温度点的连线。下面的一条线 $\overset{\smile}{AB}$ 为固相线，是加热时合金熔化的开始温度点或冷却时结晶的终了温度点的连线。

（3）相图中的区。

液相区：液相线以上合金全部为液体，称为液相区，用 L 表示。

固相区：固相线以下，合金全部为 α 固溶体，称为固相区，用 α 表示。

液固两相区：液相线和固相线之间为液相和固相两相共存区，用 L+α 表示。

2. 合金的平衡结晶过程

具有匀晶相图的合金系中，无论哪种成分的合金最终都结晶为 α 固溶体构成的单相匀晶组织。除了纯组元外，其他合金的结晶过程基本相同，现以合金Ⅰ为例进行分析。当合金缓冷到 t_1 温度时，开始从液相中结晶出成分为 α_1 的固溶体，其含镍量高于合金的平均含镍量。随着温度下降，α 相越来越多，液相越来越少，同时，液相成分沿液相线变化，固相成分沿固相线变化。当温度下降到 t_2 时，析出成分为 α_2 的固溶体，液相成分变化到 L_2，当温度

降到 t_4 以下时，合金全部结晶为单相 α 固溶体。在合金的结晶过程中，为了保持液相和固相之间的平衡，先后所结晶的固相的化学成分是变化的，同时液相的成分也随之变化。成分的变化是通过原子的扩散完成的。如图 3-5(b)所示为合金 Ⅰ 结晶时的冷却曲线及组织转变示意图。

从以上分析可以看出，相图中液、固相线不仅是相区的分界线，也是结晶时两相的成分变化线，结晶过程中，两相的成分随温度沿相线变化。在相图中，除水平线和垂直线以外，其他相线都是成分随温度变化的曲线。

3. 杠杆定律

合金在结晶过程中，液相和固相的成分以及它们的相对重量都是在发生改变的。在合金结晶的两相区中，液、固两相的成分变化可以从相线中得到，同时两相的比重变化还可以通过杠杆定律求得，现以 Cu-Ni 合金为例推导杠杆定律。

(1) 两平衡相成分的确定：设合金成分为 x，过 x 点作成分垂线，在垂线上相当于温度 t_1 的点作水平线，该水平线与液、固相线的交点分别为 a 点和 b 点，这两点所对应成分线上的成分 x_1、x_2 分别为温度 t_1 下液相和固相的成分点。如图 3-6 所示。

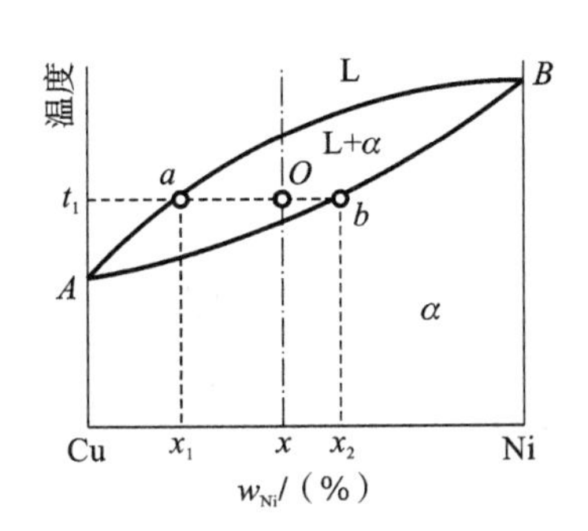

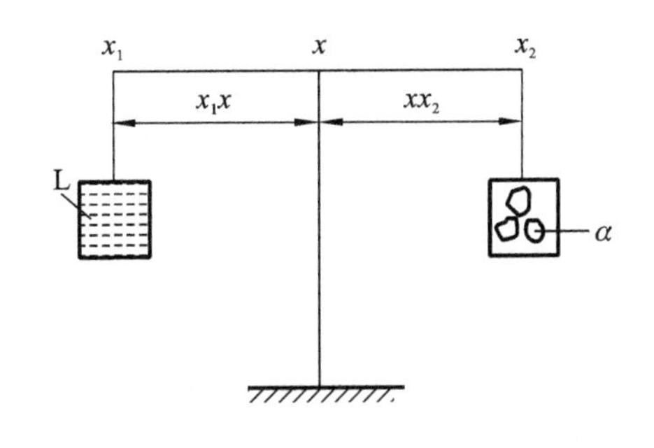

图 3-6　杠杆定律示意图

(2) 确定两平衡相的相对重量：设合金的总质量为 1，Q_L 为 L 相的质量，Q_α 为 α 相的质量，x_1x、xx_2 为线段长度，则：

$$Q_L + Q_\alpha = 1$$

$$Q_L \cdot x_1 + Q_\alpha \cdot x_2 = x$$

则得：

$$Q_L \cdot x_1x = Q_\alpha \cdot xx_2$$

某合金两平衡相的质量分数之比等于该两相成分点到合金成分点距离的反比，该形式与力学中的杠杆定律完全相似，故称为杠杆定律。杠杆定律的支点 x 是所求合金的成分点，两个端点 x_1、x_2 是所求平衡相的成分点。需要注明的是：杠杆定律只适用于两相区，即液、固两相或两个固相。

4. 枝晶偏析(也称晶内偏析)

具有匀晶反应的这类合金的实际组织往往具有明显的树枝状形态，如图 3-7 所示。其枝干与间隙之间呈明显的反差，说明晶粒内的化学成分存在不均匀的现象，这种在一个枝晶范围内或一个晶粒范围内成分不均匀的现象，称为枝晶偏析现象，也称为晶内偏析。

由结晶过程可知，合金结晶过程中先析出的 α 固溶体比后析出的 α 固溶体含 Ni 量高，在高温和充分缓慢的冷却条件下，原子间的扩散能及时使晶体内的化学成分趋于均匀化，最终得到较均匀的固溶体组织。而在实际生产中，由于合金的冷却速度一般较快，原子的扩散过程远远赶不上结晶过程，便形成了枝晶偏析现象。

枝晶偏析的程度不仅与冷却速度有关，同时还与给定成分合金的液、固相线之间的距离有关。冷速越大，液、固相线的距离越大，枝晶偏析现象越严重。合金中一旦出现枝晶偏析就会降低合金的机械性能、耐腐蚀性能和加工性能。因此，生产中常采用将铸件加热到固相线以下 100～200 ℃长时间保温来消除枝晶偏析，这种热处理工艺称为扩散退火。通过扩散退火，可使原子充分扩散，使枝晶状组织变为匀晶，如图 3-7 所示。

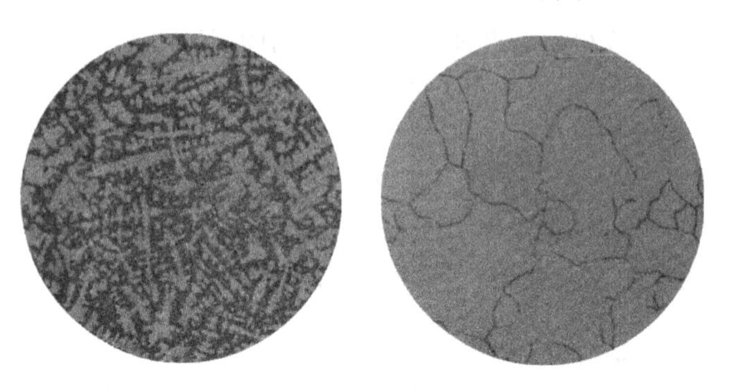

图 3-7　铜镍合金的铸态组织（树枝状晶）和退火组织（匀晶）

3.2.4　二元共晶相图

当组成合金的两组元在液态下能无限互溶，但在固态只能有限互溶且发生共晶反应时，其所构成的相图称为共晶相图。Pb-Sn、Pb-Sb、Al-Si、Pb-Sn、Ag-Cu 等二元合金均为这类的相图，下面以 Pb-Sn 合金相图来分析共晶相图的特点。图 3-8 所示为Pb-Sn 合金相图。

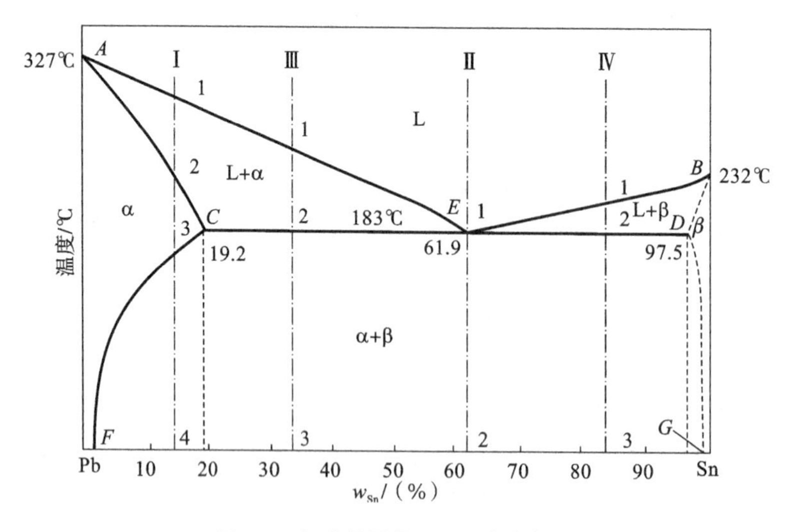

图 3-8　标注相区的 Pb-Sn 合金相图

1. 相图分析

1）相图中的点和线

相图两端分别为两个纯组元 Pb 和 Sn，A 点为 Pb 的熔点；B 点为 Sn 的熔点。相图中 AEB 为液相线，$ACEDB$ 为固相线；CF 线为 Sn 在 Pb 中的溶解度曲线，随着温度下降，Sn 在 Pb 中的溶解度下降，析出 α 固溶体；DG 线为 Pb 在 Sn 中的溶解度曲线，随着温度下降，Pb 在 Sn 中的溶解度下降，析出 β 固溶体。水平线 CED 为共晶反应线，其中 E 点为共晶点。

2）相图中的区

单相区：相图中有液相区、α 相区和 β 相区三个单相区。液相线以上为液相区，α 相是 Sn 溶于 Pb 中的有限置换固溶体，β 相是 Pb 溶于 Sn 中的有限置换固溶体。

两相区：位于每两个单相区之间的为两相共存区，分别为 L+α、L+β 和 α+β。

三相区：水平线 CED 共晶反应线上为 L、α 和 β 三相共存区。

3）共晶反应

在水平线对应的温度（183 ℃），E 点成分的液相将同时结晶出成分为 C 点成分的 α 固溶体和成分为 D 点成分的 β 固溶体，这种在一定温度下，由一定成分的液相同时结晶出两个成分和结构都不相同的新固相的转变过程称为共晶反应。共晶反应的产物为两相的机械混合物，称为共晶体。具有共晶成分的合金称为共晶合金，发生共晶反应的温度称为共晶温度，对应共晶温度和共晶成分的点称为共晶点。在共晶线上，凡成分位于共晶点以左的合金称为亚共晶合金，位于共晶点以右的合金称为过共晶合金。凡具有共晶成分的合金液体冷却到共晶温度时都将发生共晶反应，发生共晶反应时，L、α 和 β 三相平衡共存，其化学成分固定，但各自的重量在不断变化，因此，水平线为三相区。

2. 合金的平衡结晶过程

1）含 Sn 量小于 C 点成分合金的结晶过程（以合金Ⅰ为例）

合金Ⅰ从液态开始缓慢冷却，冷却到 1 点温度，开始结晶出 α 固溶体，1 点到 2 点之间，α 固溶体越来越多，液相越来越少；到 2 点，全部结晶成 α 固溶体。2 点到 3 点之间，固溶体冷却，无组织变化，3 点以下，Sn 在 α 中的溶解度降低，多余的 Sn 以 β 二次相的形式析出 $\beta_{Ⅱ}$。它以极细弥散质点分布于晶粒内，这种从已有固相中析出新固相的现象称为二次结晶，故用 $\beta_{Ⅱ}$。到达室温时，合金中的 Sn 含量逐渐变到 F 点，由此得出合金Ⅰ室温下的组织：$\alpha+\beta_{Ⅱ}$，如图 3-9 所示为其冷却曲线和组织转变示意图。

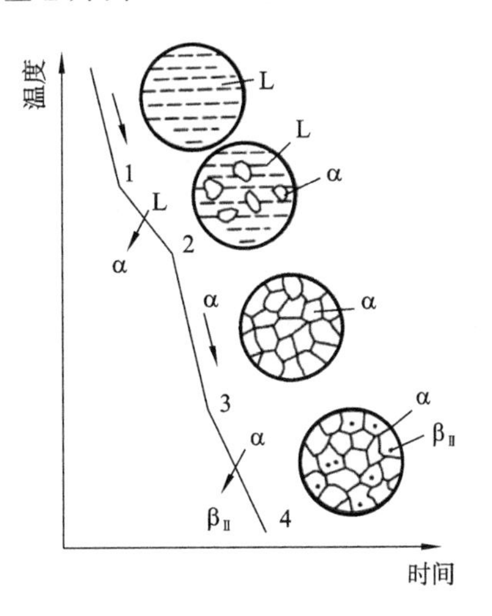

图 3-9　合金Ⅰ冷却曲线和组织转变示意图

成分大于 D 点合金的结晶过程与合金Ⅰ类似，其室温下的组织为 $\beta+\alpha_{Ⅱ}$。

2）共晶合金的结晶过程（以合金Ⅱ为例）

该合金从液态缓冷到 E 点温度 183 ℃时发生共晶反应，恒温下反应完毕，获得 α 和 β 的共晶组织。继续冷却到室温的过程中，α 和 β 的溶解度分别沿 CF 线和 DG 线不断下降，从 α 中析出 $\beta_{Ⅱ}$，α 相的成分从 C 点变到 F 点；从 β 中析出 $\alpha_{Ⅱ}$，β 相的成分变到 G 点。由于共晶组织极细，而二次相（$\alpha_{Ⅱ}$、$\beta_{Ⅱ}$）一般分布于晶界或固溶体之中，且量小又不易分辨，故在共晶体中不予考虑。由此可知，合金Ⅱ的室温组织为（α＋β）共晶体，其组织组成物只有一个，即共晶体，而相组成物有两个，即 α 相和 β 相，此两相彼此相间排列，交错分布，如图 3-10 所示为合金Ⅱ的冷却曲线和组织转变示意图。

3）亚共晶合金的结晶过程（以合金Ⅲ为例）

成分位于 C 点以右，E 点以左的合金为亚共晶合金。合金从液态缓冷到 1 点温度时，结晶出 α 固溶体，随着温度下降，α 相越来越多，液相越来越少，同时液相的成分沿 AE 线变化，固相成分沿 AC 线变化，当合金冷却到 2 点共晶温度 183 ℃时，α 相的成分为 C 点成分，液相为 E 点成分，具有 E 点成分的液相在 183 ℃时发生共晶反应，生成共晶体（α＋β），共晶体的重量与转变前液相的重量相等。在此过程中，α 相不发生变化。共晶反应结束后，温度继续冷却，α 固溶体的溶解度降低，从中析出 $\beta_{Ⅱ}$。同时共晶体中也会析出 $\alpha_{Ⅱ}$ 和 $\beta_{Ⅱ}$，由于不易分辨，和共晶合金相同也不予考虑。而由于一次相 α 粗大，其所析出的 $\beta_{Ⅱ}$ 分布于一次 α 相上，不能忽略。因此亚共晶合金室温下的组织为 $\alpha+(\alpha+\beta)+\beta_{Ⅱ}$，组织组成物有三个：α 固溶体、（α＋β）共晶体和 $\beta_{Ⅱ}$ 固溶体；而相只有两个：α 相和 β 相。图 3-11 为亚共晶合金的冷却曲线及组织转变示意图。

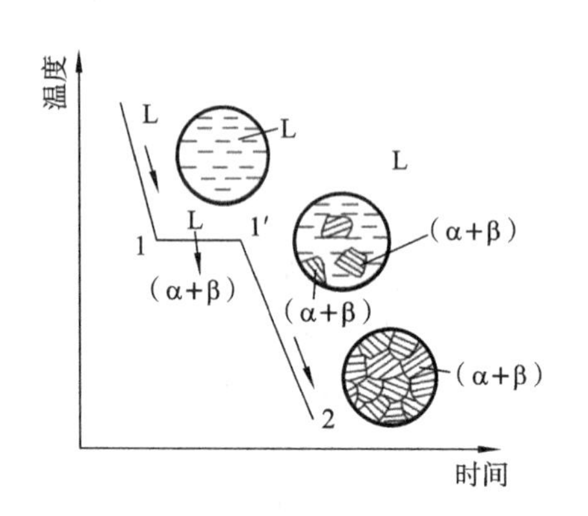

图 3-10　合金Ⅱ的冷却曲线和组织转变示意图

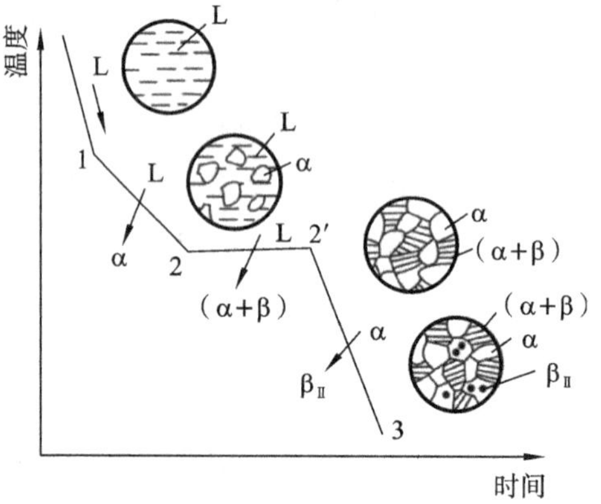

图 3-11　合金Ⅲ冷却曲线和组织转变示意图

4）过共晶合金的结晶过程（以合金Ⅳ为例）

成分位于 E 点以右，D 点以左的合金为过共晶合金，其结晶过程与亚共晶合金相似，不同的只是从液态中结晶出的一次相为 β 固溶体，然后发生共晶反应，反应结束后，随温度的下降，从 β 相中析出二次相 $\alpha_{Ⅱ}$ 固溶体。过共晶合金的室温组织为 $\beta+(\alpha+\beta)+\alpha_{Ⅱ}$，组织组成物有三个：β 固溶体、（α＋β）共晶体和 $\alpha_{Ⅱ}$ 固溶体；而相还是只有两个：α 相和 β 相。

3．组织组成物在相图上的标注

综上分析可知，不同成分的合金所得到的室温组织是不同的，但室温下的组织都是由 α

相和 β 相组成的，同时由于各种不同成分的合金冷却时所经历的结晶过程不同，所得到的组织组成物及其数量是不相同的。在讨论合金的性能时，常常涉及合金的组织组成物，因此通常将其标注在相图的对应成分区域中，如图 3-12 所示。

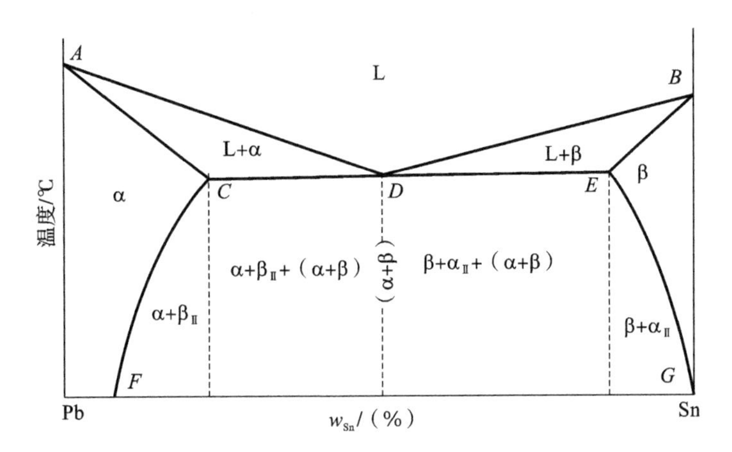

图 3-12　标注组织的 Pb-Sn 合金相图

3.2.5　其他类型相图

1. 包晶相图

两组元在液态无限互溶，在固态有限互溶，并发生包晶反应时所构成的相图称为包晶相图。常用的 Fe-C、Cu-Zn、Cu-Sn 等合金相图中均包括这种类型的相图。如图 3-13 所示为 Fe-C 合金高温部分的相图，相图中的水平线 *dec* 为包晶反应线，在该温度下一种液相和一种固相相互作用生成另一种固相的转变过程称为包晶反应。

2. 共析相图

两组元组成的合金系在固态下发生共析反应时所构成的相图称为共析相图，如图 3-14 所示。图中的水平线 *dce* 为共析反应线，在该线温度下发生共析反应。共析反应是在一定温度下，由一定成分的固相同时析出两个成分和结构完全不同的新固相的反应。共析反应得到的亦为机械混合物。

从上述分析和相图形式来看，共析反应和共晶反应非常相似，只是共晶反应前的相为液相，而共析反应前的相为固相，因此共析反应过程及室温下平衡组织的分析与共晶相图相同。但共析反应是在固态下进行的，反应温度低，反应中的原子扩散比较困难，反应的过冷度大，生核率高，因此与共晶组织相比，共析组织要细得多。

3. 形成稳定化合物的相图

稳定化合物是指在熔化前不发生分解的化合物。稳定化合物的成分固定，可视为一独立的组元，在相图中以一条垂线表示，如图 3-15 所示。

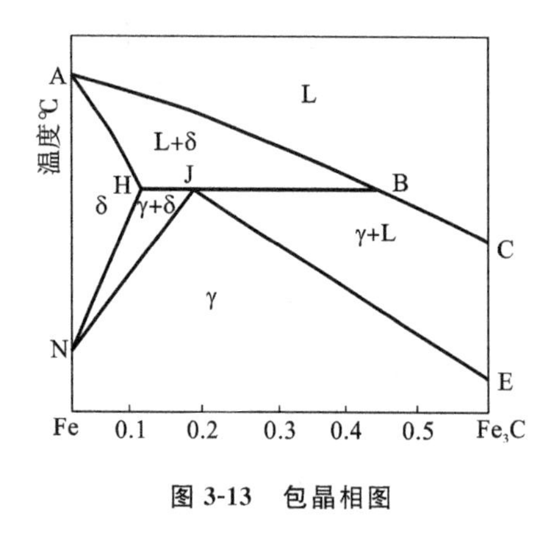

图 3-13 包晶相图

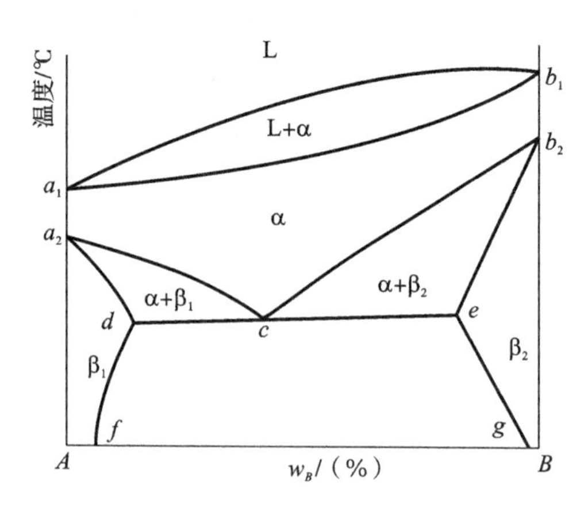

图 3-14 共析相图

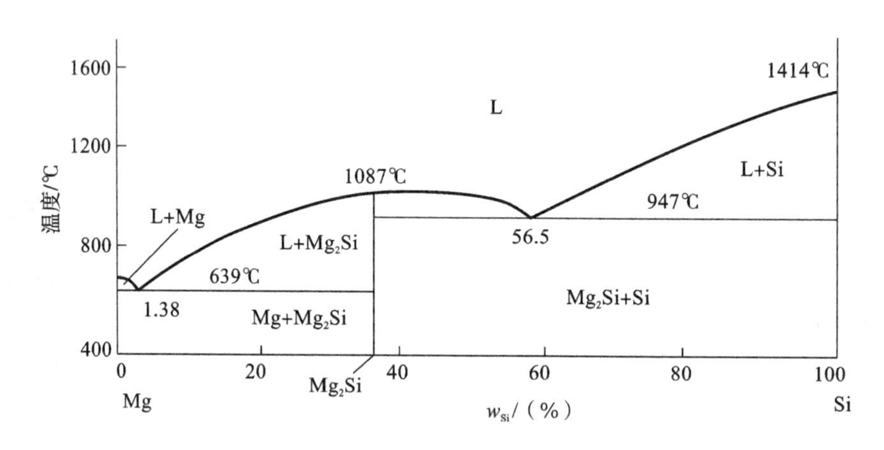

图 3-15 形成化合物的 Mg-Si 合金相图

3.2.6 合金性能与相图的关系

1. 使用性能与相图的关系

合金力学性能和物理性能与相图之间的关系如图 3-16 所示。

具有匀晶相图的单相固溶体合金的性能与溶质元素的溶入量有关，溶质的溶入量越多，晶格畸变越大，则合金的强度、硬度越高。当溶质原子含量大约为 50%时，晶格畸变最大，则上述性能达到最大值。同时随溶质含量的增加，还会导致电导率及导热系数的降低。这是因为溶质在溶剂中的含量增大，晶格扭曲也增大，从而导致合金中自由电子运动的阻力加大，而合金中电和热的传导都是依靠自由电子和离子的运动来进行的。

共晶相图或共析相图中的组织均为两相机械混合物的合金，分别为共晶体或共析体。其强度、硬度及电导率与合金成分呈直线关系。同时由于共晶合金和共析合金的组织细密，因而合金性能在共晶或共析成分点附近偏离直线，出现一个奇点。

2. 工艺性能与相图的关系

材料的工艺性能主要指其铸造性能、锻造性能、焊接性能及切削加工性能。如图 3-17

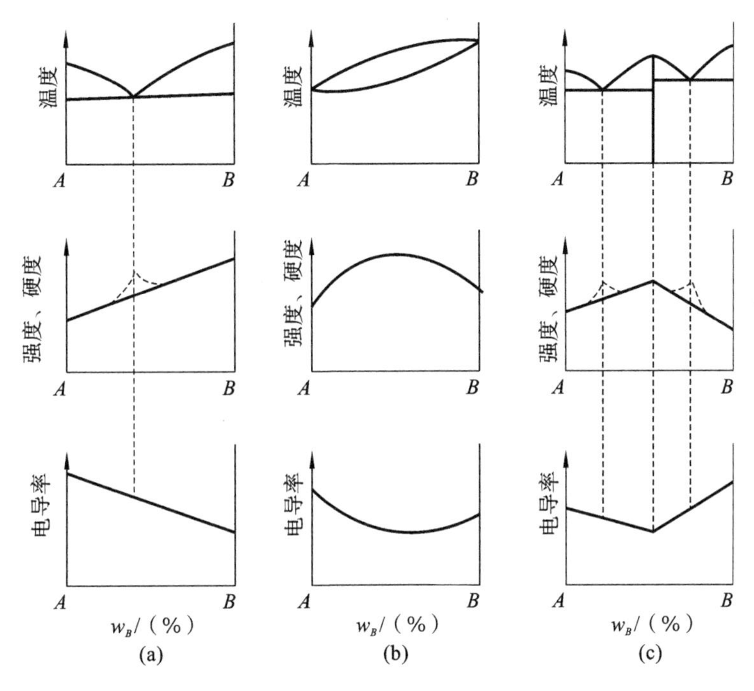

图 3-16　合金的力学、物理性能与相图之间的关系

所示为合金铸造性能与相图之间的关系。从图中可以看出，具有匀晶相图的单相固溶体合金，液相线和固相线温度间隔越大，形成的枝状晶就越发达，浇铸时合金流动性差，导致金属液不能充满铸型，同时由于交错发达的枝状晶，凝固后容易形成许多分散的缩孔。因此，此类合金不宜制作铸件。但单相固溶体的合金塑性较好，具有良好的压力加工性能。

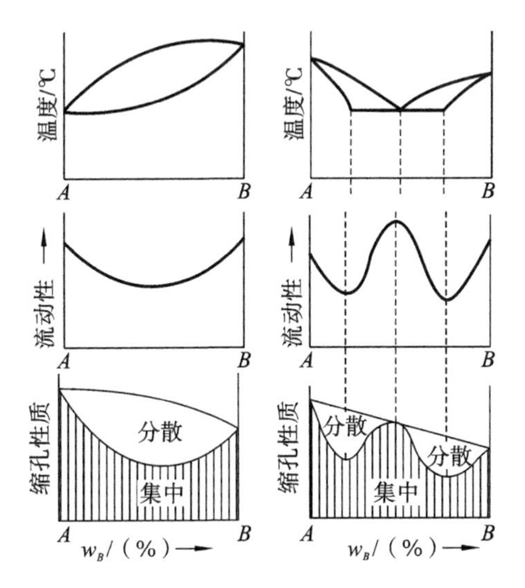

图 3-17　合金铸造性能与相图的关系示意图

共晶成分的合金或接近共晶成分的合金，其液相线与固相线的温度间隔最小，流动性好，不易产生分散的缩孔。这种合金在凝固的过程中容易出现集中缩孔现象，可以采取设置冒口的方法，并控制这种缩孔集中于冒口处，待铸件成型后，再将冒口切除。

当合金的组织为两相组成时，其压力加工性不如单相固溶体好，这主要是因为不同的两相其塑性变形的性能不同，从而引起两相在外力的作用下变形不均匀。尤其当两相中一相较软，另一相较硬，且两者含量相差不大时，更难达到单相合金变形的均匀程度。这种不均匀的变形，将会产生比单相固溶体变形大得多的内应力，从而导致合金的开裂与破断。

思考练习题

1. 结合相图分析含 0.45%C、1.2%C 和 3.0%C 的 Fe-C 合金在缓慢冷却过程中的转变及室温下的组织。

2. 利用杠杆定律计算含 1.2%C 的 Fe-C 合金缓慢冷却到 727 ℃时，在共析转变前后各种组织组成物的质量分数及室温下各种组织组成物的质量分数。

3. 说明 Fe-C 合金中 5 种类型渗碳体的形成及形态特点。

第4章 铁碳合金相图

4.1 铁碳合金的组元、相和基本组织

4.1.1 纯铁的同素异构转变

在自然界的80多种金属中，绝大多数金属结晶以后的晶体结构不会再发生变化，只有少数几种金属的晶体结构在固态下随着温度的变化而发生改变。金属在固态下随着温度的改变由一种晶格类型转变为另一种晶格类型的现象，称为金属的同素异构转变，又称为金属多晶型转变。同素异构转变所得到的不同晶格的晶体，称为同素异构体，按稳定存在的温度，由低温到高温依次用α、β、γ……表示。

具有同素异构转变的金属不多，有铁、钴、锰、钛、锡等金属。其中铁的同素异构转变最为典型，也是最重要的。图4-1是用热分析法测得的纯铁的冷却曲线及晶格变化。由图4-1可见，液态的纯铁冷却到1538 ℃时结晶成固态，得到具有体心立方晶格的δ-Fe；当继续冷

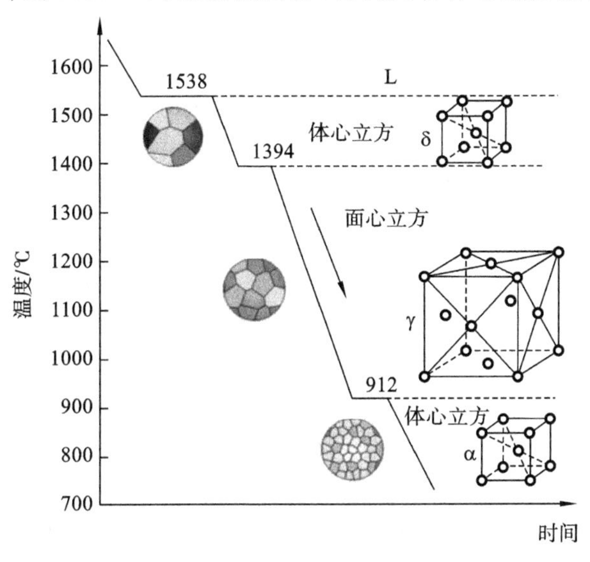

图4-1 纯铁的冷却曲线及晶格变化

却到 1394 ℃时，δ-Fe 会发生同素异构转变，由体心立方晶格转变为具有面心立方晶格的 γ-Fe；再继续冷却到 912 ℃时，原子排列方式又由面心立方晶格转变为体心立方晶格的 α-Fe；此后再继续冷却到室温，晶格类型不再发生变化。上述转变过程可表示为：

$$\delta\text{-Fe} \xrightleftharpoons{1394\ ℃} \gamma\text{-Fe} \xrightleftharpoons{912\ ℃} \alpha\text{-Fe}$$

纯铁同素异构转变的特性十分重要，它决定了钢和铸铁在固态时的组织转变。正因如此，钢铁材料才能够通过各种热处理方法来改变内部组织，从而改善其力学性能。这也是钢铁材料性能多样化、用途广泛的主要原因之一。

4.1.2 铁碳合金的组元、相和基本组织

铁碳合金是碳钢和铸铁的统称，是以铁和碳为基本组元的合金。根据铁碳合金的含碳量不同，又分为碳钢和铸铁。其中含碳量为 0.0218%～2.11%的铁碳合金为碳钢，而含碳量大于 2.11%的为铸铁。由于钢铁材料具有优良的力学性能和工艺性能，是现代工业尤其是机械制造业用量最多、使用最广泛的工程材料。

1. 铁碳合金的组元

1）纯铁

铁是元素周期表中的过渡族元素，常压下熔点为 1538 ℃。如前所述，纯铁在固态下有 δ-Fe、γ-Fe、α-Fe 三种同素异构体。通常所说的工业纯铁指的是室温下的 α-Fe，常含有 0.1%～0.2%的杂质，含碳量很低，其显微组织如图 4-2 所示。

工业纯铁的强度、硬度低，塑性、韧性好。其力学性能的范围为：$\sigma_{0.2}$＝100～170 MPa，σ_b＝180～270 MPa，δ≈30%～50%，ψ＝70%～80%，HB＝50～80，α_k＝18～25 J/cm^2。在工业生产中主要利用其高的导磁率，做电工材料，很少用来制造机械零件。

2）碳

碳是非金属元素，自然界存在的游离态的碳有金刚石和石墨，它们是同素异构体。碳在铁碳合金中的存在形式有三种：碳溶于铁的不同晶格中形成间隙固溶体；碳与铁形成金属化合物，即渗碳体 Fe_3C；碳以游离态的石墨存在于合金中。

石墨具有简单的六方晶格（如图 4-3 所示），通常用字母 G 来表示，同一层晶面上结合力大，不同层之间结合力弱，石墨在形成过程中呈片状生长。由此使得石墨具有一定的润滑性，石墨的强度、硬度、塑性和韧性极低。

2. 铁碳合金的基本相

铁碳合金在高温熔融液态时，铁和碳可以无限互溶。在固态下，由于含碳量和温度的不同，以及铁原子和碳原子的相互作用，碳可有限地溶于铁的同素异构体中形成不同的间隙固溶体；当含碳量较多（超过了铁在相应的温度下固相中的溶解度）时，多余的碳就会与铁化合形成一系列稳定的金属化合物，如 Fe_3C（渗碳体）、Fe_2C、FeC 等。铁碳合金在固态下的基本相有铁素体、奥氏体和渗碳体。其中，前两种属于固溶体相，最后一种为金属化合物相。

1）铁素体（ferrite）

碳溶于 α-Fe 中形成的间隙固溶体称为铁素体，用符号 F（或 α）表示，为体心立方晶格。碳原子较小，在 α-Fe 中碳只能处于间隙位置。碳在 α-Fe 中的溶解度极小，在 727 ℃时最大溶解度为 0.0218%，随着温度的下降其溶解度逐渐减少，在室温下的溶解度几乎为零

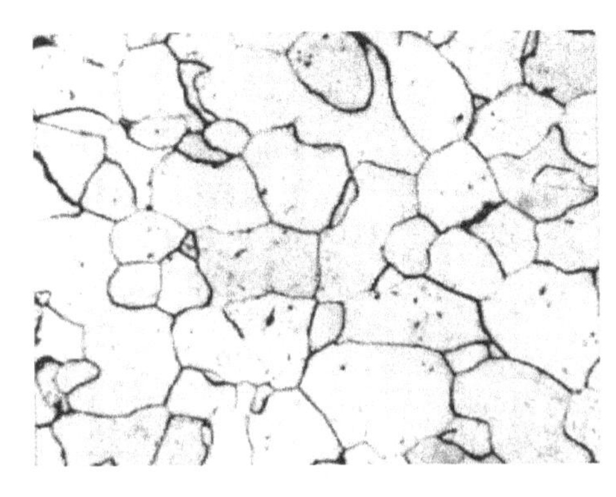

图 4-2　工业纯铁的显微组织(400×)

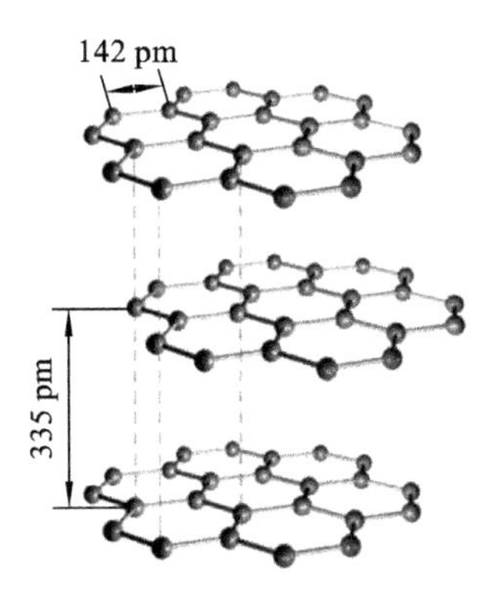

图 4-3　石墨晶体结构

(0.0008%)。由于铁素体中的含碳量非常低，所以其力学性能与纯铁很相似，其强度和硬度(σ_b=180～280 MPa,50～80 HBS)很低，但塑性和韧性(δ=30%～50%,α_k=160～200 J/cm²)良好，适合进行压力加工。此外，铁素体在770 ℃时有磁性转变，在770 ℃以下具有铁磁性，在770 ℃以上则失去铁磁性。铁素体的晶胞和显微组织分别如图4-4和图4-5所示。

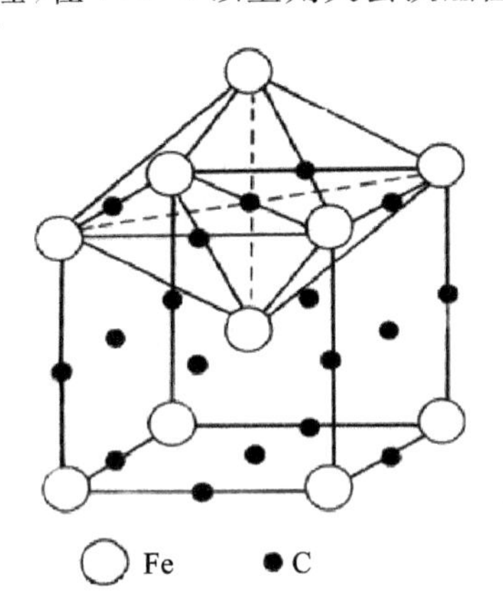

图 4-4　铁素体晶胞

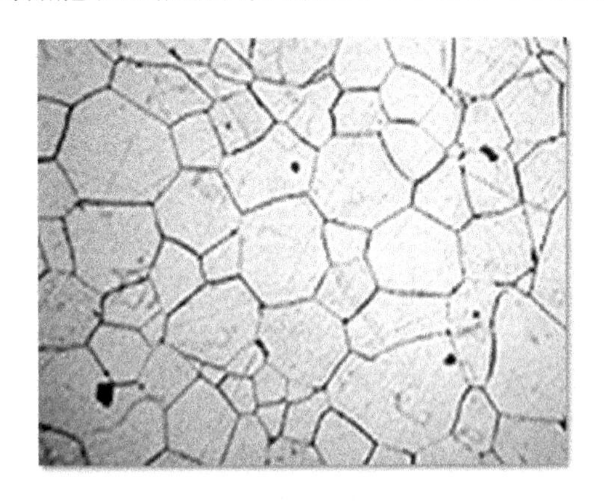

图 4-5　铁素体显微组织(400×)

2) 奥氏体(austenite)

碳溶于γ-Fe中形成的间隙固溶体称为奥氏体，用符号A(或γ)表示，为面心立方晶格，其晶体结构如图4-6所示。与铁素体相比，奥氏体的溶碳能力相对较大。在1148 ℃时，奥氏体中的溶碳量最大，为2.11%。随着温度的降低，碳的溶解度也逐渐下降，在727 ℃时，奥氏体的含碳量降为0.77%。奥氏体具有一定的强度和硬度(σ_b≈400 MPa,160～220 HBS),塑性好(δ≈40%～50%),易于压力加工。大多数钢材在进行压力加工(如锻造)时，都要加热到高温奥氏体相区进行，所谓的"趁热打铁"正是这个意思。

奥氏体在高温下(727～1495 ℃)可稳定存在，故属于铁碳合金的高温相。当铁碳合金缓慢冷却到727 ℃时，奥氏体会发生转变，转变为其他类型的组织。因此，碳钢在室温下的组织中无奥氏体，但当钢中含有某些合金元素时，可部分或全部转变为奥氏体组织，如奥氏体不锈钢。奥氏体与γ-Fe一样没有磁性。奥氏体显微组织如图4-7所示。

3) 渗碳体(cementite)

渗碳体是铁与碳形成的金属化合物，其化学式为Fe_3C。渗碳体的含碳量为6.69%，熔

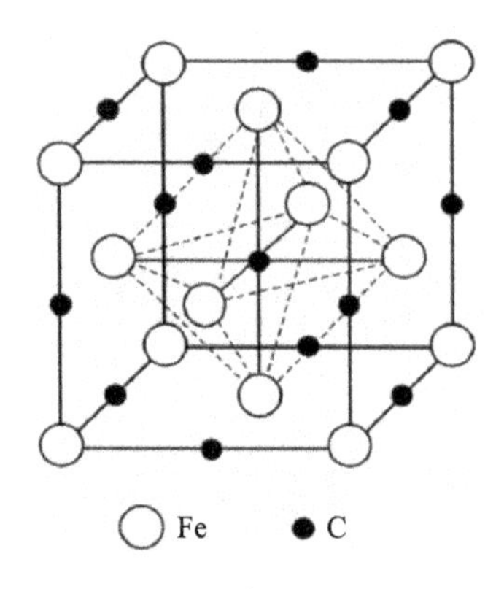

图 4-6 奥氏体晶胞

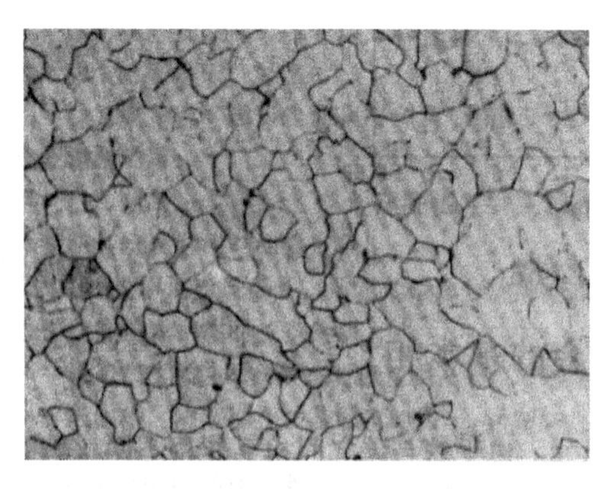

图 4-7 奥氏体显微组织(400×)

点为 1227 ℃。渗碳体不发生同素异构转变,但有磁性转变,它在 230 ℃以下具有弱铁磁性,而在 230 ℃以上则失去铁磁性。其具有复杂的斜方晶体结构(如图 4-8 所示),硬度很高(HB=800),塑性、韧性几乎为零,脆性很大。渗碳体的显微组织如图 4-9 所示。

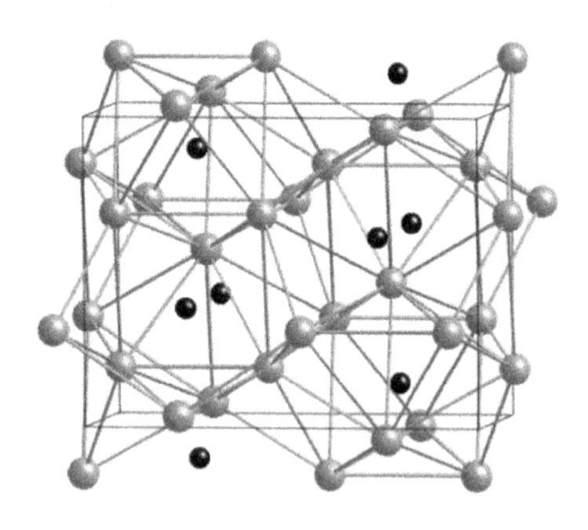

图 4-8 渗碳体晶体结构

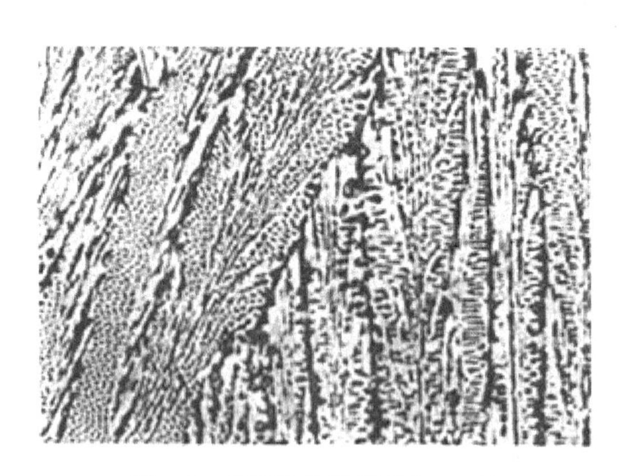

图 4-9 渗碳体显微组织(400×)

在铁碳合金中有不同形态的渗碳体,分别为:①从液相中结晶出的粗大片状的一次渗碳体($Fe_3C_{Ⅰ}$),又称为初生渗碳体或先共晶渗碳体;②从奥氏体中析出的网状二次渗碳体($Fe_3C_{Ⅱ}$);③从铁素体中析出的短棒状或片状的三次渗碳体($Fe_3C_{Ⅲ}$);④由共晶反应生成的呈连续分布状态的共晶渗碳体;⑤由共析转变得到的片状共析渗碳体。这些渗碳体的数量、形态与分布对铁碳合金的性能有直接影响。

渗碳体耐腐蚀,用 4%的硝酸酒精溶液浸蚀后,在显微镜下呈白亮色。如果用 4%的碱性苦味酸溶液浸蚀,在显微镜下呈暗黑色。渗碳体的显微组织形态很多,在钢和铸铁中与其他相共存时呈片状、粒状、网状或板条状。

渗碳体是碳钢中主要的强化相,它的形状与分布对钢的性能有很大的影响。同时 Fe_3C 又是一种亚(介)稳定相,在一定条件下会发生分解:$Fe_3C \rightarrow 3Fe + C$,所分解出的单质碳为石墨。这一过程对于铸铁的石墨化和石墨钢(超高碳过共析钢)的生产具有重要意义。

3. 铁碳合金的基本组织

在铁碳合金中,铁素体、奥氏体和渗碳体三个基本相可以单独作为组织存在,形成单相

组织；在一定条件下它们还可以形成混合物，构成另外两种基本组织，即珠光体和莱氏体，为多相组织。

1）珠光体

铁碳合金在平衡结晶过程中冷却到 727 ℃时奥氏体会发生共析反应，其产物是铁素体与渗碳体的混合物，称为珠光体，用符号 P 表示。在显微镜下珠光体的形态呈片状，如图4-10所示。在放大倍数很高的电镜下，可以观察层片状的组织其实是相间分布的铁素体层片（白色）和渗碳体层片（黑色）。

平衡结晶的珠光体的含碳量为 0.77%。珠光体的强度较高（σ_b=770 MPa）、塑性（$\delta\approx$20%～30%）、韧性（α_k=30～40 J/cm^2）和硬度（HB=180）适中，力学性能介于铁素体和渗碳体之间。

2）莱氏体

含碳量为 4.3%的液相铁碳合金在 1148 ℃时发生共晶反应，生成奥氏体与渗碳体组成的机械混合物，称为莱氏体，用符号 Ld 表示。在显微镜下莱氏体的形态是块状或粒状的奥氏体（室温时转变为珠光体）分布在渗碳体基体上。由珠光体和渗碳体构成的机械混合物称为低温莱氏体，用符号 Ld′表示，其显微组织如图 4-11 所示，白色的渗碳体基体上分布着黑色粒状的珠光体。莱氏体的硬度高、塑性很差（几乎为零），力学性能和渗碳体相似。

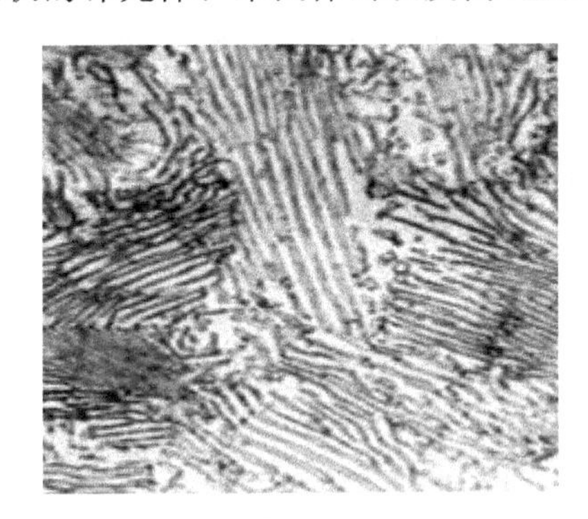

图 4-10　珠光体显微组织（400×）

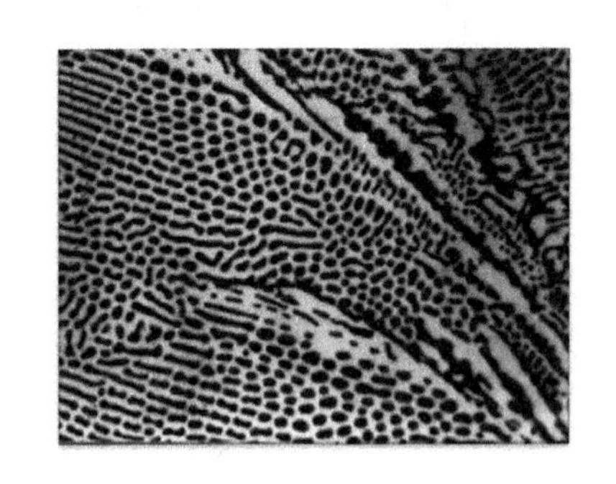

图 4-11　低温莱氏体显微组织（400×）

4.2　铁碳合金相图分析

铁碳合金相图是表示在极缓慢冷却（或加热）条件下（即平衡状态），不同成分的钢和铸铁在不同温度下所具有的组织或状态的一种图形。它是研究碳钢和铸铁的成分、温度、组织及性能之间关系的最基本工具，也是制定热加工、热处理、冶炼和铸造等工艺的理论依据。由于含碳量大于 Fe_3C（6.69%）时，合金硬而脆，机械加工困难，已毫无实用价值，因此我们所研究的铁碳合金相图实际上是 $w_C\leqslant$6.69%的 Fe-Fe_3C 相图。如图 4-12 所示，纵坐标表示温度，横坐标为合金成分（碳的质量分数）。

铁碳合金相图中的符号是国际通用的，各临界点的数据则由于测试条件不同而略有差异。图 4-12 中左上角部分的包晶反应相区实际应用较少，常将其简化为图 4-13。

1. Fe-Fe_3C 相图中的特性点

Fe-Fe_3C 相图中各个特性点的温度、碳的质量分数及其含义见表 4-1。

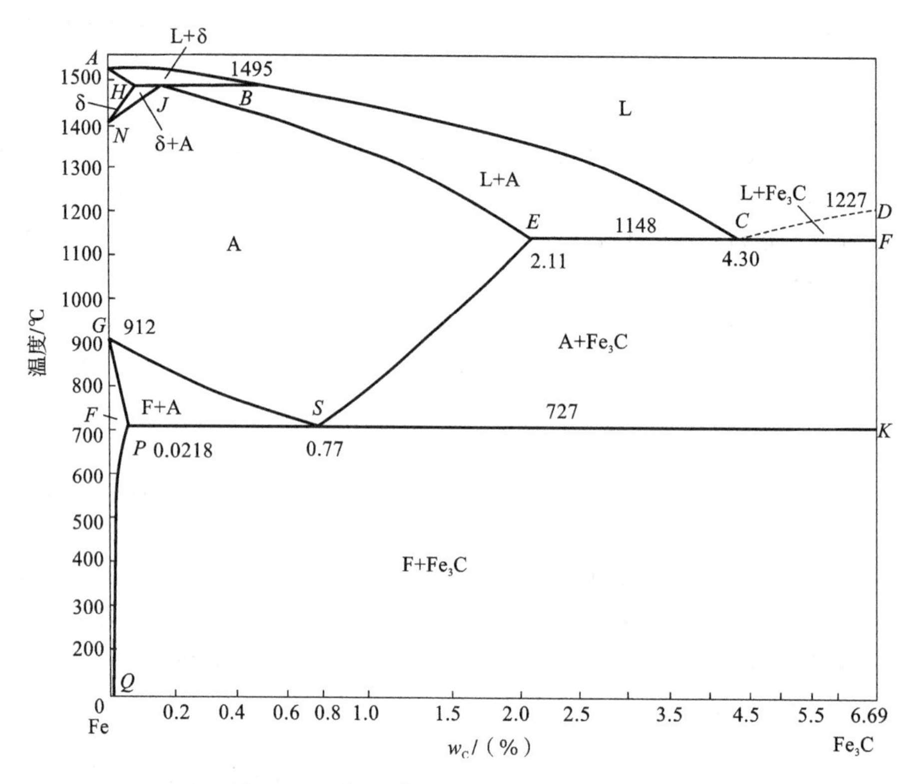

图 4-12 以相组成物标注的 $Fe-Fe_3C$ 合金相图

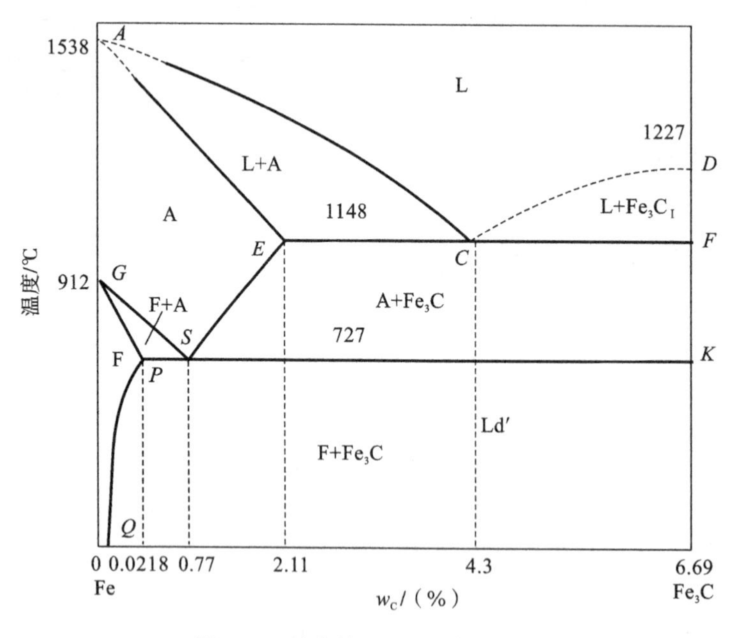

图 4-13 简化的 $Fe-Fe_3C$ 合金相图

表 4-1　$Fe\text{-}Fe_3C$ 相图中各特性点的温度、碳的质量分数及其含义

特性点	温度/℃	w_C/(%)	含义
A	1538	0	纯铁的熔点
C	1148	4.3	共晶点 $L_{4.3} \rightleftharpoons A_{2.11} + Fe_3C$
D	1227	6.69	Fe_3C 的熔点
E	1148	2.11	碳在 γ-Fe 中的最大溶解度点；碳钢与铸铁的分界点
F	1148	6.69	Fe_3C 的成分
G	912	0	α-Fe 与 γ-Fe 同素异构转变点
K	727	6.69	Fe_3C 的成分
P	727	0.0218	碳在 α-Fe 中的最大溶解度点
S	727	0.77	共析点 $A_{0.77} \rightleftharpoons F_{0.0218} + Fe_3C$
Q	室温	0.0008	室温下碳在 α-Fe 中的溶解度点

2. $Fe\text{-}Fe_3C$ 相图中的特性线

$Fe\text{-}Fe_3C$ 相图中的特性线及其含义见表 4-2。

表 4-2　$Fe\text{-}Fe_3C$ 相图中的特性线及其含义

特性线	含义
ACD	液相线，合金在此线以上时全部为液相，$w_C<4.3\%$的合金冷却到 *AC* 线时，开始结晶出 A；$w_C>4.3\%$的合金冷却到 *CD* 线时，开始结晶出一次渗碳体，用 $Fe_3C_Ⅰ$ 表示
AECF	固相线，合金冷却到此温度线以下时，全部结晶成固态
GS	又称 A_3 线，是合金冷却时自 A 转变为 F 的起始线，或者加热时 F 转变为 A 的终止线
ES	又称 A_{cm} 线，是碳在 A 中的溶解度曲线。随着温度的下降，碳在 A 中的溶解度由 1148 ℃时的 2.11%逐渐降到 727 ℃时的 0.77%。多余的碳以 Fe_3C 的形式析出，称为二次渗碳体，用 $Fe_3C_Ⅱ$ 表示
ECF	共晶线。当液态合金冷却到此线(1148 ℃)时，发生共晶转变生成 A 和 Fe_3C 的机械混合物——莱氏体(Ld)。$w_C=2.11\%\sim6.69\%$的铁碳合金冷却到此线(1148 ℃)时均会发生共晶转变
PSK	共析线，又称 A_1 线。当 A 冷却到此线(727 ℃)时，发生共析转变，生成 F 和 Fe_3C 的机械混合物——珠光体(P)。$w_C=0.0218\%\sim6.69\%$的铁碳合金冷却到此线(727 ℃)时均会发生共析转变
GP	铁碳合金冷却时 A 转变为 F 的终了线，或者加热时 F 转变为 A 的开始线
PQ	碳在 F 中的溶解度曲线，随着温度的降低，碳在 F 中的溶解度沿着此线逐渐减少，由 727 ℃时的 0.0218%逐渐降到室温时的 0.0008%，多余的碳以 Fe_3C 形式析出，称为三次渗碳体，用 $Fe_3C_Ⅲ$ 表示。由于析出的 $Fe_3C_Ⅲ$ 量极少，一般对钢的性能影响不大，故可忽略

3. $Fe\text{-}Fe_3C$ 相图中的相区

图 4-13 中共有 11 个相区域，它们包括 4 个单相区、5 个两相区和 2 个三相区。$Fe\text{-}Fe_3C$ 相图中的相区见表 4-3。

表 4-3　$Fe\text{-}Fe_3C$ 相图中的相区

单相区		双相区		三相区	
相区范围	组成相	相区范围	组成相	相区范围	组成相
ACD 线以上	L	*ACE*	L+A	*ECF* 线	$L+A+Fe_3C$
GPQ 线	F	*CDF*	$L+Fe_3C_I$	*PSK* 线	$A+F+Fe_3C$
DFK 线	Fe_3C	*GSP*	F+A		
AGQ 线	Fe(纯铁)	*EFKSE*	$A+Fe_3C$		
		QPSK 线以下	$F+Fe_3C$		

4. $Fe\text{-}Fe_3C$ 相图中铁碳合金的分类

铁碳合金由于铁和碳的质量分数不同，在室温下将得到不同的组织。根据铁碳合金的含碳量及室温平衡组织的不同，可将铁碳合金分为工业纯铁、钢和白口铸铁三大类，见表 4-4。

表 4-4　铁碳合金分类

合金类别	工业纯铁	钢			铸铁		
		亚共析钢	共析钢	过共析钢	亚共晶白口铸铁	共晶白口铸铁	过共晶白口铸铁
$w_C/(\%)$	$w_C\leqslant0.0218\%$	$0.0218\%<w_C\leqslant2.11\%$			$2.11\%<w_C\leqslant6.69\%$		
		<0.77%	0.77%	>0.77%	<4.3%	4.3%	>4.3%
室温组织	F	F+P	P	$P+Fe_3C_{II}$	$Ld'+P+Fe_3C_{II}$	Ld'	$Ld'+Fe_3C_I$
特点	强度和硬度低，工业上很少使用	高温组织为单相 A，易于变形，工艺性能良好，且价格低廉，应用非常广泛			熔点较低，但流动性好，便于铸造成形；硬而脆，故不能承受锻造、轧制等压力加工，也不宜切削加工		

(1) 工业纯铁($w_C\leqslant0.0218\%$)：室温下的平衡组织中几乎全部为铁素体的铁碳合金，工业上很少使用。

(2) 钢($0.0218\%<w_C\leqslant2.11\%$)：高温组织为单相奥氏体，易于变形，根据室温组织的不同分为以下三种：亚共析钢($0.0218\%<w_C<0.77\%$)、共析钢($w_C=0.77\%$)和过共析钢($0.77\%<w_C\leqslant2.11\%$)。

(3) 白口铸铁($2.11\%<w_C\leqslant6.69\%$)：液态结晶时都有共晶反应，且室温下的平衡组织中都含有低温莱氏体(Ld')。白口铸铁具有较低的熔点，流动性好，便于铸造成形；因含有一定数量的莱氏体，硬而脆，故不能承受锻造、轧制等压力加工，也不宜切削加工。根据室温组织的不同，又可以分为三种：亚共晶白口铸铁($2.11\%<w_C<4.3\%$)、共晶白口铸铁($w_C=4.3\%$)、过共晶白口铸铁($4.3\%<w_C\leqslant6.69\%$)。

4.3　典型铁碳合金的平衡结晶过程

为了深入了解铁碳合金组织形成的规律，下面以六种典型铁碳合金为例，分析它们的结晶过程和室温下的平衡组织。六种典型合金在相图中的位置，如图 4-14 所示（Ⅰ～Ⅵ）。

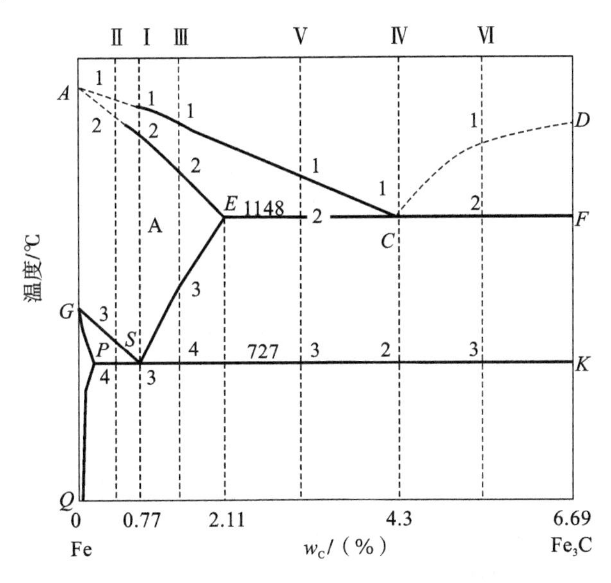

图 4-14　典型铁碳合金结晶过程分析

1. 共析钢的结晶过程（图 4-14 中合金Ⅰ）

共析钢的平衡结晶过程如图 4-15 所示。当合金在温度点 1 以上时，合金处于液态。当合金缓慢冷却到液相线温度点 1 时，开始从液相中结晶出奥氏体，在 1～2 点之间随着温度的下降，奥氏体量不断增加，其成分沿着 AE 线变化；剩余的液相不断减少，其成分沿着 AC 线变化，到 2 点温度时结晶完毕，液相全部转变为与原始合金成分相同的奥氏体。2～3 点之间奥氏体不发生组织转变，当冷却到 3 点（727 ℃）时，奥氏体发生共析转变，即 $A_{0.77} \xrightleftharpoons{727\ ℃} F_{0.0218} + Fe_3C$，形成铁素体与渗碳体的机械混合物，即珠光体。从 3 点继续冷却时，由于碳在铁素体中的溶解度降低，将从铁素体中析出三次渗碳体（$Fe_3C_{Ⅲ}$），但是量很少，可以忽略不计。因此，共析钢在室温下的平衡组织为 100% 的珠光体。如图 4-16 所示，珠光体是铁素体与渗碳体片层相间的组织，呈指纹状，其中白色的基底为铁素体，黑色的片层为渗碳体。室温下珠光体中铁素体和渗碳体两相的相对质量百分比分别为：

$$Q_F = \frac{6.69 - 0.77}{6.69 - 0.0008} \times 100\% = 88.50\%$$

$$Q_{Fe_3C} = 100\% - 88.50\% = 11.50\%$$

2. 亚共析钢的结晶过程（图 4-14 中合金Ⅱ）

亚共析钢的平衡结晶过程如图 4-17 所示。1～2 点液相 L 中开始结晶出奥氏体；2～3 点单相奥氏体冷却，但组织不发生转变；3～4 点之间，奥氏体中开始析出铁素体（称为先析

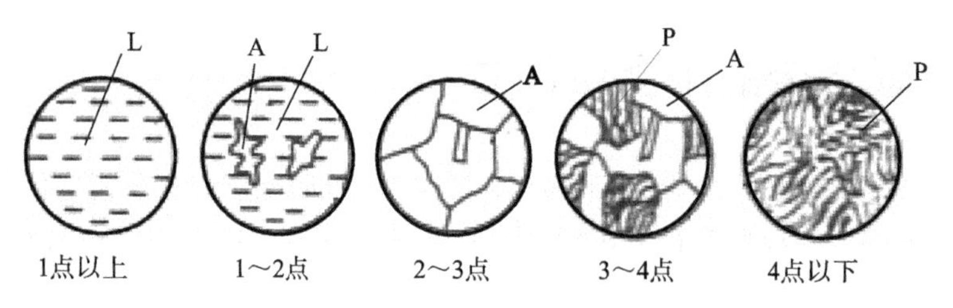

图 4-15　共析钢结晶过程示意图

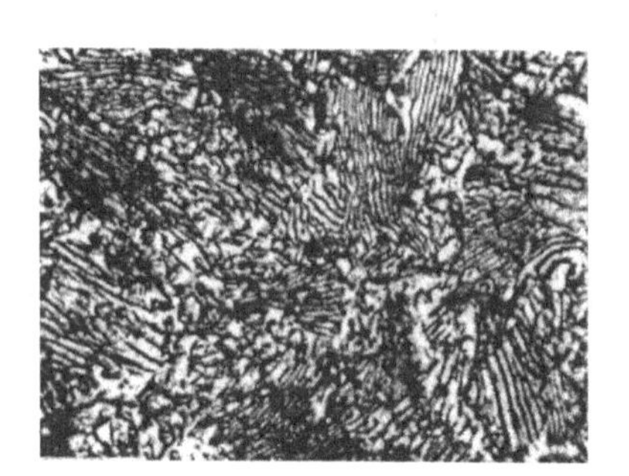

图 4-16　共析钢显微组织(400×)

铁素体)，铁素体在奥氏体晶界处优先形核并长大，随着温度的降低，铁素体不断增多，其成分(含碳量)沿着 *GP* 线变化，剩余的奥氏体量不断减少，其成分沿着 *GS* 线变化；冷却到 4 点(727 ℃)时，剩余的奥氏体的碳含量达到 0.77%，此时奥氏体发生共析反应，生成珠光体，而铁素体不再发生变化；4 点以后到室温之间，合金的组织不发生变化。因此，亚共析钢的室温平衡组织为珠光体＋铁素体，如图 4-18 所示，图中的白色组织为先共析铁素体，黑色组织为珠光体。所有亚共析钢的结晶过程都相似，室温组织都是铁素体和珠光体。但是随着含碳量的增加，组织中的铁素体数量减少，而珠光体数量增加。

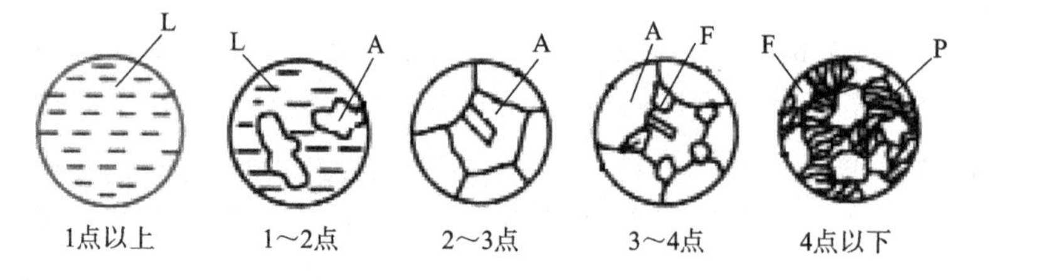

图 4-17　亚共析钢结晶过程示意图

室温下，$w_C=0.40\%$的亚共析钢中先共析铁素体和珠光体两个组织组成物的相对质量百分比为：

$$Q_P=\frac{0.40-0.0218}{0.77-0.0218}\times 100\%\approx 88.50\%$$

$$Q_F=100\%-50.55\%=49.50\%$$

而铁素体和渗碳体两相的相对质量百分比为：

$$Q_{Fe_3C}=\frac{0.40-0.0008}{6.69-0.0008}\times 100\%\approx 5.97\%$$

$$Q_F=100\%-5.97\%=94.03\%$$

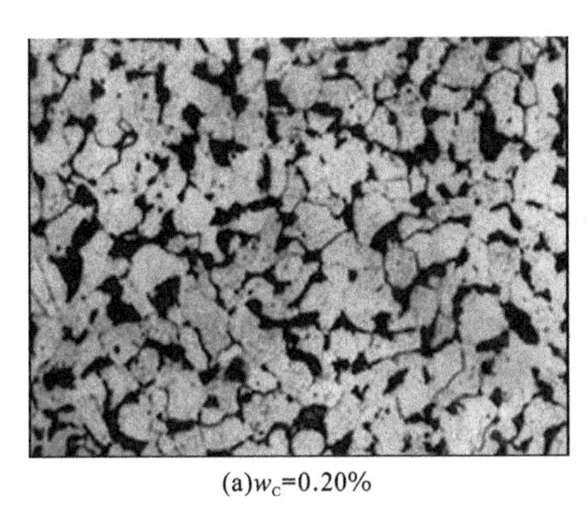

(a)w_C=0.20%

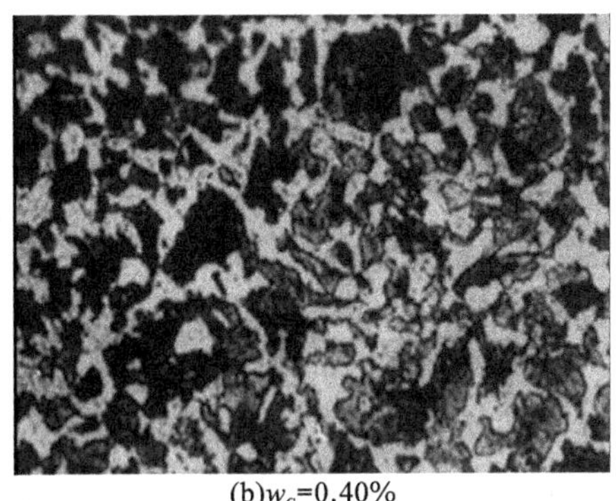

(b)w_C=0.40%

图 4-18　亚共析钢的显微组织(400×)

3. 过共析钢的结晶过程(图 4-14 中合金Ⅲ)

过共析钢的平衡结晶过程如图 4-19 所示。过共析钢在 1～3 点间的结晶过程也与共析钢相似。当合金冷却到 3 点时,由于奥氏体中的含碳量达到饱和而开始从奥氏体中沿晶界析出二次渗碳体(Fe_3C_{II})。在 3～4 点之间,随着温度的下降,Fe_3C_{II} 量不断增加,剩余奥氏体的成分沿着 ES 线变化。冷却到 4 点温度(727 ℃)时,奥氏体的含碳量等于 S 点的含碳量(0.77%),发生共析反应,生成珠光体。4 点以下至室温,合金组织基本不变。所以过共析钢的室温组织为珠光体＋二次渗碳体,其中 Fe_3C_{II} 沿着珠光体晶界呈网状分布,如图4-20 所示,图中白色网状部分即为 Fe_3C_{II},灰色基底为珠光体。

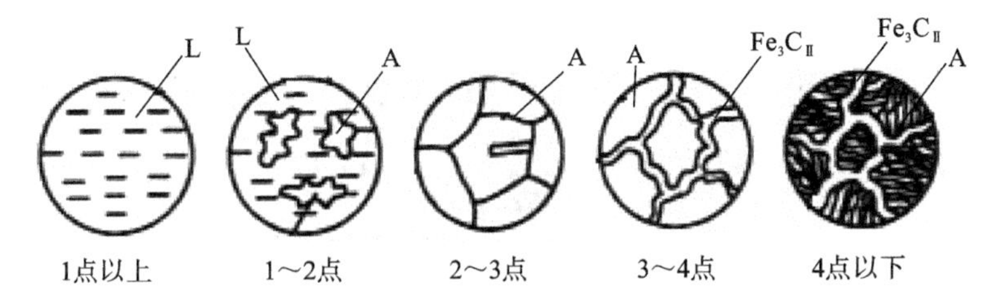

图 4-19　过共析钢结晶过程示意图

室温下,含碳量为 $w_C=1.40\%$ 的过共析钢中二次渗碳体和珠光体两种组织组成物的相对质量百分比为:

$$Q_{Fe_3C_{II}}=\frac{1.40-0.77}{6.69-0.77}\times 100\%\approx 10.64\%$$

$$Q_P=100\%-10.64\%=89.36\%$$

过共析钢中,含碳量越多,其显微组织中的 Fe_3C_{II} 也越多,而珠光体量相对减少。当含碳量达到 2.11%时,Fe_3C_{II} 量最大:

$$Q_{Fe_3C_{II}}=\frac{2.11-0.77}{6.69-0.77}\times 100\%\approx 22.64\%$$

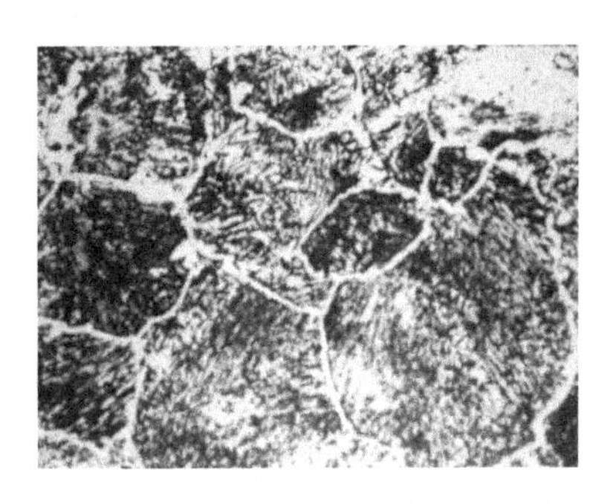

图 4-20　过共析钢的显微组织(400×)

4. 共晶白口铸铁(图 4-14 中合金Ⅳ)

共晶白口铸铁的平衡结晶过程如图 4-21 所示。当液态合金冷却到 1 点(共晶点 1148 ℃)时,液态合金发生共晶反应,即 $L_{4.3} \xrightarrow{1148\ ℃} A_{2.11} + Fe_3C$,生成莱氏体。这种由共晶反应结晶出的奥氏体和渗碳体,分别称为共晶奥氏体和共晶渗碳体。在 1~2 点之间,随着温度降低,碳在奥氏体中的溶解度沿着 ES 线不断降低,奥氏体中的碳含量过饱和,故多余的碳以二次渗碳体形式析出。当温度降至 2 点(727 ℃)时,共晶奥氏体的成分达到共析点成分(0.77%),发生共析转变生成珠光体。在 2 点以后至室温,共晶白口铸铁的组织不再发生变化,其室温组织为珠光体+二次渗碳体+共晶渗碳体组成的莱氏体组织。为了区别,把在共析温度 727 ℃以上的莱氏体($A+Fe_3C_{Ⅱ}+Fe_3C$)称为高温莱氏体,用符号 Ld 表示;在共析温度以下的莱氏体($P+Fe_3C_{Ⅱ}+Fe_3C$)称为低温莱氏体,用符号 Ld′表示。图 4-22 为共晶白口铸铁的显微组织。图中黑色蜂窝状组织为珠光体,白色基体为渗碳体(其中二次渗碳体和共晶渗碳体连在一起难以分辨)。

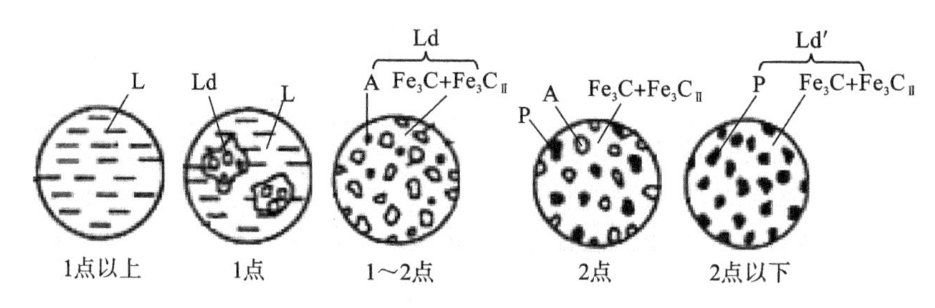

图 4-21 共晶白口铸铁结晶过程示意图

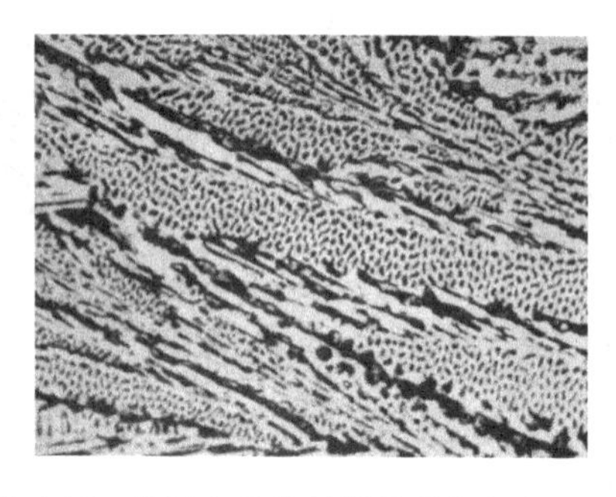

图 4-22 共晶白口铸铁的显微组织(400×)

室温下,共晶白口铸铁中两相的相对质量百分比为:

$$Q_F = \frac{6.69-4.3}{6.69-0.0008} \times 100\% \approx 35.73\%$$

$$Q_{Fe_3C} = 100\% - 35.73\% = 64.27\%$$

5. 亚共晶白口铸铁(图 4-14 中合金Ⅴ)

亚共晶白口铸铁的平衡结晶过程如图 4-23 所示。当液态合金冷却到 1 点温度时,开始结晶出的奥氏体称为初生奥氏体,又称先共晶奥氏体。1~2 点之间随着温度下降,奥氏体量不断增加,其成分沿着 AE 线变化,液相的成分沿 AC 线变化。当冷却至 2 点温度(1148 ℃)时,剩余液相的含碳量达到共晶点成分($w_C=4.3\%$),发生共晶反应,生成莱氏体。此时合金的组织为初生奥氏体+莱氏体。在 2~3 点之间,初生奥氏体和共晶奥氏体的成分沿着

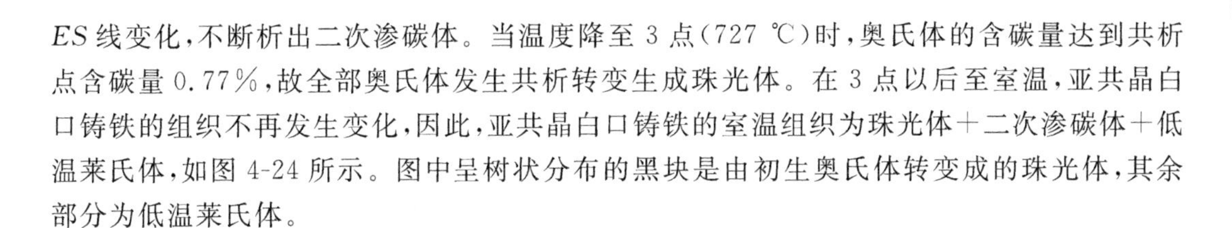
ES 线变化，不断析出二次渗碳体。当温度降至 3 点（727 ℃）时，奥氏体的含碳量达到共析点含碳量 0.77%，故全部奥氏体发生共析转变生成珠光体。在 3 点以后至室温，亚共晶白口铸铁的组织不再发生变化，因此，亚共晶白口铸铁的室温组织为珠光体＋二次渗碳体＋低温莱氏体，如图 4-24 所示。图中呈树状分布的黑块是由初生奥氏体转变成的珠光体，其余部分为低温莱氏体。

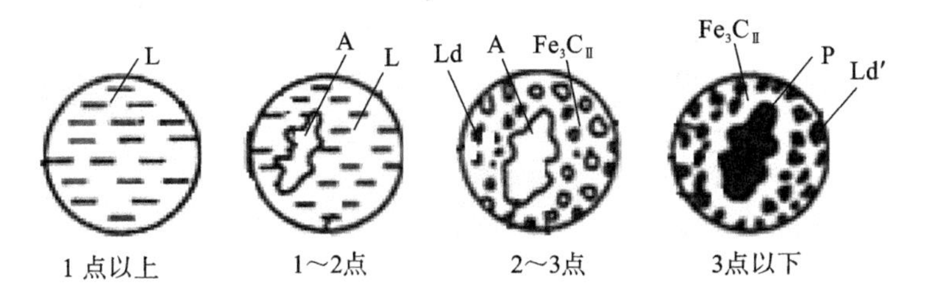

图 4-23　亚共晶白口铸铁结晶过程示意图

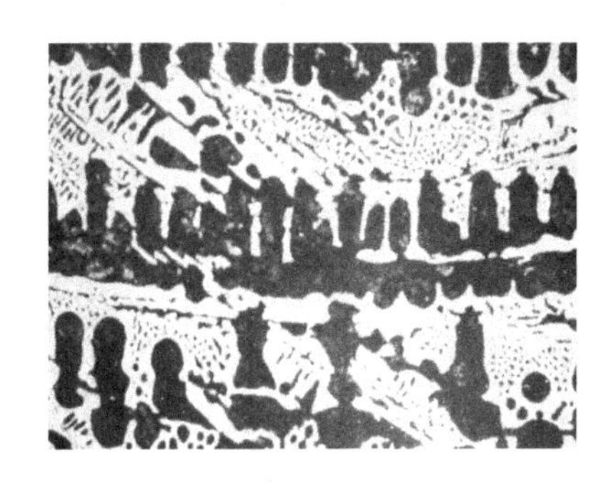

图 4-24　亚共晶白口铸铁显微组织（400×）

室温下，含碳量 $w_C=3.5\%$ 的亚共晶白口铸铁中三种组织组成物的相对质量百分比为：

$$Q_{Ld'}=Q_{Ld}=\frac{3.5-2.11}{4.3-2.11}\times 100\%\approx 63.47\%$$

$$Q_{Fe_3C_{II}}=\frac{4.3-3.5}{4.3-2.11}\times\frac{2.11-0.77}{6.69-0.77}\times 100\%\approx 8.27\%$$

$$Q_P=100\%-Q_{Ld'}-Q_{Fe_3C_{II}}=100\%-63.47\%-8.27\%=28.26\%$$

在结晶过程中，该合金所析出的所有二次渗碳体（包括初生奥氏体和共晶奥氏体中析出的二次渗碳体）的总量为：

$$Q_{Fe_3C_{II}总}=\frac{6.69-3.5}{6.69-2.11}\times\frac{2.11-0.77}{6.69-0.77}\times 100\%\approx 15.77\%$$

6. 过共晶白口铸铁（图 4-14 中合金 Ⅵ）

过共晶白口铸铁的平衡结晶过程如图 4-25 所示。过共晶白口铸铁的结晶过程与亚共晶白口铸铁相似，不同的是在共晶转变前液相先结晶出一次渗碳体。当冷却至 2 点温度（1148 ℃）时，剩余液相成分达到 $w_C=4.3\%$，发生共晶反应，形成莱氏体。共晶转变后合金的组织为一次渗碳体＋莱氏体。在随后 2～3 点之间，一次渗碳体不发生转变，奥氏体中同样要析出二次渗碳体，并在 3 点温度（727 ℃）时，奥氏体发生共析转变形成珠光体。因此过共晶白口铸铁的室温组织为一次渗碳体＋低温莱氏体，如图 4-26 所示。图中白色长条状的为一次渗碳体，基体为低温莱氏体。过共晶白口铸铁在室温下组织组成物的质量分数的计算仍然用杠杆定律，方法同前所述。

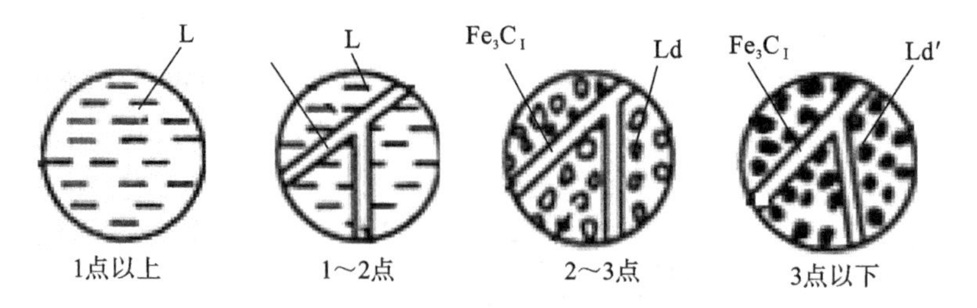

图 4-25　过共晶白口铸铁结晶过程示意图

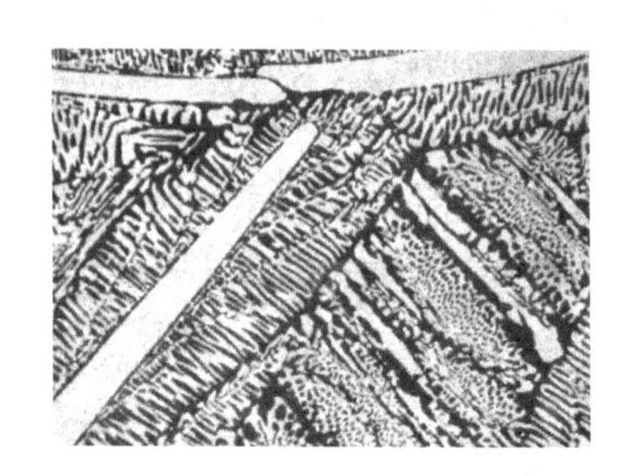

图 4-26　过共晶白口铸铁显微组织(400×)

7. 组织组成物在铁碳合金相图上的标注

根据以上对铁碳合金相图的分析，可将组织组成物标注在铁碳合金相图中，如图 4-27 所示。组织组成物的标注与相组成物的标注的主要区别在于 $A+Fe_3C$ 和 $F+Fe_3C$ 两个相区，$A+Fe_3C$ 相区中有 4 个组织组成物区，$F+Fe_3C$ 相区中有 7 个组织组成物区。用组织组成物标注的相图直观地反映了合金在不同温度下的组织状态。

4.4　含碳量与铁碳合金组织和性能的关系

4.4.1　含碳量与铁碳合金室温平衡组织的关系

由杠杆定律的计算可求出铁碳合金的含碳量与缓冷后的相及组织组成物的定量关系，如图 4-28 所示。从相的角度看，铁碳合金在室温下只有铁素体和渗碳体两个基本相，随着含碳量的增加，渗碳体的量呈线性增加。从组织组成物角度看，随着含碳量的增加，组织中渗碳体不仅数量增加，而且形态也在变化，由分布在铁素体基体内的片状(共析渗碳体)变为分布在奥氏体晶界上的网状(二次渗碳体)，最后形成莱氏体时直接作为基体出现(一次渗碳体)。

4.4.2　含碳量与力学性能的关系

在铁碳合金中，碳的含量和存在形式对合金的力学性能有直接影响。如前所述，铁碳合

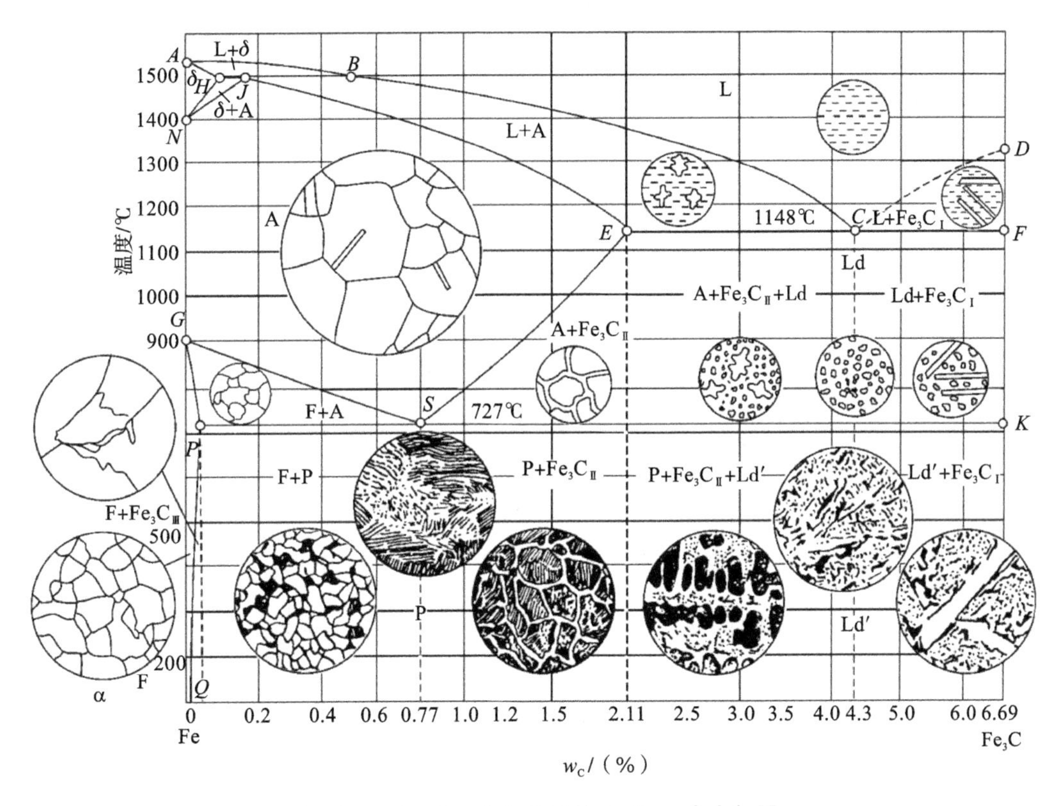

图 4-27　以组织组成物标注的 Fe-Fe_3C 合金相图

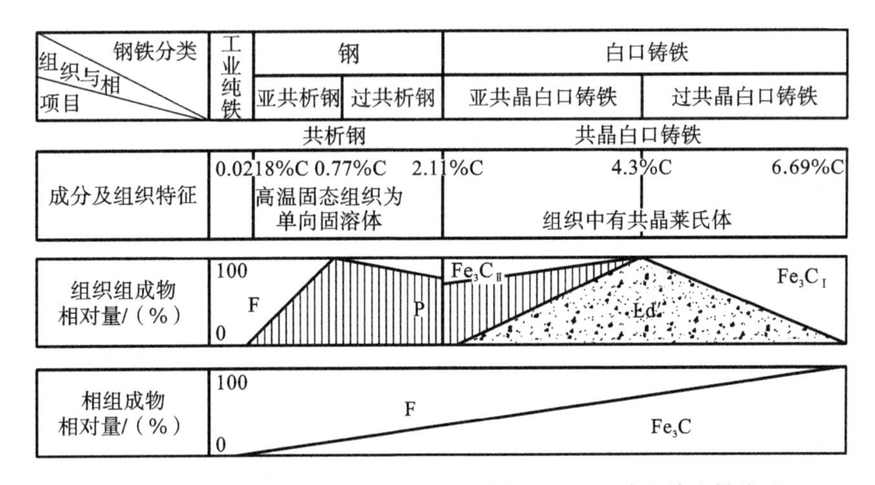

图 4-28　铁碳合金的含碳量与缓冷后的相及组织组成物的定量关系

金中的铁素体是软韧相，渗碳体是硬脆相，因此，铁碳合金的力学性能，取决于铁素体与渗碳体的相对量及它们的相对分布。

图 4-29 表示含碳量对平衡状态下碳钢力学性能的影响。从图中可以看出，含碳量很低的工业纯铁，是由单相铁素体构成的，故塑性很好，而强度、硬度很低。亚共析钢组织中的铁素体随含碳量的增多而减少，而珠光体量相应增加。因此塑性、韧性降低，强度和硬度直线上升。共析钢为珠光体组织，其具有较高的强度和硬度，但塑性和韧性较低。在过共析钢

中，随着含碳量的增加，开始时强度和硬度继续增加，当 $w_C>0.9\%$ 时，由于二次渗碳体的量逐渐增加并呈明显的网状分布于晶界处，不仅使塑性、韧性急剧降低，而且强度也明显下降，从而使钢的脆性增加。

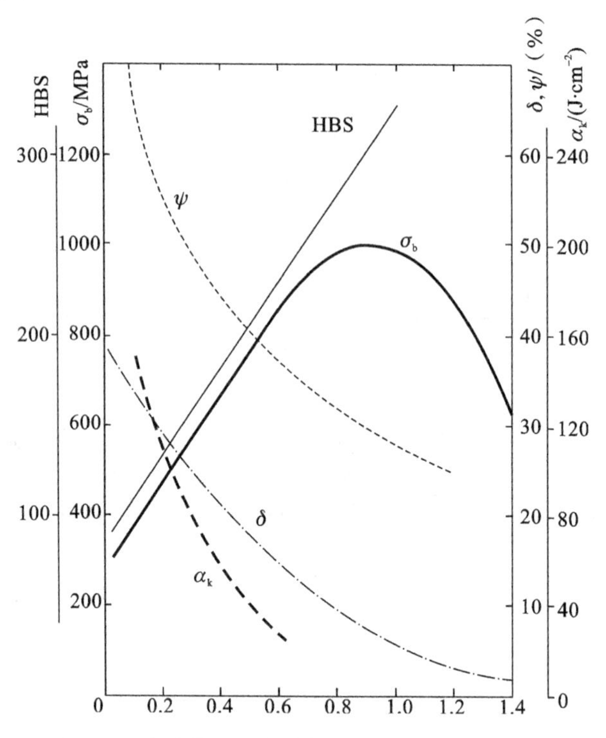

图 4-29　含碳量对平衡状态下碳钢力学性能的影响

思考练习题

1. 解释下列名词，并从含碳量、相组成、晶体结构等方面说明其特点。

铁素体、奥氏体、渗碳体、珠光体、莱氏体

2. 什么是共晶转变、共析转变？

3. 试从形成和形态特点方面分析一次渗碳体、二次渗碳体、三次渗碳体、共晶渗碳体和共析渗碳体有何异同之处。

4. 画出简化的 $Fe-Fe_3C$ 合金相图，标注出共晶反应和共析反应线的温度；同时标出各种典型的特征成分点含碳量以及各区的室温组织。

5. 利用杠杆定律计算 $w_C=1.5\%$ 的 Fe-C 合金缓慢冷却到 727 ℃时，在共析转变前后各种组织组成物的相对量以及室温下各种组织组成物的相对量。

6. 根据 $Fe-Fe_3C$ 合金相图分析 $w_C=0.3\%$ 和 $w_C=1.3\%$ 的碳素钢从液态缓慢冷却到室温的组织转变过程及室温组织。

7. 根据 $Fe-Fe_3C$ 合金相图，分析下列现象：

(1) 室温下，$w_C=1.2\%$ 的钢比 $w_C=0.5\%$ 的钢硬度高，但比 $w_C=0.8\%$ 的钢强度低；

(2) 低温莱氏体硬度高、脆性大；

(3) 钢适合压力加工成形，而铸铁适合铸造成形；

(4) 钢进行热锻、热轧时，都要加热到奥氏体区。

第5章 钢的热处理原理

钢的热处理是将钢在固态下通过加热、保温和冷却以改变金属内部或表面的组织，从而获得所需性能的一种重要工艺方法；与其他加工工艺(如铸造、塑性加工、焊接)不同，热处理工艺只改变金属材料的组织和性能，而不改变其形状和尺寸。

热处理工艺可以充分发挥材料的性能潜力，保证内在质量，延长使用寿命。因此在机械制造过程中占有十分重要的地位。据统计，在现代机床工业中，60%～70%的零件需要进行热处理；在汽车制造工业中，70%～80%的零件需要进行热处理，而各种模具、轴承则100%需要进行热处理。

5.1 概述

钢之所以能够进行热处理，是由于铁元素在固态下具有同素异构转变的特性，在钢的加热和冷却过程中，通过固态相变，可以改变其内部组织结构，从而改变钢的性能。

热处理工艺一般包括加热、保温和冷却三个过程，有时只有加热和冷却两个过程。影响热处理的因素是温度和时间。热处理的工艺过程决定材料热处理后的组织与性能，工艺曲线如图5-1所示。

加热是热处理工艺的第一道工序。根据加热温度的不同可分为两种：一种是在临界温度以下加热，不发生组织变化；另一种是加热到临界温度以上，以此获得均匀的奥氏体组织，该过程称为奥氏体化。保温的目的是使工件的表里温度一致，使其组织转变完全。保温时间和介质的选择与工件的尺寸和材料有关，一般工件越大，导热性越差，保温时间就越长。冷却是热处理工艺的最后工序，也是最重要的工序。冷却时主要是控制冷却速度，不同的冷却速度可以转变成不同的组织。

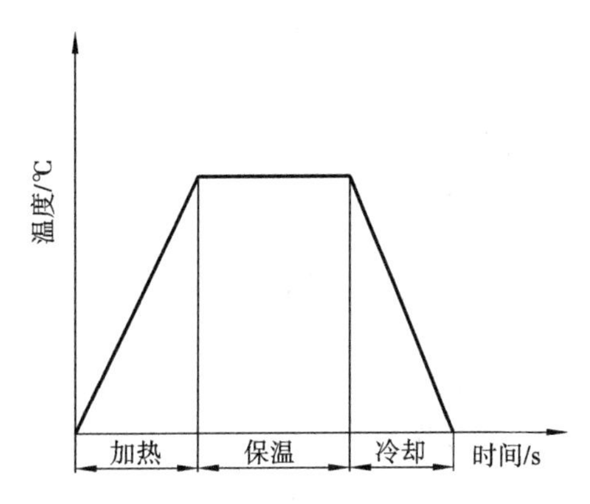

图5-1 热处理工艺曲线

铁碳合金相图是确定热处理工艺的重要依据。为了方便，常把PSK线称为A_1线，GS线称为A_3线，ES线称为A_{cm}线，碳钢发生组织转变的温度称为临界点，故A_1、A_3和A_{cm}线就是碳钢在极缓慢加热和冷却时的临界点。共析钢、亚共析钢和过共析钢分别被加热到 A_1 线、A_3 线和 A_{cm} 线以上温度才能获得单相奥氏体组织。由于铁碳合金相图是在极其缓慢冷却条件下制定的，而在实际热处理时，加热和冷却都不可能是非常缓慢地进行，因此存在过冷和过热现象。加热和冷却速度越大，过冷度和过热度越大，相变温度偏离平衡临界点的程度也越大。为了区别于平衡相变点，通常在加热时将相变点用 A_{c1}、A_{c3} 和 A_{ccm} 表示；冷却时的相变点用 A_{r1}、A_{r3} 和 A_{rcm} 表示。图 5-2 所示为钢在加热和冷却时的临界温度。

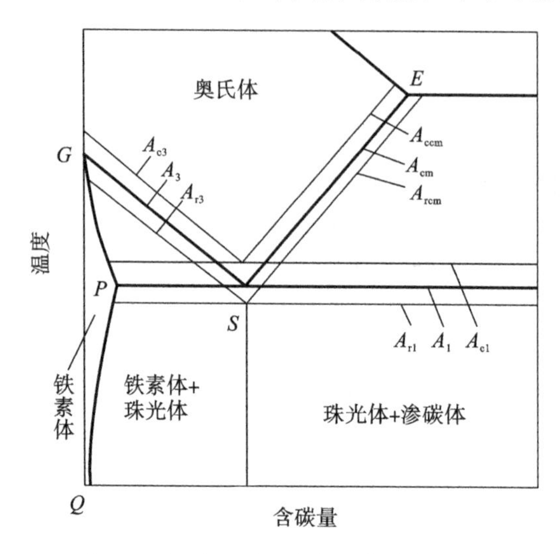

图 5-2　钢在加热和冷却时的临界温度

因此，对亚共析钢、共析钢和过共析钢进行热处理，必须将其分别加热到 A_{c1}、A_{c3} 和 A_{ccm} 点以上温度才能完全转变成奥氏体。只有在奥氏体状态下才能通过不同冷却方式使钢转变成不同组织，获得所需性能，否则，难以达到应有的热处理效果。

5.2　钢在加热时的转变

将钢加热到临界温度以上获得奥氏体组织，这个转变过程称为奥氏体化过程。奥氏体化过程分为两类：一类是使钢获得单相奥氏体，称为完全奥氏体化；另一类是使钢获得两相组织，称为不完全奥氏体化。下面以共析钢（含碳量 0.77%）为例，来分析钢的奥氏体化过程。

5.2.1　钢的奥氏体化过程

共析钢原始组织为片状珠光体，当加热到 A_{c1} 以上温度保温将全部转变成为奥氏体。珠光体由复杂斜方晶格的渗碳体和体心立方晶格的铁素体组成，而奥氏体为面心立方晶格结构，三者在含碳量与晶体结构上相差很大，因此，奥氏体化过程包括碳原子和铁原子的扩散，同时体心立方晶格向面心立方晶格重组。奥氏体的转变过程可分四个阶段：奥氏体形核、奥氏体晶核的长大、残余奥氏体溶解和奥氏体均匀化，如图 5-3 所示。

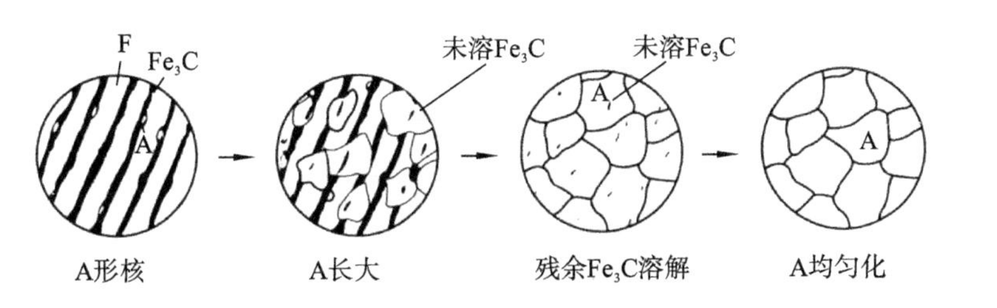

图 5-3　共析钢中奥氏体形成过程示意图

1. 奥氏体形核

奥氏体的晶核优先形成于铁素体和渗碳体的相界面上，这是因为相界面上原子排列不规则，空位和位错密度高；而且相界上成分不均匀，处于较高的能量状态，容易获得奥氏体形核所需的浓度、结构和能量变化。

2. 奥氏体晶核的长大

奥氏体晶核形成后，便通过碳原子的扩散向铁素体和渗碳体方向长大，实验研究表明奥氏体长大速度受碳原子的扩散控制，并与相界面碳浓度差有关。铁素体与奥氏体的碳浓度差比渗碳体与奥氏体相界面上的碳浓度差小得多，在平衡分配原则下，一份渗碳体的溶解对应着多份铁素体转变，故铁素体向奥氏体转变的速度比渗碳体的溶解速度大得多，转变过程中铁素体先消失，此时还有部分渗碳体存在于奥氏体中。

3. 残余渗碳体的溶解

在奥氏体形成过程中，当铁素体完全转变成奥氏体后，残余的渗碳体随着保温时间的延长，不断通过碳的扩散溶入奥氏体中，直至全部消失。

4. 奥氏体成分的均匀化

当残余渗碳体全部溶解后，奥氏体中的碳浓度仍然是不均匀的，在原渗碳体处比原铁素体处的含碳量要高一些。因此，需要继续延长保温时间，依靠碳原子的扩散，使奥氏体的成分逐渐趋于均匀，最后得到均匀的单相奥氏体，至此奥氏体形成过程全部结束。

亚共析钢和过共析钢的奥氏体形成过程与共析钢基本相似，不同之处是亚共析钢和过共析钢需加热到 A_{c3} 或 A_{ccm} 点温度以上时，才能获得单一的奥氏体组织，即完全奥氏体化。但对过共析钢而言，此时奥氏体晶粒已粗化。

5.2.2　奥氏体晶粒的大小及影响因素

奥氏体晶粒的大小对冷却转变后钢的性能有很大影响。钢在加热时，若获得细小、均匀的奥氏体，则冷却后的组织也细小，从而使得钢的力学性能好。因此，奥氏体晶粒的大小是评定热处理加热质量的主要指标之一。金属组织中晶粒的大小通常用晶粒度级别指数来表示。工程上将奥氏体标准晶粒度分为 12 级，标准晶粒度共分 12 级，1～4 级为粗晶粒，5～8 级为细晶粒，8 级以上为超细晶粒度。如图 5-4 所示为标准晶粒度等级示意图。

1. 奥氏体晶粒度的概念

奥氏体一般有三种晶粒度概念，即起始晶粒度、实际晶粒度和本质晶粒度。

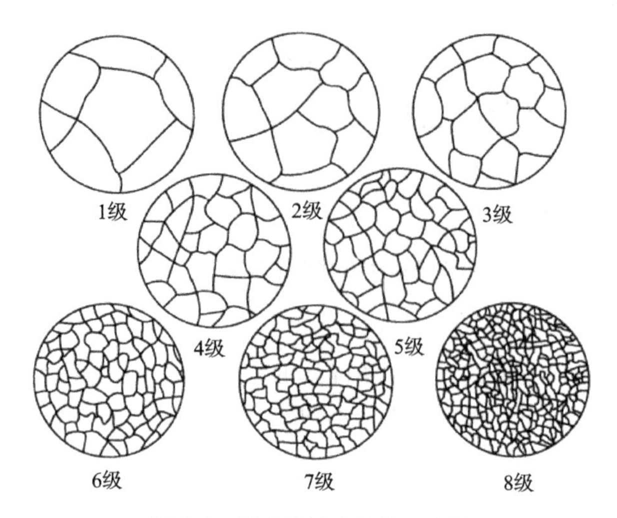

图 5-4 标准晶粒度等级示意图

1）起始晶粒度

起始晶粒度指珠光体向奥氏体的转变刚刚完成时奥氏体晶粒的大小，一般比较细小而均匀。

2）实际晶粒度

实际晶粒度指钢在某一具体加热条件下实际获得的奥氏体晶粒的大小。实际晶粒度一般比起始晶粒度大，其大小直接影响钢热处理后的性能。

3）本质晶粒度

本质晶粒度表示某种钢在规定的加热条件下，奥氏体晶粒长大的倾向，不是晶粒大小的实际度量。

实践表明，不同成分的钢在加热时奥氏体晶粒长大的倾向不同。工业上，将钢加热到规定温度(930 ℃±10 ℃)，保温一定时间(一般为 3～8 h)，冷却后测定的晶粒度为本质晶粒度。将本质晶粒度与标准晶粒度等级相比较，晶粒度为 1～4 级的定为本质粗晶粒钢，5～8 级的定为本质细晶粒钢。本质细晶粒钢在规定的条件下加热得到的晶粒是细小的。但是，它不是在任何条件下都不粗化。当超过一定的加热温度后，本质细晶粒钢可能比本质粗晶粒钢具有更大的长大倾向，如图 5-5 所示。

在工业生产中，一般沸腾钢为本质粗晶粒钢，镇静钢为本质细晶粒钢。需要进行热处理的零件多采用本质细晶粒钢，因为一般热处理工艺的加热温度都在 950 ℃以下，因此奥氏体晶粒不易长大，可避免过热现象。

2. 奥氏体晶粒长大及其影响因素

在高温下，奥氏体晶粒长大是一个自发过程。奥氏体化温度越高，保温时间越长，奥氏体晶粒长大越明显。随着钢中奥氏体含碳量的增加，奥氏体晶粒长大的倾向也增大。但当 $w_C>1.2\%$时，奥氏体晶界上存在未溶的渗碳体能阻碍晶粒的长大，使得奥氏体实际晶粒度较小。

合金元素：钢中加入能生成稳定碳化物的元素(如铌、钛、钒、锆等)和能生成氧化物及氮化物的元素(如铝)，都会阻止奥氏体晶粒的长大，而锰和磷是促进奥氏体晶粒长大倾向的

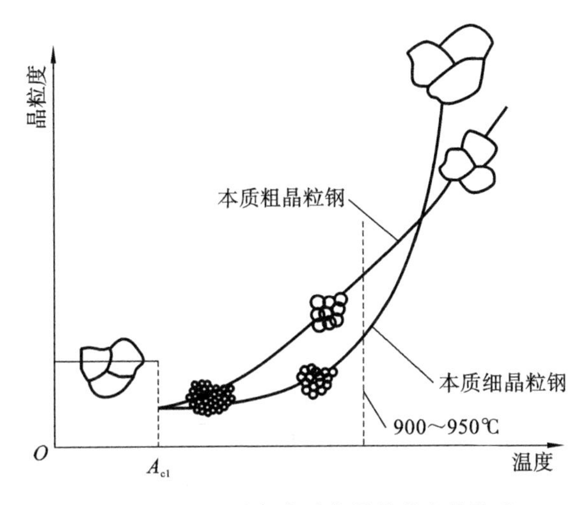

图 5-5　加热温度与奥氏体晶粒长大的关系

元素。

奥氏体晶粒长大的结果对零件的热处理质量有很大的影响。为了控制奥氏体晶粒长大应采取以下措施：热处理加热时要合理选择并严格控制加热温度和保温时间；合理选择钢的原始组织及含有一定量合金元素的钢材等。

5.3　钢在冷却时的转变

钢的奥氏体化是为随后的冷却转变作组织准备的，因为大多数零件或构件都是在常温下工作，而且钢件的性能最终取决于奥氏体冷却后的组织。所以研究不同冷却条件下奥氏体转变规律，具有更重要的意义。

钢经奥氏体化后，由于冷却条件不同，其转变产物在组织和性能上有很大差别。如表 5-1 所示，45 钢在同样奥氏体化条件下，由于冷却速度不同，其力学性能有明显差别。

表 5-1　45 钢经 840 ℃加热后，不同条件冷却后的力学性能

冷却方法	σ_b/MPa	σ_s/MPa	δ/(%)	ψ/(%)	HRC	冷却方法	σ_b/MPa	σ_s/MPa	δ/(%)	ψ/(%)	HRC
随炉冷却	519	272	32.5	49	15～18	油中冷却	882	608	18～20	48	40～50
空气冷却	657～706	333	15～18	45～50	18～24	水中冷却	1078	706	7～8	12～14	52～60

如图 5-6 所示，在热处理工艺中，常用的冷却方式有两种：一种是等温冷却，即将奥氏体状态的钢迅速冷却到临界点以下的某一个指定温度，进行保温，使其在该温度下进行恒温转变，然后再冷却至室温；另一种是连续冷却，即将奥氏体状态的钢以一定的速度连续冷却，使其在临界点以下一定的温度范围内连续转变。例如，在热处理生产中经常使用的水中冷却、油中冷却和空气中冷却等都是连续冷却方式。

通常用奥氏体等温转变曲线（称为 TTT 曲线，time temperature transformation）和奥氏体连续冷却转变曲线（称为 CCT 曲线，continuous cooling transformation）来研究奥氏体

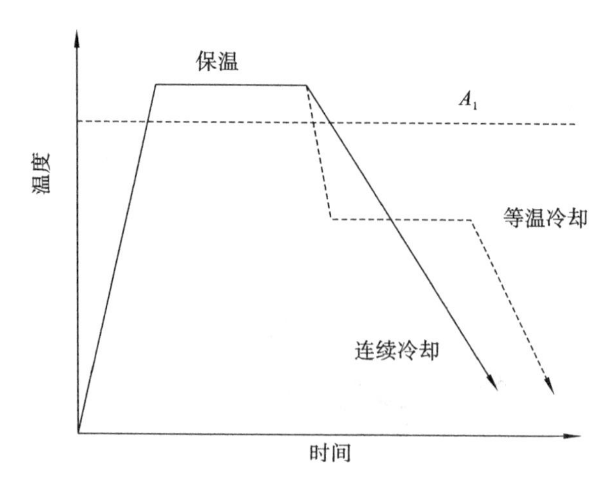

图 5-6　两种冷却方式示意图

在不同冷却条件下组织转变的规律，这两条曲线揭示了奥氏体在不同冷却条件下的转变规律，为钢的热处理奠定了理论基础。

奥氏体在临界温度以上时是稳定的，当温度降到临界温度以下，奥氏体是不稳定的，即奥氏体处于过冷状态，这种奥氏体称为过冷奥氏体。钢在冷却时的转变实质上是过冷奥氏体的转变。

5.3.1　过冷奥氏体的等温转变

过冷奥氏体等温转变曲线能综合反映过冷奥氏体在不同过冷度的等温转变过程，即转变开始和结束时间、转变产物、转变量与时间和温度的关系等，因其曲线形状像字母 C，故也称 C 曲线。

过冷奥氏体等温转变曲线可通过试验方法建立。由于过冷奥氏体在转变过程中伴有组织变化、体积膨胀、磁性转变以及其他性能变化，因此可通过金相法、膨胀法、磁性法等来测定过冷奥氏体等温转变曲线，一般用金相-硬度法来测定。现以共析钢为例，分析过冷奥氏体等温转变规律。

1. 共析钢过冷奥氏体等温转变曲线的建立

将共析钢加工成圆片状试样并分成若干组，将各组试样加热至奥氏体化后，置于 A_{r1} 以下一定温度的盐浴炉中，停留不同的时间之后，取出试样，在金相显微镜下观察过冷奥氏体的等温分解过程，记录过冷奥氏体向其他组织转变开始的时间和转变终了时间。多组试样在不同的等温条件下(如 650 ℃、600 ℃、550 ℃、350 ℃、230 ℃)进行试验，将各个温度转变开始点和终了点都绘制在同一温度-时间坐标系中，分别连成曲线就可得到共析钢的过冷奥氏体等温转变曲线，如图 5-7 所示。

2. 共析钢过冷奥氏体等温转变曲线的分析

在 C 曲线中，左边的一条 C 形曲线为过冷奥氏体等温转变开始线，右边的一条为等温转变终了线。在转变开始线的左方是过冷奥氏体区，在转变终了线的右方是转变产物区，两条曲线之间是转变区。在 C 曲线下部有两条水平线：一条是马氏体转变开始线(以 M_s 表

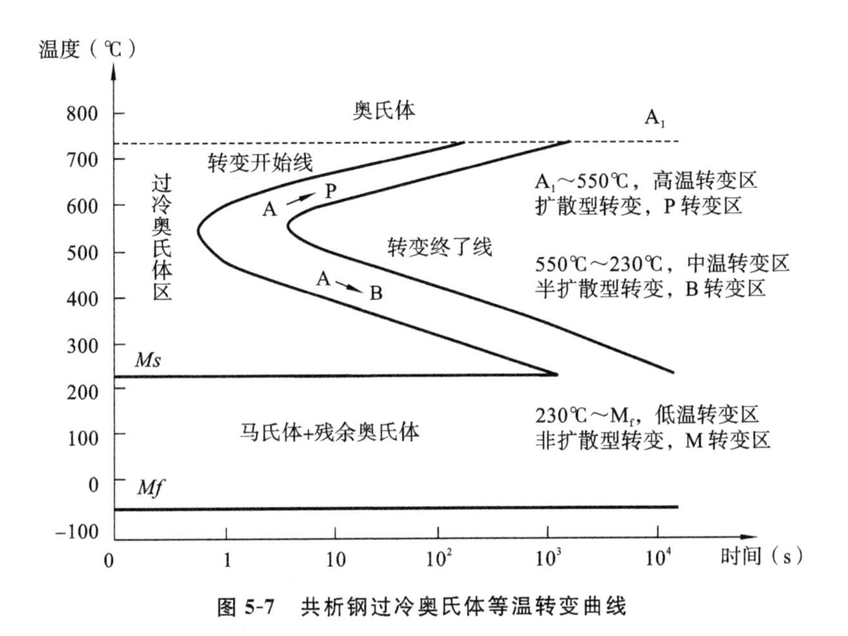

图 5-7　共析钢过冷奥氏体等温转变曲线

示)，另一条是马氏体转变终了线(以 M_f 表示)。

由共析钢的 C 曲线可以看出以下几点。

(1) 在 A_1 以上，奥氏体处于稳定状态。

(2) 在 A_1 以下，奥氏体在各个温度下的等温转变并非瞬时就开始，而是经过一段"孕育期"(以转变开始线与纵坐标之间的距离表示)。孕育期越长，过冷奥氏体越稳定；反之，则越不稳定。孕育期的长短随过冷度而变化，在靠近 A_1 线处，过冷度较小，孕育期较长。随着过冷度增大，孕育期缩短，约在 550 ℃时孕育期最短。此后，孕育期又随过冷度的增大而增长。孕育期最短处，即 C 曲线的"鼻尖"处过冷奥氏体最不稳定，转变最快。

(3) 过冷奥氏体在 A_1 以下不同温度范围内，可发生三种不同类型的转变：珠光体型转变、贝氏体型转变和马氏体型转变。

①珠光体型转变。

珠光体型转变是扩散性相变，即在奥氏体向珠光体转变过程中，铁原子与碳原子充分扩散，并伴有晶格重构。

如图 5-8 所示，当奥氏体过冷到 A_1 以下温度时，首先在奥氏体晶界上会形成渗碳体的晶核，该晶核依靠周围奥氏体不断供应的碳原子而长大。它周围奥氏体含碳量相应减少，这为铁素体的形成创造有利条件，使部分奥氏体转变为铁素体。由于铁素体的溶碳能力很低(约为 0.02%)，在铁素体晶核长大的过程中必然会向周围的奥氏体排除多余的碳，从而使相邻奥氏体区域中的含碳量升高，这又会促使新的渗碳体晶核形成。通过这样彼此促进就形成了铁素体与渗碳体相间的片层状组织，称为片状珠光体。同理，在不同位向的铁素体与奥氏体的相界面上也会按照上述规律转变，直至奥氏体全部转变为珠光体为止。

在 A_1～550 ℃温度范围内，奥氏体等温分解为层片状的珠光体组织。珠光体中铁素体与渗碳体的片间距离，随着转变温度的降低(过冷度增大)而减小，组织变得更细。以共析钢为例，如图 5-9 所示，在 A_1 至 650 ℃内即过冷度较小时，可获得片间距离较大(>0.4 μm)的珠光体(用 P 表示)，它在 400 倍以上光学显微镜下就能分辨出片状形态；在 650 ℃～600 ℃

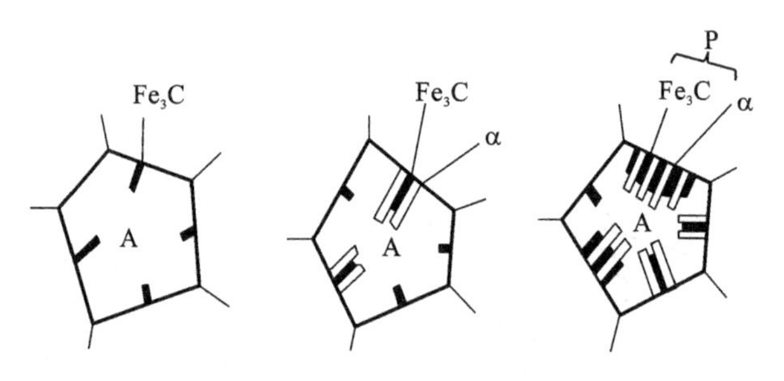

图 5-8　珠光体形成过程示意图

温度范围内，过冷度较大，可获得片间距离较小（0.4～0.2 μm）的细珠光体，即索氏体（用 S 表示），在 800～1000 倍光学显微镜下才能分辨出片状形态；在 600 ℃～550 ℃范围内，过冷度进一步增大，将获得片间距离更小（<0.2 μm）的极细珠光体组织，即托氏体（用 T 表示），它在高倍光学显微镜下也分辨不清片状形态，呈现黑色团状组织，只有在电子显微镜下才能分辨清楚。

珠光体组织中片间距离越小，相界面越多，则塑性变形的抗力越大，强度和硬度越高，同时由于渗碳体片变薄（在一定范围内），使得塑性和韧性也有所改善。

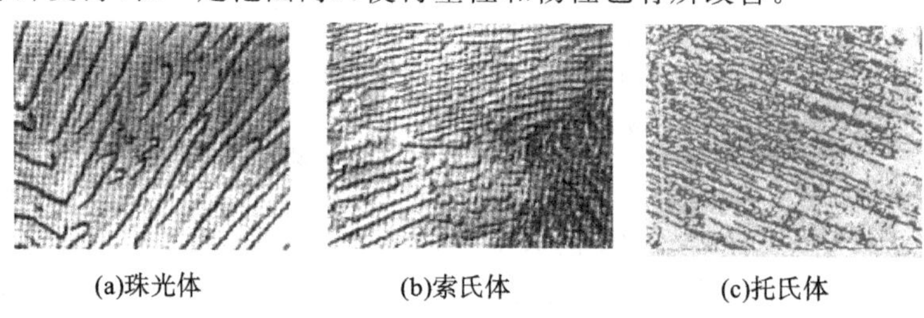

(a)珠光体　(b)索氏体　(c)托氏体

图 5-9　高温转变产物电子显微组织

②贝氏体型转变。

贝氏体转变发生在 550 ℃～M_s 温度范围内。转变产物是由含碳量过饱和的铁素体和微小的渗碳体组成的混合物，这种组织称为贝氏体，用符号 B 表示。由于贝氏体的转变温度较低，铁原子扩散困难，而碳原子还具有一定的扩散能力，故贝氏体转变是一个半扩散型转变。根据组织形态和转变温度不同，贝氏体一般可分为上贝氏体和下贝氏体两种。

贝氏体转变首先在奥氏体中的贫碳区形成铁素体晶核，其含碳量介于奥氏体与平衡铁素体之间，即过饱和铁素体。当转变温度较高时（350～550 ℃），条片状铁素体从奥氏体晶界向晶内平行生长，随铁素体条伸长和变宽，其碳原子不断向两边扩散，由于碳原子在铁素体中的扩散速度比在奥氏体中的扩散速度要快，可在奥氏体晶界处聚集，当聚集到一定程度时，便在铁素体条间析出 Fe_3C 短棒，形成上贝氏体[如图 5-10(a)所示]。上贝氏体由许多密集而相互平行的扁平片状的铁素体和片间断续分布的短条状渗碳体组成。在光学显微镜下，铁素体呈暗黑色，渗碳体呈亮白色，从整体上看呈现羽毛状特征（如图 5-11 所示）。

当转变温度较低（350 ℃～M_s）时，铁素体在晶界或晶内某些界面上形成针叶状。由于碳原子的扩散能力降低，其原子不能迁移出铁素体片的范围，这样碳原子在铁素体的一定晶面上以断续碳化物小片的形式析出，形成下贝氏体[如图 5-10(b)所示]。下贝氏体是由含过饱和的针叶状铁素体和铁素体针叶内弥散分布的 ε-$Fe_{2\text{-}3}C$ 细小渗碳体细片组成，在光学显微镜下呈黑色针片状特征（如图 5-12 所示）。

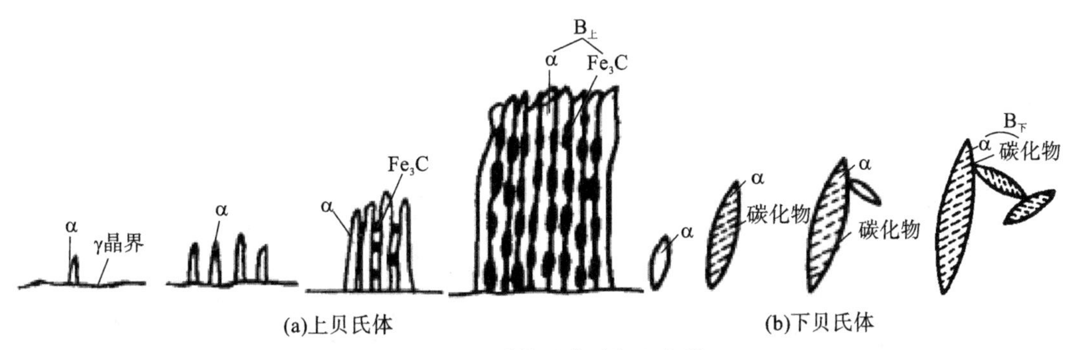

图 5-10　贝氏体形成过程示意图

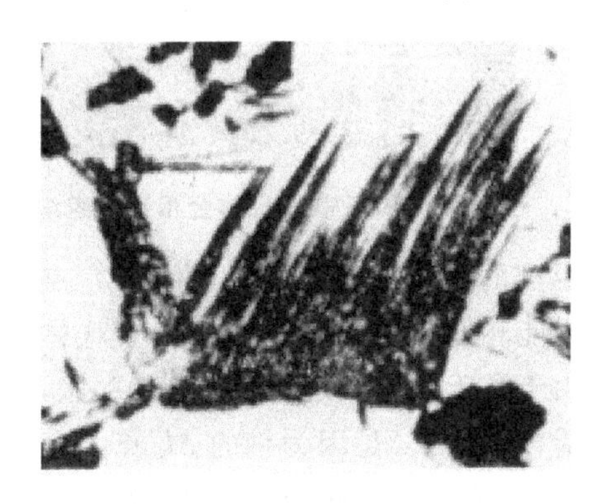

图 5-11　上贝氏体金相显微组织

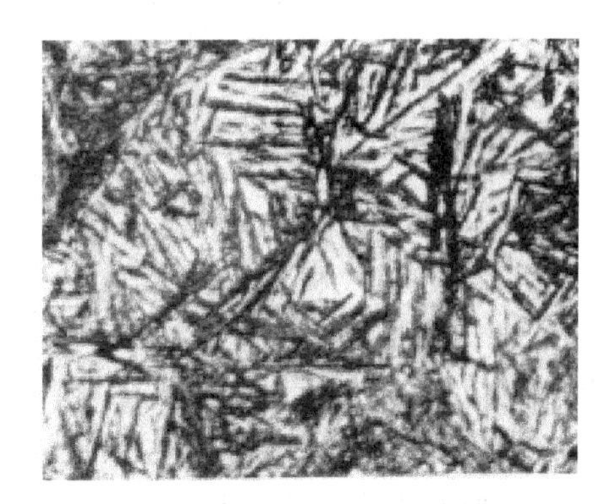

图 5-12　下贝氏体金相显微组织

从性能上讲，上贝氏体脆性较大，这是因为在上贝氏体组织中，渗碳体分布在铁素体条间，使得条间容易变脆，因此上贝氏体基本上无实用价值。而下贝氏体组织中的针状铁素体细小且无方向性，碳的过饱和程度高，而且渗碳体溶合在针状铁素体内，弥散度大，因而具有较高的强度和硬度，塑性、韧性好，并有较高的耐磨性，硬度为 45～55 HRC，因此工业生产中常采用等温淬火的方法获得该组织。

③马氏体型转变。

如果将奥氏体自 A_1 线以上快速冷却到 M_s 以下，使其冷却曲线不与 C 曲线相交，则将发生马氏体转变，该转变是在一定温度范围内(M_s～M_f 之间)连续冷却时完成的。由于过冷度很大，奥氏体向马氏体转变时，难以进行铁、碳原子的扩散，只发生 γ-Fe 向 α-Fe 的晶格转变，故马氏体转变是无扩散型转变。固溶在奥氏体中的碳全部保留在 α-Fe 晶格中，形成碳在 α-Fe 中的过饱和固溶体，称其为马氏体，以符号 M 表示。

由于过饱和的碳原子被强制地固溶在体心立方晶格中，致使晶格严重畸变，形成体心正方结构。马氏体含碳量越高，则晶格畸变越严重。α-Fe 的晶格致密度比 γ-Fe 的小，而马氏体是碳在 α-Fe 中的过饱和固溶体，比容更大，因此，当奥氏体向马氏体发生转变时，体积要增大。含碳量越高，体积增长越多，这将引起淬火工件产生相变内应力，容易导致工件变形和开裂。

马氏体的组织形态主要有板条状和片状两种。影响马氏体组织形态的主要因素是奥氏体中的含碳量。含碳量小于 0.2%的低碳马氏体是板条状的，在光学显微镜下呈现平行成束分布的板条状组织，条束之间具有较大的位向差(如图 5-13 所示)。在每个板条内有高密度位错，因此板条状马氏体也称为位错马氏体。含碳量高于1%的高碳马氏体是针片状的（如图5-14所示），在正常淬火条件下马氏体针片十分细小，在光学显微镜下不易分辨形态。在每个针片内有着大量孪晶，因此片状马氏体也称为孪晶马氏体。而含碳量在0.2%～1%之间的马氏体，则为板条状马氏体与针片状马氏体的混合组织。

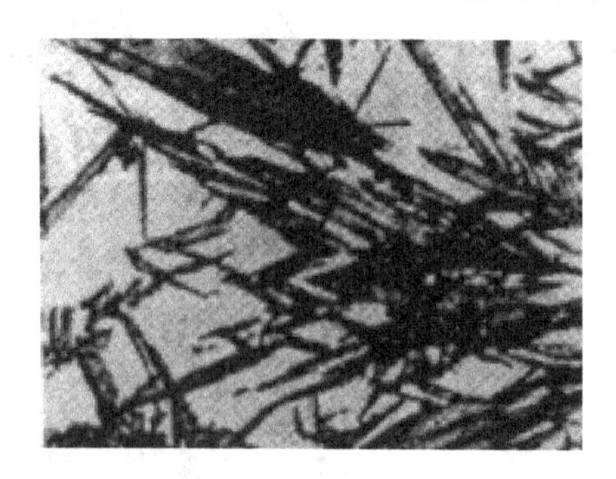
图5-13　板条状马氏体金相显微组织

图5-14　针片状马氏体金相显微组织

马氏体转变速度极快，瞬间形成。马氏体量随温度的不断降低而增多，直到M_f点。马氏体转变一般不能进行完全，总有一小部分奥氏体未能转变而残留下来，这部分奥氏体称为残余奥氏体。残余奥氏体的存在有两个原因：一是由于马氏体形成是伴随体积的膨胀，对尚未转变的奥氏体产生了多向压应力，这样抑制了奥氏体转变；二是因为钢的M_f点大多低于室温，在正常淬火冷却条件下，必然存在较多的残余奥氏体。钢中残余奥氏体量随M_s点和M_f点的降低而增加。残余奥氏体的存在，降低了淬火钢的硬度和耐磨性，在工件长期使用过程中，由于残余奥氏体会继续转变成马氏体，将使工件尺寸发生变化。因此，生产中对一些高精度工件常将淬火钢件降至低于0℃以下某一温度进行冷处理，以减少残余奥氏体量。

从性能上看，板条状马氏体不仅具有较高的强度和硬度，而且还具有较好的塑性和韧性；而针片状马氏体的强度很高，但塑性和韧性很差。表5-2为含碳量为0.01%～0.25%的碳钢淬火形成的板条状马氏体与含碳量为0.77%的碳钢淬火形成的片状马氏体的性能比较。

表5-2　板条状马氏体与片状马氏体性能比较

w_C/(%)	马氏体形态	σ_b/MPa	σ_s/MPa	δ/(%)	α_K/(J·cm^{-2})	硬度 HRC
0.1～0.25	板条状	1020～1530	820～1330	9～17	60～180	30～50
0.77	片状	2350	2040	1	10	66

马氏体的硬度主要取决于含碳量。当$w_C<0.6\%$时，随含碳量增加，马氏体硬度增加；$w_C>0.6\%$时，马氏体的硬度变化趋于平缓。因此，过共析钢淬火温度都处于$A_{c1}\sim A_{ccm}$之间，这样既可保证转变成的马氏体的含碳量在0.8%～0.9%，同时又能保留一部分未溶的渗碳体，有利于细化组织，增强其耐磨性。

马氏体的塑性和韧性也与其含碳量及形态有着密切关系。针片状马氏体的含碳量高，晶格的正方度和淬火内应力大，存在许多显微裂纹，此外针片状马氏体中的微细孪晶破坏了滑移系，也使脆性增大，故其塑性和韧性都很差；而低碳板条状马氏体的含碳量低，马氏体中的饱和度小，淬火内应力低，不存在显微裂纹，同时板条状马氏体中的高密度位错是不均匀

分布的，存在低密度区，为位错提供了活动余地，故具有较高的强韧性，在生产中得到多方面的应用。

3. 影响过冷奥氏体等温转变的因素

C 曲线揭示了奥氏体在不同温度下等温转变的规律，因此从 C 曲线形状、位置的变化，可反映出各种因素对奥氏体等温转变的影响。其主要影响因素如下。

1）含碳量的影响

在正常加热条件下，亚共析钢的 C 曲线随含碳量的增加向右移，过共析钢的 C 曲线随含碳量的增加向左移，共析钢的过冷奥氏体最稳定。比较图 5-15 的三个 C 曲线可见，与共析钢比较，亚共析钢和过共析钢 C 曲线上部分别有一条铁素体析出线和一条二次渗碳体的析出线。

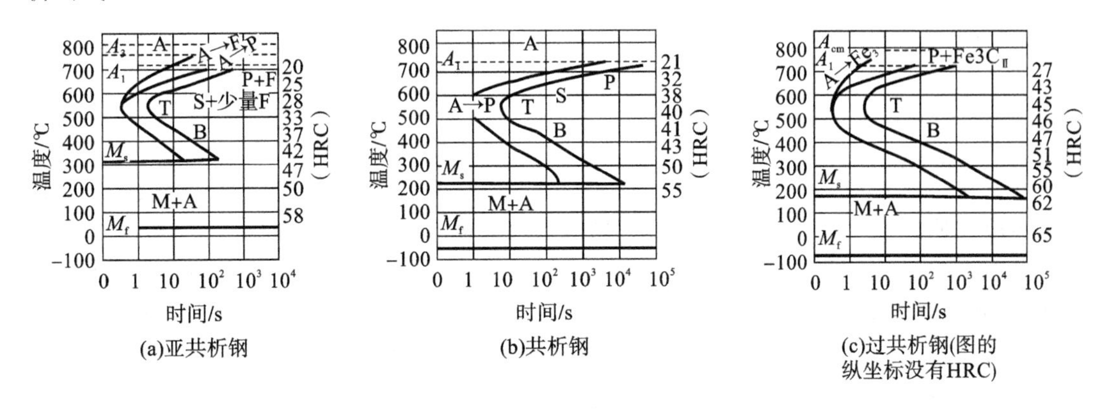

图 5-15　含碳量对 C 曲线的影响

2）合金元素的影响

除钴以外，凡能溶入奥氏体的合金元素都使过冷奥氏体的稳定性增大，使 C 曲线向右移。当奥氏体中溶入较多碳化物形成元素（如铬、钼、钒、钨和钛等）时，不仅曲线位置会改变，而且曲线的形状也会改变，C 曲线可出现两个鼻尖。

3）加热温度和保温时间的影响

奥氏体化温度越高，保温时间越长，奥氏体成分越均匀；同时晶粒也越大，晶界面积则减少。这样会降低过冷奥氏体转变的形核率，不利于奥氏体的分解，使其稳定性增大，C 曲线右移。因此，应用 C 曲线时，需要注意其奥氏体化的条件。

C 曲线的应用很广，利用 C 曲线可以制定等温退火、等温淬火和分级淬火的工艺；也可以估计钢接受淬火的能力，并据此选择适当的冷却介质。

5.3.2　过冷奥氏体的连续冷却转变

在实际生产中，过冷奥氏体大多数情况都是在连续冷却过程中转变的。因此，必须建立过冷奥氏体连续冷却转变曲线（CCT 曲线），以了解过冷奥氏体连续冷却转变的规律，CCT 曲线也是通过实验方法测定的。

图 5-16 是共析钢的连续冷却转变曲线。图中 P_s 线为珠光体转变开始线，P_f 线为珠光体转变终了线，K 线为珠光体转变中止线，它表示冷却曲线碰到 K 线时，过冷奥氏体就不再

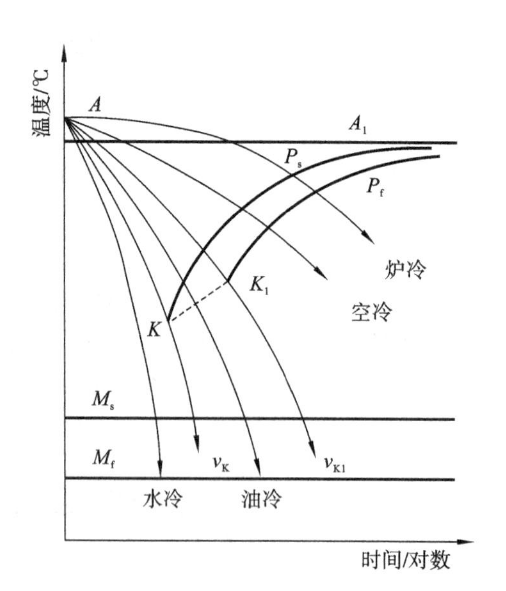

图 5-16　共析钢的 CCT 曲线

发生珠光体转变，而一直保留到 M_s 线以下转变为马氏体。连续冷却转变曲线只有珠光体转变区和马氏体转变区，无贝氏体转变区，说明共析钢在连续冷却过程中不会发生贝氏体转变。

当实际冷却速度小于 v_k 时，只发生珠光体转变；大于 v_k 时，则只发生马氏体转变；冷却速度介于两者之间时，过冷奥氏体有一部分转变为珠光体；当冷却曲线与 K 线相交时，转变中止，剩余的过冷奥氏体在冷却至 M_s 线以下时发生马氏体转变。

图 5-16 中的 v_k 为马氏体临界冷却速度（又称上临界冷却速度），是过冷奥氏体向马氏体转变所需的最小冷却速度。v_k 越小，钢在淬火时越容易获得马氏体组织。v_{k1} 为下临界冷却速度，是保证过冷奥氏体全部转变为珠光体的最大冷却速度。

应当指出，过共析钢连续冷却 C 曲线与共析钢相比，除了多出一条先共析渗碳体的析出线外，其他基本类似。但亚共析钢的连续冷却 C 曲线与共析钢大不相同，它除了多出一条先共析铁素体的析出线外，还出现了贝氏体转变区，因此亚共析钢在连续冷却后可以出现更多产物组成的混合组织。例如，45 钢经油冷淬火后得到铁素体＋托氏体＋上下贝氏体＋残余奥氏体混合组织。

5.3.3　连续冷却转变图与等温冷却转变图的比较和应用

图 5-17 所示为共析钢连续冷却曲线与等温冷却曲线的对比，实线为共析钢的 CCT 曲线，虚线为 C 曲线，两种曲线的主要不同之处如下。

（1）同一成分钢的 CCT 曲线位于 C 曲线右下方。这说明要获得同样的组织，连续冷却转变比等温转变的温度要低些，孕育期要长些。

（2）连续冷却时，转变是在一个温度范围内进行的，转变产物的类型可能不止一种，有时是几种类型组织的混合。

（3）连续冷却转变时，共析钢不发生贝氏体转变。

（4）由图 5-17 可见，TTT 曲线位于 CCT 曲线的上方，因此，由 TTT 曲线上确定的临界冷却速度 v_k' 大于由 CCT 曲线上确定的淬火临界速度 v_k。可以推知，参照值 v_k' 对钢进行连续冷却时能确保得到最多的马氏体组织。

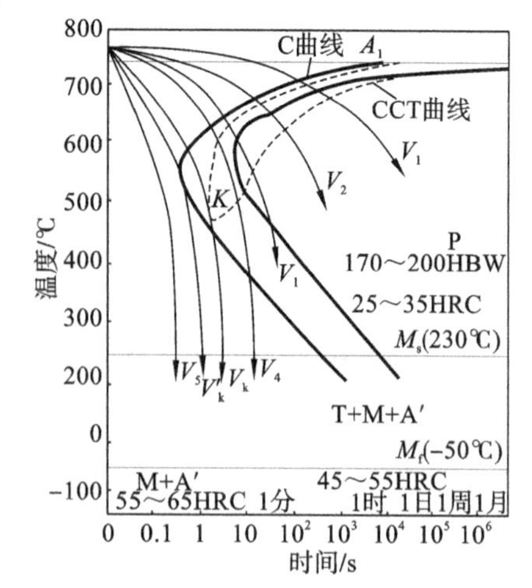

图 5-17　共析钢的等温冷却曲线与连续冷却曲线的对比

CCT 曲线准确反映了钢在连续冷却条件下的组织转变，可作为制定和分析热处理工艺的依据。但是，由于 CCT 曲线的测定比较难，至今尚有许多钢种未测定出来，而各钢种的 C 曲线都已测定出来，因此生产中常利用等温冷却曲线来定性地、近似地分析连续冷却转变的情况，分析的结果可作为制定热处理工艺的参考。

思考练习题

1. 什么是热处理？它由哪几个阶段组成？热处理的目的是什么？

2. 试述共析钢奥氏体形成的几个阶段，分析亚共析钢和过共析钢奥氏体形成的主要特点。

3. 画出 T8 钢的奥氏体等温转变图。为了获得以下组织，应采用什么冷却方法？请在等温转变曲线上画出冷却曲线示意图。

(1) 索氏体＋珠光体。

(2) 托氏体＋马氏体＋残余奥氏体。

(3) 马氏体＋残留奥氏体。

4. 什么是钢的马氏体临界冷却速度？它的大小受哪些因素影响？

5. 钢中含碳量对马氏体硬度有何影响？

6. 试述马氏体转变特点，说明一下马氏体的组织形态和性能差异。

第6章 钢的热处理工艺

钢的热处理是指将钢在固态下通过加热、保温、冷却的手段，以改变钢的表面或其内部的化学成分及组织，从而获得所需性能的一种金属热加工工艺。根据加热和冷却方式的不同，常用热处理工艺可以分为以下几类。

1. 普通热处理

普通热处理是对工件进行整体加热，然后以适当的速度冷却，以改变其整体力学性能的热处理工艺，包括退火、正火、淬火和回火四种基本工艺，俗称“四把火”。随着加热温度和冷却方式的不同，“四把火”又演变出各种不同的热处理工艺。

2. 表面热处理

表面热处理是只加热工件表层，改变其表层力学性能的热处理工艺，包括感应加热热处理、激光热处理等。

3. 化学热处理

化学热处理是通过改变工件表面化学成分并获得所需组织和性能的热处理工艺，包括渗碳、渗氮、碳氮共渗等。

根据热处理在零件生产过程中的位置和作用不同，将热处理分为预备热处理和最终热处理两种。其中，预备热处理的目的是清除前道工序的缺陷，改善工件的工艺性能，确保后续加工顺利进行，是零件制造过程的中间辅助工序；最终热处理的目的是赋予工件所要求的使用性能或者是使零件达到规定的技术指标，如淬火、回火及相关化学热处理等。通常情况下，退火和正火作为预备热处理，在对工件使用性能需求不高时，也可作为最终热处理；回火则作为最终热处理。

6.1 钢的普通热处理

6.1.1 钢的退火

退火是将钢加热到适当温度，保温一定时间，然后缓慢冷却（一般为随炉冷却），以获得接近平衡状态组织的热处理工艺。

退火的主要目的是：降低硬度，提高塑性，以利于切削加工或冷加工；细化晶粒，消除组织缺陷，为零件的最终热处理做准备；消除内应力，稳定工作尺寸，以防止工件变形开裂。

退火主要用于铸、锻、焊毛坯或半成品零件，作为预备热处理，退火后获得珠光体型组织。根据钢的成分和退火目的不同，常用的退火工艺有完全退火、等温退火、球化退火、均匀化退火、去应力退火和再结晶退火等。

1. 完全退火(也称为重结晶退火)

完全退火是将钢加热到 A_{c3} 以上 30～50 ℃，保温一定时间，随炉冷至 600 ℃以下，出炉在空气中冷却，获得接近平衡状态的组织。其目的在于细化晶粒，消除过热组织，降低硬度和改善切削加工性能。之所以称为“完全”是指钢的组织能通过重新形核、长大得以全部进行奥氏体化转变。

利用钢在完全退火时的重结晶过程，可以使钢的组织由退火前的各种状态恢复到正常的亚共析稳定状态，例如：钢如果具有粗大的原始组织，通过完全退火可将原始粗晶粒细化为正常的细晶组织，提高钢的机械性能；如果钢的原始组织曾经历过热处理，硬度较高，经过完全退火可恢复为亚共析组织，使硬度降低、塑性提高，达到改善切削加工性和恢复冷变形加工性的目的；如果钢的原始组织为铸造组织，通过完全退火可以消除其中的晶粒不均匀缺陷和铸造应力。但钢在铸造过程中产生的化学成分偏析、夹杂、气孔等缺陷，完全退火则不能予以消除。

完全退火主要用于亚共析钢的铸、锻件，有时也用于焊接结构。过共析钢不宜采用完全退火，以避免二次渗碳体以网状形式沿奥氏体晶界析出，给切削加工和后续的热处理带来不利影响。

完全退火工艺周期长，占用设备时间长，特别是对于某些奥氏体比较稳定的合金钢，退火往往需要几十个小时，生产中常采用等温退火来代替。

2. 等温退火

等温退火是将亚共析钢加热到 A_{c3} 以上 30～50 ℃，共析钢和过共析钢加热到 A_{c1} 以上 30～50 ℃，保温后以较快速度冷却到 A_{r1} 以下某一温度，保温一定时间使奥氏体转变为珠光体组织，然后在空气中冷却的热处理工艺。等温退火可大大缩短工件在炉内停留时间，适合于孕育期长的高碳钢和合金钢等，如图 6-1 所示。

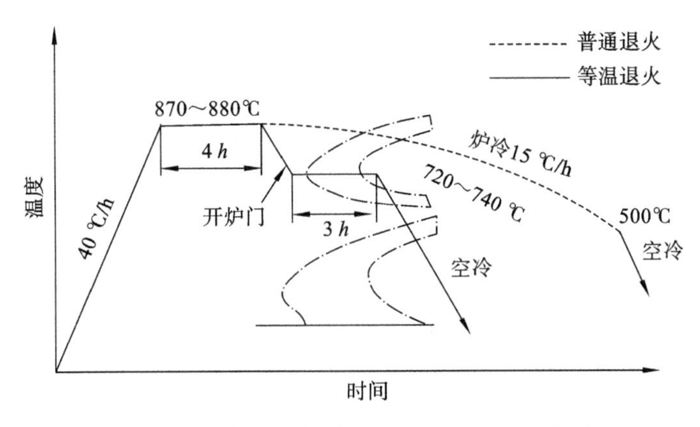

图 6-1　高合金钢的普通退火与等温退火的比较

3. 球化退火

球化退火是使钢中碳化物球化的热处理工艺。目的是使钢中的二次渗碳体及珠光体中的渗碳体球状化，以降低硬度，改善切削加工性能，并为以后的热处理工序做好组织准备。

球化退火是将钢加热到 A_{c1} 以上 20～40 ℃，充分保温后随炉冷却到 600 ℃以下出炉空冷。球化退火随炉冷却时，在通过 A_{r1} 温度时冷却速度应足够缓慢，以使二次渗碳体自发球化。球化退火主要用于过共析钢，若钢的原始组织中有严重的渗碳体网，则在球化退火前应进行正火消除，以保证球化退火效果。

4. 均匀化退火(扩散退火)

均匀化退火是将钢加热到略低于固相线温度（A_{c3} 或 A_{ccm} 以上 150～300 ℃），长时间保温（10～15 h），然后随炉冷却的热处理工艺。均匀化退火后钢的晶粒很粗大，必须再进行完全退火或正火处理来细化晶粒。均匀化退火由于加热温度高、生产周期长、能耗高、生产成本高，因此只有质量要求高的优质合金钢和一些偏析严重的合金钢铸件才可使用。

5. 去应力退火(也称为低温退火)

去应力退火是将钢加热到 A_{c1} 以下某一温度（一般为 500～600 ℃），保温一定时间，然后随炉冷却的热处理工艺。去应力退火过程中不发生组织的转变，目的是消除铸、锻、焊件和冷冲压件的残余应力，起到稳定工作尺寸的作用，避免工件在使用过程中发生变形。

6.1.2 钢的正火

正火是将钢加热到 A_{c3} 或 A_{ccm} 以上 30～50 ℃，保温适当时间，出炉后在空气中冷却的热处理工艺。正火与退火的目的是相同的，主要区别是：正火冷却速度较快，得到的组织比较细小，强度和硬度也稍高一些。从表 6-1 可以看出同一钢种退火和正火后性能的差异。需要说明的是，对于某些含有大量合金元素的高合金钢，在正火空冷时，由于 C 曲线位置远离纵坐标，奥氏体发生屈氏体或马氏体转变，在这种情况下，正火后的组织和性能与退火完全不同。

表 6-1　45 钢正火、退火状态力学性能的比较

热　处　理	σ/MPa	δ/(%)	A_K/J	HBS
正火	700～800	15～20	50～80	220
退火	650～700	15～20	40～60	180

正火主要有以下几方面的应用。

(1) 对低碳钢和低合金钢，可用正火来调整硬度，改善其切削加工性能。

(2) 对力学性能要求较高的普通结构零件或大型结构零件，可用正火作为最终热处理工艺，以提高其强度、硬度和韧性。

(3) 对过共析钢，正火可抑制渗碳体网的形成，为球化退火做好组织准备。与退火相比，正火的生产周期短，节约能量，而且操作简便。生产中常优先采用正火工艺。

常用退火和正火的加热温度范围及工艺曲线如图 6-2 所示。

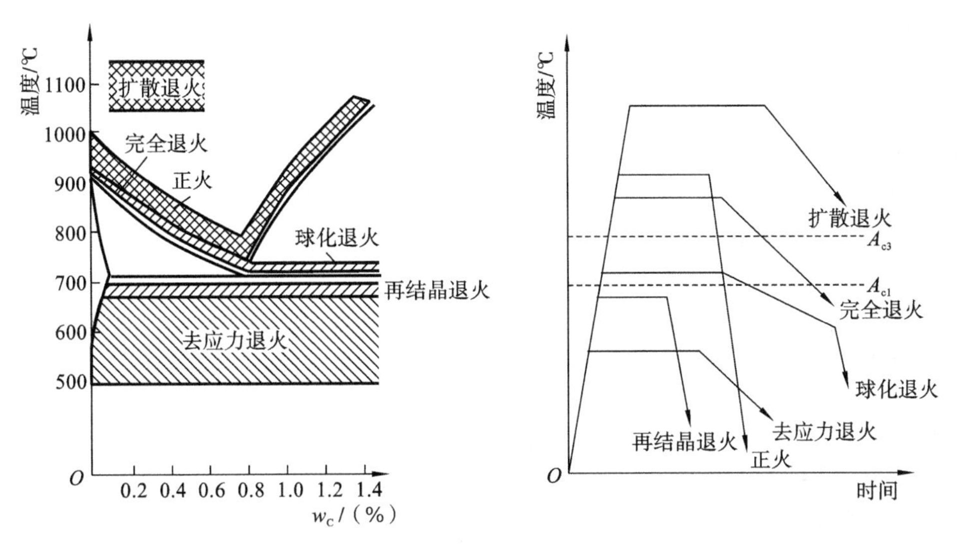

图 6-2　常用退火与正火的加热温度范围及工艺曲线

6.1.3　钢的淬火

淬火是将钢加热到 A_{c3} 或 A_{c1} 以上，保温一定时间，以大于临界冷却速度 v_k 的速度冷却，获得以马氏体为主或下贝氏体组织的热处理工艺。淬火的主要目的是获得马氏体组织，提高钢的强度、硬度和耐磨性。淬火是钢的最经济、最有效的强化手段之一。

1．淬火加热温度的选择

钢的淬火加热温度的选择应以获得均匀细小的奥氏体组织为原则，以使淬火后获得细小的马氏体组织。图 6-3 所示为碳钢的淬火加热温度范围。

（1）亚共析钢淬火加热温度一般为 A_{c3}＋(30～50 ℃)。淬火后获得均匀细小的马氏体组织。如果温度过高，会因为奥氏体晶粒粗大而得到粗大的马氏体组织，使钢的力学性能恶化，特别是使塑性和韧性降低；还会导致淬火钢的严重变形。如果淬火温度低于 A_{c3}，淬火组织中会保留未熔铁素体，造成淬火硬度不足。

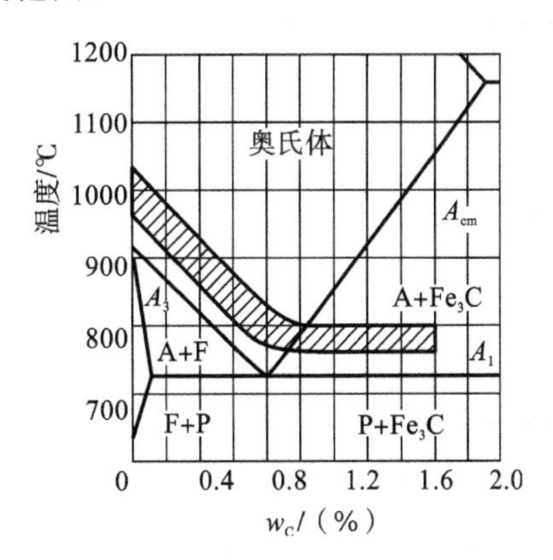

图 6-3　碳钢的淬火加热温度范围

（2）共析钢和过共析钢的淬火加热温度为 A_{c1}＋(30～50 ℃)。过共析钢加热温度选择在 A_{c1}～A_{ccm}之间，是为了淬火冷却后获得细小片状马氏体和细小球状渗碳体的混合组织，以提高钢的耐磨性。如果淬火加热温度超出 A_{ccm} 时，碳化物将完全溶入奥氏体中，不仅使奥氏体含碳量增加，而且淬火后残余奥氏体也会增加，这样会降低钢的硬度和耐磨性。同时奥氏体晶粒粗大，使钢的脆性增加。此外，由于渗碳体过多的溶解，使马氏体中碳的过饱和度过大，增大了淬火应力和变形与开裂的倾向，同时使钢中的残余奥氏体量增多，降低了钢的硬度和耐磨性。

2. 加热和保温时间的确定

为了使工件各部分均完成组织转变,需要在淬火加热温度保温一定的时间,通常将工件升温和保温所需时间计算在一起,统称为加热时间。影响加热时间的因素很多,如加热介质、钢的成分、炉温、工件的形状及尺寸等。通常根据经验公式估算或通过实验确定。生产中往往要通过实验确定合理的加热及保温时间,以保证工件质量。

3. 淬火冷却介质和冷却方法的选择

1)淬火冷却介质

钢件进行淬火冷却时所使用的介质称为淬火冷却介质。冷却介质应具有足够的冷却能力、较宽的使用范围,而且还需具有不腐蚀零件、不易燃、易清洗、无公害等特点。

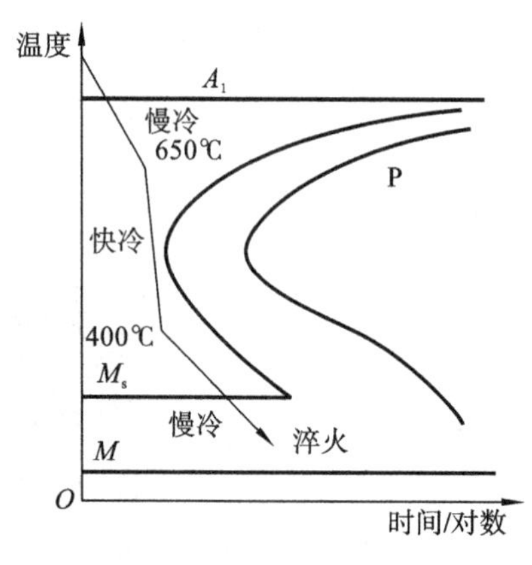

图 6-4　钢的理想淬火冷却速度

为了在淬火时得到马氏体组织,淬火冷却速度必须大于临界冷却速度。但冷却过快,工件的体积收缩及组织转变都很剧烈,从而不可避免地引起很大的内应力,容易造成工件变形及开裂。

因此,钢的理想淬火冷却速度应如图 6-4 所示。其目的是抑制非马氏体转变,在 C 曲线 550 ℃附近快冷。而在 650 ℃以上或 400 ℃以下 M_s 线附近发生马氏体转变时的温度范围内,为了减少淬火冷却过程中工件截面上内外温差引起的热应力和减少马氏体转变时的组织应力,减少工件的变形与开裂等,不需要快冷。

常用的冷却介质有水、盐或碱的水溶液和油等。表 6-2 所示为几种常用的淬火冷却介质的冷却能力。

表 6-2　几种常用的淬火冷却介质的冷却能力

淬火冷却介质	冷却速度/(℃·s^{-1})		淬火冷却介质	冷却速度/(℃·s^{-1})	
	650～550 ℃	300～200 ℃		650～550 ℃	300～200 ℃
水(18 ℃)	600	270	10%NaOH+水(18 ℃)	1200	300
水(50 ℃)	100	270	矿物油	100～200	20～50
10%NaCl+水	1100	300	0.5%聚乙烯醇+水	介于油水之间	180

从表 6-2 中可以看出,水冷在 650～550 ℃时的冷却能力较大,这对奥氏体稳定性较小的碳钢来说是非常有利的,但是在 300～200 ℃时的冷却能力过强,易使淬火零件变形开裂。水中加入少量的盐或碱,只能明显增加它在 650 ℃～550 ℃范围内的冷却能力,而对 300～200 ℃范围内的冷却速度改变不大。

油冷在 300～200 ℃范围内冷却速度远小于水冷,这对减少淬火工件的变形与开裂是很有利的,但它在 650～550 ℃范围内的冷却速度比水冷小得多,故不能用于碳钢冷却,只能用于过冷奥氏体稳定性较高的合金钢淬火。

2）常用的淬火方法

（1）单介质淬火法。将加热至淬火温度的工件，投入一种淬火介质中连续冷却至室温，如图 6-5(a)所示。例如，碳钢在水中淬火、合金钢在油中淬火等。单介质淬火操作简便，易于实现机械化和自动化。但也有不足之处，即易产生淬火缺陷。水中淬火易产生变形和裂纹，油中淬火易产生硬度不足或硬度不均匀等现象。

（2）双介质淬火法。如图 6-5(b)所示，双介质淬火是将加热的工件先投入一种冷却能力强的介质中冷却，然后在 M_s 点以下区域时转入冷却能力小的另一种介质中冷却。例如，形状复杂的非合金钢工件采用水淬油冷法；合金钢工件采用油淬空冷法等。双介质淬火可使低温转变时的内应力减小，从而有效防止工件的变形与开裂。能否准确地控制工件从第一种介质转到第二种介质时的温度，是双介质淬火的关键，需要一定的实践经验。

（3）分级淬火法。将加热的工件先放入温度为 M_s 点附近（150～260 ℃）的盐浴或碱浴中，稍加停留（2～5 min），等工件整体温度趋于均匀时，再取出空冷以获得马氏体，如图 6-5(c)所示。分级淬火可更为有效地避免变形和裂纹的产生，而且比双介质淬火易于操作，一般适用于形状较复杂、尺寸较小的工件。

（4）等温淬火法。如图 6-5(d)所示，等温淬火与分级淬火相似，其差别在于等温淬火是在稍高于 M_s 点温度的盐浴或碱浴中，保温足够的时间，使其发生下贝氏体转变后出炉空冷。等温淬火的内应力很小，工件不易变形与开裂，而且具有良好的综合力学性能。等温淬火常用于处理形状复杂，尺寸要求精确，并且硬度和韧性都要求较高的工件，如各种冷、热冲模，成型刃具和弹簧等。

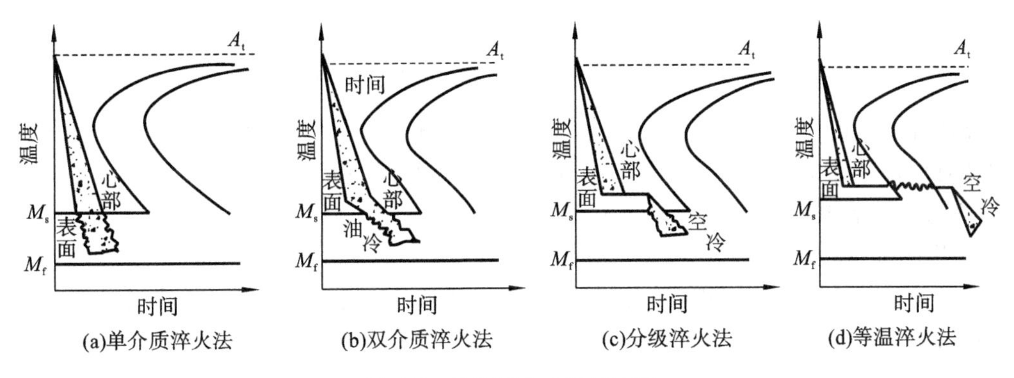

图 6-5　常用淬火方法示意图

下贝氏体与马氏体相比，在含碳量相近、硬度相当的情况下，前者比后者具有较高的塑性与韧性，适用于尺寸较小、形状复杂、要求变形小、硬度高和韧性好的工具与模具等。

（5）深冷处理。深冷处理是把淬火冷却到室温的钢继续冷却到 0 ℃以下（一般为 −70～−80 ℃）的热处理工艺。它适用于 M_s 温度位于 0 ℃以下的高碳钢和合金钢。深冷处理可以使过冷奥氏体向马氏体的转变更完全，进一步减少残余奥氏体的数量，提高钢的硬度和耐磨性，并使尺寸保持稳定。深冷处理的实质是淬火钢在 0 ℃以下的淬火。深冷处理后必须进行低温回火，以消除应力及稳定新生成的马氏体组织。精密量具、滚动轴承等都应进行深冷处理。深冷处理时获得低温的办法是采用干冰（固态 CO_2）和酒精的混合剂或冷冻机冷却。

4. 钢的淬透性和淬硬性

1）淬透性的概念

钢的淬透性是钢在淬火时获得淬硬层（马氏体组织）深度的能力。在相同的淬火条件下，获得淬硬层越深，表明钢的淬透性越好。钢的临界冷却速度越低，钢的淬透性越好。因此，凡是能降低临界冷却速度的因素，都可以提高钢的淬透性。如图 6-6(a)所示，工件在淬火后，整个截面的冷却速度不同，工件表层的冷却速度最大，中心层的冷却速度最小。冷却速度大于该钢 v_k 的表层部分，淬火后得到马氏体组织，图 6-6(b)中的影线区域表示获得马氏体组织的深度。一般规定：由钢的表面至内部马氏体组织占 50%处的距离为有效淬硬深度。

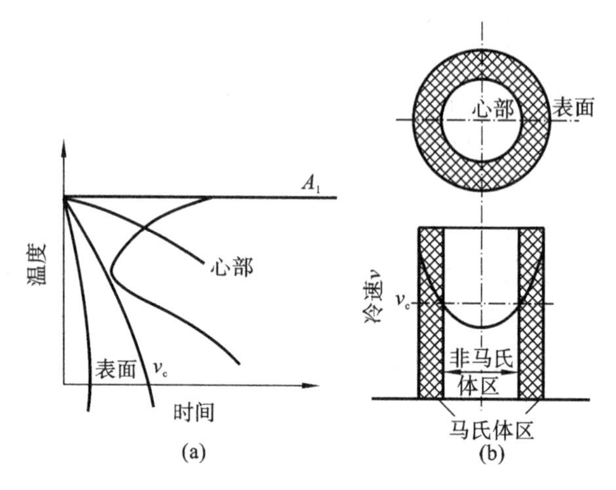

图 6-6　钢的有效淬硬深度与冷却速度的关系

淬透性是钢的一种重要的热处理工艺性能，其高低以钢在规定的标准淬火条件下能够获得的有效淬硬深度来表示。用不同钢种制造的相同形状和尺寸的工件，在同样条件下淬火，淬透性好的钢其有效淬硬深度较大。

2）影响淬透性的因素

钢的淬透性主要取决于钢的马氏体临界冷却速度的大小，实质是取决于过冷奥氏体的稳定性，即 C 曲线的位置。钢的 C 曲线越靠右，其淬透性越好。如亚共析钢随含碳量增加，钢的临界冷却速度降低，淬透性提高；而过共析钢随含碳量增加，钢的临界冷却速度反而提高，淬透性降低。因此，钢的化学成分（包括合金元素）和奥氏体化条件等是影响淬透性的主要因素。

3）淬透性对钢的力学性能的影响

淬透性对钢件的力学性能影响很大，如图 6-7 所示。如果整个工件淬透，表面与心部的力学性能均匀一致，能充分发挥钢的力学潜能。如果工件未淬透，表面与心部的力学性能存在很大的差异，高温回火后，虽然截面上硬度基本一致，但未淬透部分的屈服点和冲击韧度却显著降低。

机械制造中许多在重载荷下工作的重要零件以及承受拉压应力的重要零件，常要求工件表面和心部的力学性能一致，此时应选用能完全淬透的钢；而对于应力主要集中在工件表面，心部应力不大（如承受弯曲应力）的零件，则可考虑选用淬透性低的钢；焊接件一般不选

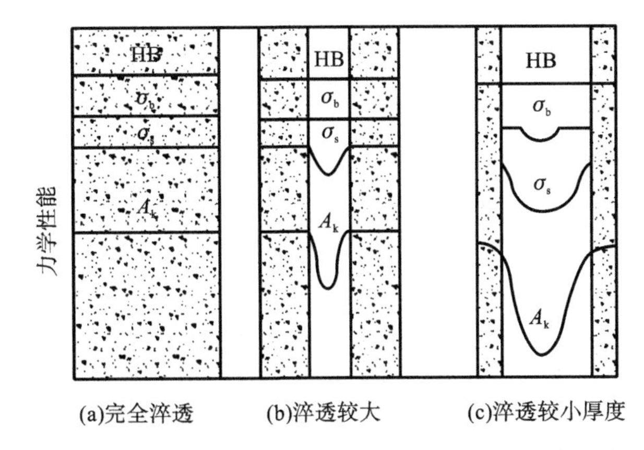

图 6-7　淬透性对钢回火后力学性能的影响(阴影部分表示淬透层)

用淬透性高的钢,否则易在焊缝及热影响区出现淬火组织,造成焊件变形和开裂。

4) 淬透性的测定

淬透性的测定方法很多,国家标准 GB/T 225—2006《钢淬透性的末端淬火试验方法》规定用末端淬火法测定结构钢的淬透性是最常用的方法。GB/T 1298—2008《碳素工具钢》规定用断口评级法测定工具钢的淬透性。

5) 钢的淬硬性

钢淬火后能够达到的最高硬度叫钢的淬硬性,又称可硬性。它主要取决于马氏体的含碳量,奥氏体中固溶的碳越多,淬火后马氏体的硬度也就越高。

6) 淬火缺陷及预防措施

(1) 氧化与脱碳。

钢在加热时,表面有一层松脆的氧化铁皮的现象称为氧化;脱碳指表面碳含量降低的现象。氧化和脱碳会降低钢件表层的硬度和疲劳强度,而且还影响零件的尺寸。为了防止氧化和脱碳,通常在盐浴炉内加热,要求更高时,可在工件表面涂覆保护剂或在保护气氛及真空中加热。

(2) 过热和过烧。

钢在淬火加热时,奥氏体晶粒显著粗化的现象称为过热。若加热温度过高,出现晶界氧化并开始部分熔化的现象称为过烧。工件过热后,不仅降低钢的力学性能(尤其是韧性),也容易引起淬火变形和开裂。过热组织可以用正火处理予以纠正,而过烧的工件只能报废。为了防止工件的过热和过烧,必须严格控制加热温度和保温时间。

(3) 变形与开裂。

工件淬火冷却时,由于不同部位存在温度差异及组织转变的不同时性所引起的应力称为淬火内应力。当淬火内应力超过钢的屈服点时,工件将产生变形;当淬火内应力超过钢的抗拉强度时,工件将产生裂纹成为废品。为了防止工件变形和开裂的产生,可采用不同的淬火方法(如分级淬火或等温淬火等)和工艺合理设计措施(如结构对称、截面均匀、避免尖角等),尽量减少淬火内应力,并在淬火后及时进行回火处理。

(4) 硬度不足。

由于加热温度过低、保温时间不足、冷却速度不够大或表面脱碳等原因造成的硬度不足，可采用重新淬火来消除（但淬火前要进行一次退火或正火处理）。

7）淬透性与淬硬性的区别

（1）淬透性与实际工件有效淬硬深度的区别：同一种钢不同截面的工件在同样奥氏体化条件下淬火，其淬透性是相同的。但是其有效淬硬深度却因工件的形状、尺寸和冷却介质的不同而异。淬透性乃是钢本身所固有的属性，对于一种钢，它是确定的，只能用于不同钢种之间的比较。而实际工件的有效淬硬深度，它除了取决于钢的淬透性外，还与工件的形状、尺寸及采用的冷却介质等外界因素有关。

（2）钢的淬透性与淬硬性是两个不同的概念，淬硬性是指钢淬火后能达到的最高硬度，它主要取决于马氏体的含碳量。淬透性好的钢其淬硬性不一定高。例如低碳合金钢淬透性相当好，但其淬硬性却不高；高碳钢的淬硬性高，但其淬透性却差。

6.1.4 钢的回火

钢在淬火后得到的组织一般是亚稳态的马氏体与残余奥氏体，同时具有较大的内应力，必须进行回火，否则零件在使用过程中会发生变形甚至开裂。

回火是将淬火钢加热到 A_{c1} 以下某一温度，保温一定时间，然后冷却至室温的热处理工艺。回火的主要目的是：改善强度、硬度高，塑性、韧性差的淬火组织；减少或消除淬火内应力；防止工件变形与开裂；稳定工件尺寸及获得工件所需的组织和性能。回火决定了钢在使用状态下的组织和寿命。

1. 淬火钢在回火时的组织转变

淬火后钢的组织是不稳定的，具有向稳定组织转变的自发倾向。回火加速了自发转变的过程。淬火钢在回火时，随着温度的升高，组织转变可分为以下四个阶段。

1）马氏体分解（80～200 ℃）

马氏体内过饱和的碳原子以 ε-碳化物形式析出，使马氏体的过饱和度降低。ε-碳化物是弥散度极高的薄片状组织。这种马氏体和 ε-碳化物的回火组织称回火马氏体。此阶段钢的淬火内应力减少，韧性得到改善，但硬度并未明显降低。

2）残余奥氏体分解（200～300 ℃）

淬火钢中没有完全转变的残余奥氏体，此时发生分解，转变为下贝氏体组织。这个阶段转变后的组织是下贝氏体和回火马氏体。淬火内应力进一步降低，但马氏体分解造成的硬度降低被残余奥氏体分解引起的硬度升高所补偿，故钢的硬度降低并不明显。

3）马氏体分解完成和 ε-碳化物转化为渗碳体（300～400 ℃）

马氏体继续分解，直至过饱和的碳原子几乎全部由固溶体内析出，与此同时，ε-碳化物逐渐转变为极细的稳定 Fe_3C，形成尚未再结晶的针状铁素体和细球状渗碳体的混合组织，称为回火托氏体。此时钢的淬火内应力基本消除，硬度有所降低。

4）渗碳体的球化、长大与铁素体的回复和再结晶（400 ℃以上）

温度高于 400 ℃后，铁素体发生回复与再结晶，渗碳体颗粒不断聚集长大，形成块状铁素体与球状渗碳体的混合组织，称为回火索氏体。钢的强度、硬度不断降低，但韧性却明显得到改善。

2. 回火的分类及其应用

淬火钢回火后的组织和性能取决于回火温度。根据钢件的性能要求，回火温度范围可以分为以下三类。

1）低温回火（150～250 ℃）

回火后的组织是回火马氏体，它基本保持马氏体的高硬度和耐磨性，钢的内应力和脆性有所降低。低温回火主要用于各种工具、滚动轴承、渗碳件和表面淬火件。

2）中温回火（350～500 ℃）

回火后的组织为回火托氏体，具有较高的弹性极限和屈服强度，具有一定的韧性和硬度。中温回火主要用于各种弹簧和模具等。

3）高温回火（500～650 ℃）

回火后的组织为回火索氏体，它具有强度、硬度、塑性和韧性都较好的综合力学性能。高温回火广泛用于汽车、拖拉机、机床等机械中的重要结构零件，如各种轴、齿轮、连杆、高强度螺栓等。

通常将淬火与高温回火相结合的热处理称为调质处理。调质处理一般作为最终热处理，但也可作为表面淬火和化学热处理的预备热处理。应指出，工件回火后的硬度主要与回火温度和回火时间有关，而回火后的冷却速度对硬度影响不大。实际生产中，回火件出炉后通常采用空冷。

3. 淬火钢回火时的力学性能的变化

淬火钢回火时，总的变化趋势是随着回火温度的升高，碳钢的硬度、强度降低；塑性、韧性提高，冲击韧性随着回火温度升高而增大，但在 250～400 ℃和 450～650 ℃温度区间回火，可能出现冲击韧性显著降低的现象，称之为钢的回火脆性。

1）第一类回火脆性

淬火钢在 250～400 ℃温度范围出现的回火脆性称为第一类回火脆性，又称低温回火脆性。对钢的回火研究认为马氏体分解时，沿马氏体板条状或针状的边界出现薄壳状碳化物，降低了晶界的断裂强度，是产生这类脆性的主要原因。这类回火脆性产生以后无法消除，因而又称为不可逆回火脆性。几乎所有淬火后形成的马氏体钢在该温度范围内回火时，都不同程度产生这类脆性，所以在生产上应避开在该温度范围内回火。

2）第二类回火脆性

淬火钢在 450～650 ℃温度范围出现的回火脆性称为第二类回火脆性，又称高温回火脆性。这种脆性主要发生在含 Cr、Ni、Si、Mn 等合金元素的结构钢中。此类回火脆性是可逆的，只要在工件回火后快速冷却就可避免，加入 W 或 Mo 元素可使这类钢不出现第二类回火脆性，如图 6-8 所示。

关于第二类回火脆性产生的原因，一般认为与 Sb、Sn、P 等杂质元素在原奥氏体晶界上偏聚有关。Ni、Cr、Mn 等合金元素促进杂质元素的偏聚，这些元素本身也易在晶界上偏聚，增强了这类回火脆性的倾向。

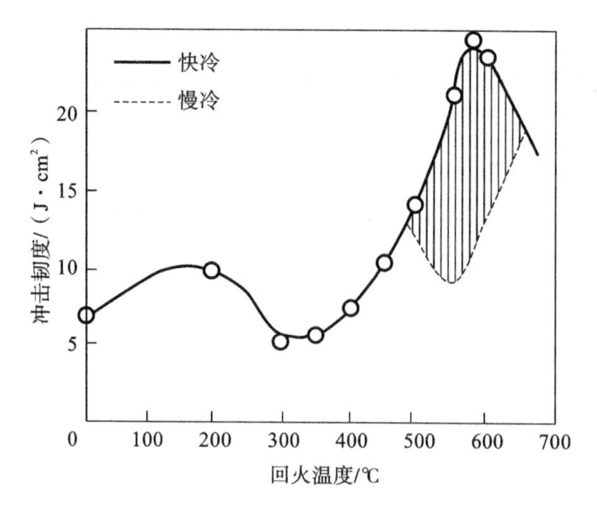

图 6-8 钢的冲击韧性与回火温度的关系

6.2 钢的表面热处理

在实际生产中，很多机械零件是在冲击载荷、交变载荷及摩擦等条件下工作的。如曲轴、凸轮轴、齿轮和主轴等。这些零件要求表层具有高的强度、硬度、耐磨性及疲劳极限，而心部要具有足够的塑性和韧性。因此，为了达到这些性能要求，生产中仅对表层进行热处理，此种工艺称为表面热处理。常用的表面热处理方法分为表面淬火和化学热处理。

6.2.1 表面淬火

表面淬火是对钢的表面快速加热至淬火温度，立即以大于 v_k 的速度冷却，使表层得到马氏体组织。此时工件表面具有高的硬度和耐磨性，而心部仍为淬火前的组织，即具有足够的强度和韧性。表面淬火不改变钢表层的成分，仅改变表层的组织，且心部组织不发生变化。

生产中广泛应用的表面淬火方法有感应加热表面淬火、火焰加热表面淬火和激光加热表面淬火。

1. 感应加热表面淬火

感应加热表面淬火示意图如图 6-9 所示。将工件放在铜管绕制的感应圈内，当感应圈通电时，感应圈内部和周围产生同频率的交变磁场，于是工件中相应产生了自成回路的感应电流，由于"集肤效应"，感应电流主要集中在工件表层，使工件表面迅速加热到淬火温度。随即喷水冷却，使工件表层淬硬。

根据所用电流频率的不同，感应加热可分为高频(200～300 kHz)加热、中频(2500～8000 Hz)加热、工频(50 Hz)加热等，用于各类中小型、大型机械零件。感应电流频率越高，电流集中的表层越薄，加热层也越薄，淬硬层深度越小。

与普通淬火相比，感应加热表面淬火的加热速度极快，淬火加热温度高（如高频表面淬火温度为 $A_{c3}+100\sim200$ ℃），奥氏体形核多，且来不及长大，淬火后可在工件表层得到极细的马氏体，硬度比普通淬火时高 2～3 HRC，疲劳强度提高 20%～30%，且脆性较低，工件表面不易氧化脱碳，变形小，淬火层深度易于控制，操作易于实现机械化和自动化，生产效率高。

感应加热设备较贵，维修、调整较为困难，形状复杂的零件配套的感应线圈不易制造，且不适于单件生产。感应加热表面淬火主要适用于中碳钢和中低碳合金钢，例如 45、40Cr 钢等，也可用于高碳工具钢和铸铁件等。

为了给工件表层加热准备合适的原始组织并保证心部有良好的力学性能，通常在表面淬火前要进行正火或调质处理。表面淬火后需要进行低温回火以减少淬火内应力，降低脆性。

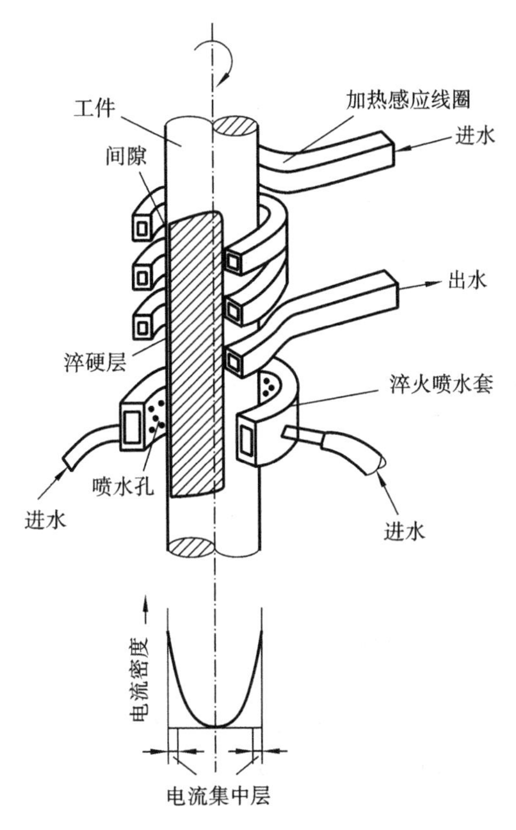

图 6-9　感应加热表面淬火示意图

2. 火焰加热表面淬火

使用乙炔-氧焰或煤气-氧焰，将工件表面快速加热到淬火温度，立即喷水冷却的淬火方法称为火焰加热表面淬火，如图 6-10 所示。

火焰加热表面淬火的淬硬层深度为 2～6 mm，适用于大型工件的表面淬火，如大模数齿轮等。这种表面淬火所用设备简单，投资少；但是加热时易过热，淬火质量不稳定。

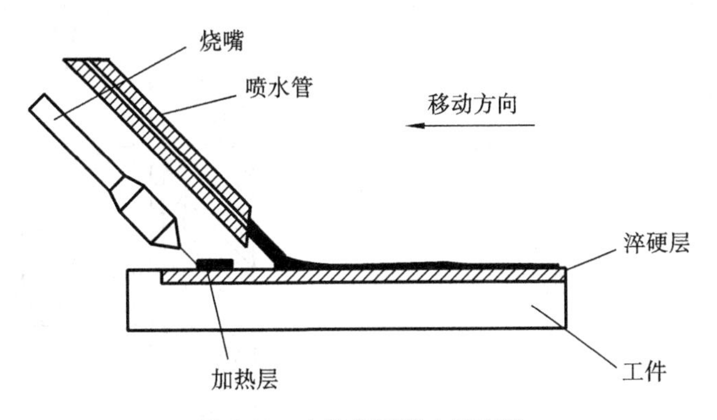

图 6-10　火焰表面淬火示意图

3. 激光加热表面淬火

激光加热表面淬火是 20 世纪 70 年代初发展起来的一种新型的高能量密度的表面强化方法。这种表面淬火方法是用激光束扫描工件表面，使工件表面迅速加热到钢的临界点温度以上，而当激光束离开工件表面时，由于基体金属的大量吸热，使得其表面急速冷却，而不

需要冷却介质。

激光加热表面淬火的淬硬层深度一般为 0.3～0.5 mm，淬火后表层获得极细的马氏体组织，硬度高且耐磨性好，其耐磨性比淬火加低温回火提高 50%。激光加热表面淬火能对形状复杂的工件部位如拐角、沟槽、盲孔底部或深孔侧壁进行处理，而这些部位是其他表面淬火方法难以做到的。

6.2.2 化学热处理

为了提高工件表面的硬度、耐磨性、疲劳强度、热硬性和耐腐蚀性；改善工件表面的物理化学性能，将工件置于一定的活性介质中保温，使一种或几种元素渗入工件表层的表面热处理方法称为化学热处理。化学热处理的种类很多，一般以渗入的元素来命名，主要有渗碳、渗氮和碳氮共渗(氰化)等。

化学热处理的基本原理是活性原子渗入工件表层，其基本过程如下。

(1) 化学介质分解出能够渗入工件表层的活性原子。

(2) 钢件表面吸收的活性原子进入铁的晶格中形成固溶体或化合物。

(3) 扩散渗入的活性原子由表面向内部扩散，形成一定厚度的扩散层。

1. 渗碳

渗碳是将工件置于渗碳的介质中，加热到高温(900～950 ℃)，碳原子渗入工件表层，使工件表面达到高碳钢的含碳量。其主要目的是提高零件表层的含碳量，以便提高表面层的硬度、耐磨性和疲劳强度。渗碳适用于低碳钢和低碳合金钢，常用于汽车齿轮、活塞销、套筒等零件。

根据采用的渗碳剂的不同，渗碳可分为气体渗碳、液体渗碳和固体渗碳三种。目前生产中广泛采用气体渗碳。气体渗碳是将工件置于密封的渗碳炉中(如图 6-11 所示)，加热到 900～950 ℃，通入渗碳气体(如煤气、石油液化气、丙烷等)或易分解的有机液体(如煤油、甲苯、甲醇等)，在高温下通过反应分解出活性碳原子，活性碳原子渗入工件表面的高温奥氏体中，并通过扩散形成一定厚度的渗碳层。渗碳的时间主要由渗碳层的深度决定，一般保温 1 h，渗碳层厚度增加 0.2～0.3 mm。

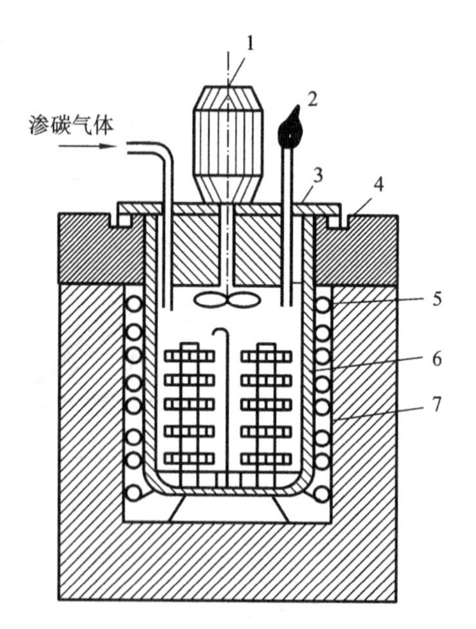

图 6-11 气体渗碳法示意图

1—风扇电动机；2—排出废气火焰；3—炉盖；4—砂封；5—电炉丝；6—耐热罐；7—工件

低碳钢零件渗碳后，表面层含碳量以 0.85%～1.05%为最好。因此，低碳钢渗碳缓慢冷却后，表层组织为珠光体＋网状二次渗碳体，心部组织为铁素体＋少量珠光体，两者之间为过渡区，越靠近表面层铁素体越少。一般规定，从表层到过渡区的一半处的厚度为渗碳层厚度。厚度根据零件的工作条件和具体尺寸

来确定。渗碳层太薄时，易引起表面疲劳剥落，太厚则经不起冲击，一般为 0.5～2.5 mm。

气体渗碳的渗碳层质量高，渗碳过程易于控制，生产率高，劳动条件好，易于实现机械化和自动化，适于成批或大量生产。

值得指出的是，渗碳件淬火后，都应进行低温回火，回火温度一般为 150～200 ℃。经淬火和低温回火后，渗碳件表层为细小片状回火马氏体、少量渗碳体和残余奥氏体，硬度可达 58～64 HRC，耐磨性能好。心部组织取决于钢的淬透性。普通低碳钢如 15、20 钢，心部组织为铁素体＋珠光体，硬度为 10～15 HRC；低碳合金钢如 20CrMnTi，心部组织为回火低碳马氏体＋铁素体＋托氏体，硬度为 35～45 HRC，具有较高的强度和韧性及一定的塑性。

2. 渗氮

渗氮也称氮化，是指在一定温度下(一般在 A_{c1} 以下)向钢的表面渗入氮原子，形成富氮硬化层的化学热处理工艺。与渗碳相比，钢件氮化后具有更高的硬度、耐磨性、抗腐蚀性和较小的变形。由于氮化温度低，氮化后不需要进行热处理，所以工件变形很小。

常用的渗氮方法主要有气体渗氮、液体渗氮及离子渗氮等工艺，目前广泛采用的是气体渗氮。气体渗氮是将工件置于通入氨气的炉中，加热至 500～600 ℃，使氨分解出活性氮原子，渗入工件表层，并向内部扩散形成氮化层。

目前应用最广泛的氮化用钢是 38CrMoAl。工件在氮化前都要进行调质处理，目的是改善机加工性能和获得均匀回火索氏体组织，保证其较高的强度和韧性，但氮化所需的时间很长，要获得 0.3～0.5 mm 的氮化层，一般需要 20～50 h。因此，氮化主要用于耐磨性和精度要求很高的零件，如镗床主轴和精密传动齿轮等。

3. 碳氮共渗

碳氮共渗是在一定温度下向钢件表层同时渗入碳和氮的过程，又称为氰化。其目的是提高钢件的表面硬度、耐磨性和疲劳强度。根据共渗的温度不同，碳氮共渗可分为低温(500～600 ℃)、中温(700～880 ℃)和高温(900～950 ℃)三种。低温共渗以渗氮为主，又称软氮化，渗后无须淬火，抗疲劳性能优于渗碳和高、中温碳氮共渗，硬度低于渗氮，但仍具有耐磨性和减磨作用；中温和高温碳氮共渗以渗碳为主，渗后需进行淬火及低温回火。目前生产中常用的是中温气体碳氮共渗，它与渗碳相比具有许多优点，不仅加热温度低、零件变形小、生产周期短，而且渗层具有较高的耐磨性、疲劳强度以及一定的抗腐蚀能力，主要用来处理汽车和机床齿轮、蜗轮、蜗杆和轴类零件等。

6.3　其他热处理工艺

为了提高零件的力学性能和表面质量，节约能源，降低成本，提高经济效益，减少或防止环境污染，目前已经发展了许多热处理新工艺。

1. 形变热处理

形变热处理是将塑性变形和热处理相结合，以提高零件力学性能的复合工艺。它不仅能获得一般加工方法能达到的高强度和高韧性的良好组合，而且还可以简化金属材料的生产工艺过程，节省能源，因此在工业中受到广泛重视。

形变热处理一般分为高温形变热处理、低温形变热处理和形变化学热处理三类。

1）高温形变热处理

高温形变热处理是将钢加热到奥氏体稳定区时，对奥氏体进行塑性变形，随后立即淬火和回火的工艺[如图 6-12(a)所示]。其特点是在提高钢的强度的同时，还可明显改善其塑性、韧性，减小脆性，增加钢件的使用可靠性。对亚共析钢，变形温度一般在 A_3 点以上，对过共析钢则在 A_1 点以上。此工艺对结构钢、工具钢均适用，能获得较明显的强韧化效果。与普通淬火相比，能提高抗拉强度 10%～30%，提高塑性 40%～50%，韧性成倍提高。此法形变温度较高，故强化效果不如低温形变热处理。它主要用于调质钢和机械加工量不大的锻件，如曲轴、连杆、叶片和弹簧等。目前 B5 柴油机连杆 40Cr 钢坯加热至 1150 ℃～1180 ℃，立即模锻成形，形变时间为 13～17 s，形变量可达 40%。经过剪边、校直后工件温度仍在 900 ℃以上，此时立即在柴油中淬火，最后在 660 ℃回火。以这种工艺代替原来的调质工艺，可使连杆的强度、塑性和韧性都得到提高，质量稳定，效果良好，而且简化了工艺，节省了能源，还减少了工件的氧化、脱碳和变形。

2）低温形变热处理

低温形变热处理是将钢加热到奥氏体状态，保持一定时间，过冷至临界点以下进行塑性变形（变形量为 50%～70%），随即淬火并进行低温回火或中温回火的工艺[如图 6-12(b)所示]。其主要特点是在不降低塑性和韧性的条件下，显著提高强度、耐回火性和耐磨性能，抗拉强度可比普通热处理提高 30～100 MPa，主要用于刀具、模具以及飞机起落架等要求强度高和具有一定耐磨性的零件。

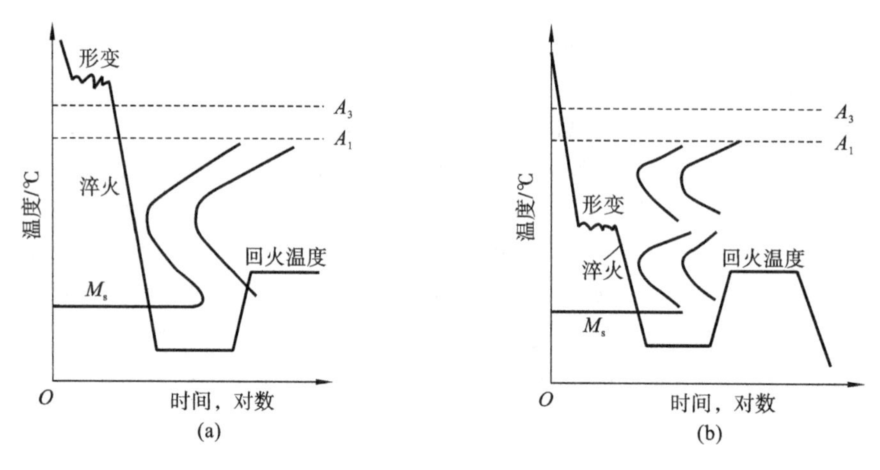

图 6-12　形变热处理工艺示意图

3）形变化学热处理

形变化学热处理是既能加速化学热处理过程，也可强化化学热处理效果的工艺。常用的形变化学热处理工艺包括以下几种。

（1）利用锻热渗碳淬火或碳氮共渗：主要用于中等模数齿轮，可达到节能，提高渗透速度、硬度和耐磨性的效果。

（2）锻热淬火渗氮：主要用于模具、刀具及耐磨的零件，可加速渗氮过程，提高耐磨性。

（3）渗碳件表面形变时效：主要用于航空发动机齿轮、内燃机缸套等耐磨及疲劳性能要求极高的零件。

（4）渗碳表面形变淬火：主要用于齿轮等渗碳件，以提高其表面耐磨性。

2. 真空热处理

真空热处理是指在低于 1×10^5 Pa(通常是 $10^{-1}\sim10^{-3}$ Pa)的环境中进行加热的热处理工艺。其主要优点是无氧化脱碳及其他化学腐蚀,具有净化工件表面、脱气(使金属中的H、N、O脱出)等作用,能得到光亮洁净的表面。同时还具有变形小、工件质量高等优点。此外它还可以减少或省去磨削加工工序,改善劳动条件,实现自动控制。

真空热处理已经成为当代热处理技术的一个重要领域,在真空炉内可以完成退火、正火、淬火及化学热处理等工艺。

1) 真空退火

真空退火主要应用于钢和铜及其合金以及与气体亲和力强的钛、钽、铌、锆等合金。其主要目的是进行回复与再结晶,提高塑性,排除其所吸收的氢、氮、氧等气体;防止氧化,去除污染物,使之具有光洁表面,省去了脱脂和酸洗工序。

2) 真空淬火

这种在真空中进行的加热淬火工艺,其加热时的真空度一般为 $1\sim10^{-1}$ Pa,淬火冷却采用高压($7.9\times10^4\sim9.3\times10^4$ Pa)气冷(氩气或高纯氮气)或真空淬火油(油的压力大于 5.3×10^4 Pa)冷却。真空淬火后钢件硬度高且均匀,表面光洁,无氧化脱碳,变形小,还可提高钢件强度、耐磨性、抗咬合性及疲劳强度,工件寿命高。真空淬火常用于承受摩擦、接触应力的工具、模具。据文献介绍,模具经真空淬火后寿命可提高 30%,搓丝板的寿命可提高 4 倍。

3) 真空渗碳

真空渗碳是在压力约为 3×10^4 Pa 的 CH_4-H_2 低压气体中、在温度为 930～1040 ℃的条件下进行的气体渗碳工艺,又称为低压渗碳。真空渗碳的优点是在真空下加热,高温下渗碳,渗速快,可显著缩短渗碳周期(约为普通气体渗碳的一半);减少渗碳气体的消耗,能精确控制工件表面层的碳含量、碳浓度梯度和有效渗碳层深度,不产生氧化和内氧化等缺陷,基本上没有环境污染;真空渗碳零件具有较高的力学性能。

3. 激光热处理

激光热处理主要包括激光表面熔覆、激光表面合金化、激光表面非晶化等技术。

1) 激光表面熔覆

激光表面熔覆(laser surface cladding,LSC)又称为激光涂敷,根据熔覆材料添加方式的不同,可分为预置涂层 LSC 和同步送粉 LSC 两种工艺方法。

预置涂层 LSC 法的工艺过程是:采用某种方式(如手工黏结剂预涂覆、火焰喷涂、等离子喷涂等)在选定的基材(如低碳钢厚板试件)上先预置一层金属或合金粉体,当被高能量密度光束辐照的零件以选定的速度移动时,辐照处的粉体会在零件表面瞬间熔凝成一条凸起一定厚度的金属或合金硬化带。若光束对一片预置粉体进行多道搭接扫描,则可在零件上形成一定面积的涂层。

同步送粉 LSC 法的工艺过程是:用一台自动供粉装置,以合适的供粉速度向高能激光束的光斑内不停地输送某种合金粉末(有一定的成分和粒度),粉末即被瞬间熔凝,并与基材表面形成冶金结合。随着光束在工件上扫过或搭接扫描,同样也会形成一片涂层。如果在这片熔覆的涂层上重复上述过程,则可在工件上连续获得较厚的堆焊合金层。由于送粉和粉末的熔凝过程与一步法火焰喷焊类似,故称之为同步送粉激光熔覆。此法便于在零件上实现局部熔覆，且涂层质量较预置涂层 LSC 法易于调整控制。

激光表面熔覆技术的特点及应用如下。

(1) 可以使用各种复合粉末获得所需性能的涂层，其厚度大，可达 6～7 mm，除堆焊技术以外，PVD、CVD 及其他表面强化技术是难以达到如此层厚的。该技术工艺过程容易控制，合金粉末消耗量也很小。

(2) 适用的基材金属范围广，既可以是廉价的碳素钢和铸铁，也可以是各种合金钢零件或某些工模具。

(3) 比堆焊零件变形小，热影响区小，稀释率低（小于 5%），涂层与基材为良好的冶金结合。

(4) 由于熔凝速度极快，因此涂层组织比堆焊层细密，但涂层中应力较大，难免产生气孔和裂纹，不适于在较大面积的零件上进行强化或修复。

2) 激光表面合金化

激光表面合金化（laser surface alloying，LSA）是指在基材表面预置一层待合金化的粉体，然后像 LSC 法一样用高能激光束扫描加热预置层，使其中的合金元素与基材迅速熔合。LSA 与 LSC 的区别在于前者要求粉末与基材达到充分熔合，基材熔区表层应有成分的改变；而后者是“堆焊”一层合金粉末，在保证熔焊层与基材有良好冶金结合的前提下，稀释率越低越好，不希望熔覆层有明显的成分变化，即保持涂层原设计的性能基本不变。

LSA 技术有以下优点。

(1) 能准确控制功率密度和加热深度，以减少零件变形。

(2) 能在廉价基材上局部区域获得具有某种特殊性能的合金层。

(3) 可利用激光的深聚焦在不规则零件上获得较均匀的合金层。

美国通用汽车公司曾在汽车发动机的铝合金气缸组的阀门座上熔化一层耐磨材料，用 LSA 工艺获得了性能理想、成本较低的阀门座零件。

由于 LSA 技术必须使基材充分熔化，故所需激光能量密度比 LSC 技术更高；且熔化和凝固在瞬间完成，因此残留应力较大，易出现热裂纹。同时在合金化表层的成分均匀性、表面粗糙度方面均存在一定问题，有待于深入研究解决，因此 LSA 技术的工业应用受到了一定限制。

3) 激光表面非晶化

激光表面非晶化是将金属表面加热至熔融状态，以大于一定的临界冷却速度急冷至某一特征温度，避免晶体形核和生长，从而获得非晶态结构的技术。

非晶处理可减少表面层成分偏析，消除表面层的缺陷和裂纹，使得金属在保持良好的韧性基础上具有高的屈服强度、高的耐磨性以及优良的磁性和电学性能。例如汽车凸轮轴和柴油机铸钢套外壁经激光表面非晶化处理后，强度和耐腐蚀性明显提高。激光表面非晶化还可以对变形镍基合金进行处理以增强其抗疲劳性能。

4. 气相沉积技术

气相沉积技术是指从气相物质中析出固相并沉积在基材表面的一种新型表面镀膜技术，是近年来迅速发展的一门新技术，它是利用气相之间的反应，在各种材料或制品表面沉积单层或多层薄膜，从而使材料或制品获得所需的各种性能。根据使用原理不同，可分为物理气相沉积（physical vapor deposition）和化学气相沉积（chemical vapor deposition）两大

类。近年来，又发展出一种新型气相沉积技术即等离子增强化学气相沉积(plasmachemical vapor deposition)。

1) 物理气相沉积(PVD)

在真空环境中，以物理方法产生的原子或分子沉积在基材上，形成薄膜或涂层的方法称为物理气相沉积。其基本过程如下。

(1) 气相物质的产生：一类方法是使镀料加热蒸发，称为蒸发镀膜；另一类方法是用具有一定能量的离子轰击靶材(镀料)，从靶材上击出镀料原子，称为溅射镀膜。

(2) 气相物质的输送：气相物质的输送要求在真空中进行，这主要是为了避免气体碰撞妨碍气相镀料到达基片。在高真空度的情况下(真空度为 10^{-2} Pa)，镀料原子很少与残余气体分子碰撞，基本上是从镀料源直线前进达到基片；在低真空度时(如真空度为 10 Pa)，镀料原子会与残余气体分子发生碰撞而绕射，但只要不过于降低镀膜速率还是允许的。如果真空度过低，镀料原子频繁碰撞会相互凝聚为微粒，则镀膜过程无法进行。

(3) 气相物质的沉积：气相物质在基片上沉积是一个凝聚过程。根据凝聚条件的不同，可以形成非晶态膜、多晶膜或单晶膜。镀料原子在沉积时，可与其他活性气体分子发生化学反应而形成化合物膜，称为反应镀。在镀料原子凝聚成膜的过程中，还可以同时用具有一定能量的离子轰击膜层，目的是改变膜层的结构和性能，这种镀膜技术称为离子镀。

PVD 方法可获得金属涂层和化合物涂层。如在黄铜表面涂敷金属膜用于装饰；在塑料带上涂敷铁钴镍制作磁带；在高速钢表面涂敷 TiN、TiC 薄膜，提高刃具的耐磨性等。

2) 化学气相沉积(CVD)

化学气相沉积是利用气态化合物或混合物在基体受热表面发生化学反应，并在该基体表面生成固态沉积物的过程。例如气相 $TiCl_4$ 与 N_2 和 H_2 在受热钢的表面形成 TiN 而沉积在钢的表面得到耐磨、抗腐蚀沉积层。

用 CVD 法可在不锈钢表壳上获得金黄色的 TiN 涂层，不但美观，而且耐磨。在钻头、车刀等刀具表面沉积 TiN、TiC，可以提高刀具的耐磨性。

在常规 CVD 的基础上又发展出金属有机化合物化学气相沉积(MOCVD)、等离子体增强化学气相沉积(PCVD)和激光化学气相沉积(LCVD)。

MOCVD 是常规 CVD 技术的发展，它是利用在相当低的温度下能分解的金属有机化合物作为初始反应物，所以需要在较低温度时处理。MOCVD 的优点是可以在热敏感的基体上进行沉积，缺点是沉积率低，晶体缺陷密度高、膜中杂质多。

PCVD 法的工作原理与渗氮相似。将零件置于阴极上，利用辉光放电或外热源使零件加热到一定温度后，通入适量的反应气体，经过化学和等离子反应生成沉积薄膜。由于存在辉光放电过程，气体剧烈电离而受到活化，这和 CVD 法的气体单纯受热激活不同，所以反应温度可以降低。

PCVD 法与 CVD 法相比，处理温度要低些，可在非耐热性或高温下发生结构转变的基材上制备涂层，简化后处理工艺。由于气体处于等离子激发状态，提高了反应速率。

LCVD 是新出现的技术，通过激光激活使常规的 CVD 技术得到强化，工作温度降低，主要分为热解 LCVD 和光分解 LCVD。LCVD 的应用包括激光光刻、大规模集成电路掩膜的修正、激光蒸发-沉积及金属化。

思考练习题

1. 下面的几种说法是否正确，为什么？

(1) 过冷奥氏体的冷却速度越快，钢冷却后的硬度就越高。

(2) 钢中合金元素越多，淬火后其硬度就越高。

(3) 为了改善碳素工具钢的可切削加工性能，预备热处理应该采用完全退火。

(4) 淬火钢回火后的性能主要取决于回火后的冷却速度。

2. 将 T10 和 T12 钢同时加热到 780 ℃进行淬火，淬火后各是什么组织？淬火马氏体的碳含量及硬度是否相同，为什么？

3. 正火与退火的主要区别是什么？生产中应如何选择正火与退火？

4. 确定下列工件的热处理方法：

(1) 用 60Si2Mn 钢丝热成形的弹簧；

(2) 用 45 钢制造的轴，心部要求有良好的综合力学性能，轴颈处要求硬而耐磨；

(3) 用 T12 钢制造的锉刀，要求硬度为 60～65 HRC。

第7章 金属的塑性变形与再结晶

金属材料通过冶炼、铸造，获得铸锭后，可通过塑性加工的方法获得具有一定形状、尺寸和机械性能的型材、板材、管材或线材，以及零件毛坯或零件。塑形加工包括锻压、轧制、挤压、拉拔、冲压等方法。金属在承受塑性加工时产生塑性变形，这对金属组织结构和性能会产生重要的影响。

7.1 金属的塑性变形

当应力超过弹性极限后，金属材料将产生塑性变形。工程上应用的金属及合金大多为多晶体，由于多晶体的塑性变形与各个晶粒的变形行为相关联，本节首先研究单晶体的塑性变形，这是因为掌握了单晶体的变形规律，将有助于了解多晶体的塑性变形本质。

7.1.1 单晶体的塑性变形

正常情况下，单晶体塑性变形的基本方式有滑移和孪生两种。

1. 滑移

1）滑移带和滑移系

滑移是晶体在切应力的作用下，晶体的一部分沿一定的晶面（滑移面）上的一定方向（滑移方向）相对于另一部分发生滑动。滑移后，在滑移面两侧的晶体位向仍保持不变，而滑移量是滑移方向上原子间距的整数倍。在通常情况下的塑性变形都是以滑移的方式进行的。

取金属单晶体试样，表面经打磨抛光，然后进行拉伸。当试样经适量塑性变形后，在金相显微镜下观察，则可在表面见到许多相互平行的线条，称之为滑移带（如图 7-1 所示）。如进一步用高倍电子显微镜观察，发现每条滑移带均是由许多密集在一起的相互平行的滑移线所组成，这些滑移线实际上是在塑性变形后在晶体表面产生的一个个小台阶（如图 7-2 所示），其高度约为 1000 个原子间距，滑移线间的距离约为 100 个原子间距。相互靠近的一组小台阶在宏观上的反映是一个大台阶，这就是滑移带。用 X 射线对变形前后的晶体进行结构分析，发现晶体结构未发生变化。滑动所沿的晶面称为滑移面，滑动所沿的方向称为滑移方向。一个滑移面和此面上的一个滑移方向结合起来，组成一个滑移系。滑移系表示金属晶体在发生滑移时滑移动作可能采取的空间位向。当其他条件相同时，金属晶体中的滑移系越多，则滑移时可供采用的空间位向也越多，故该金属的塑性也越好。

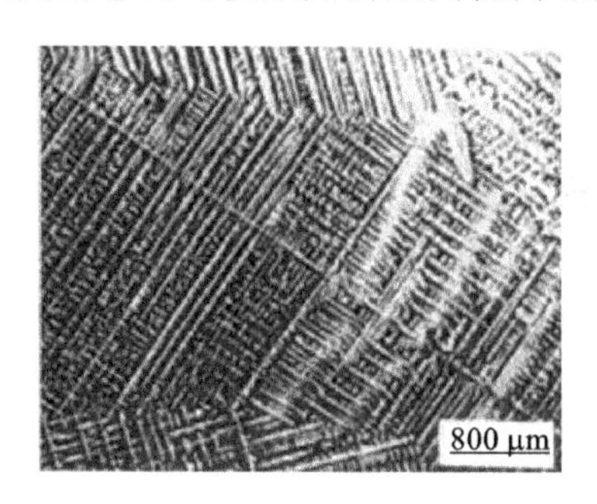

图 7-1　黄铜滑移带

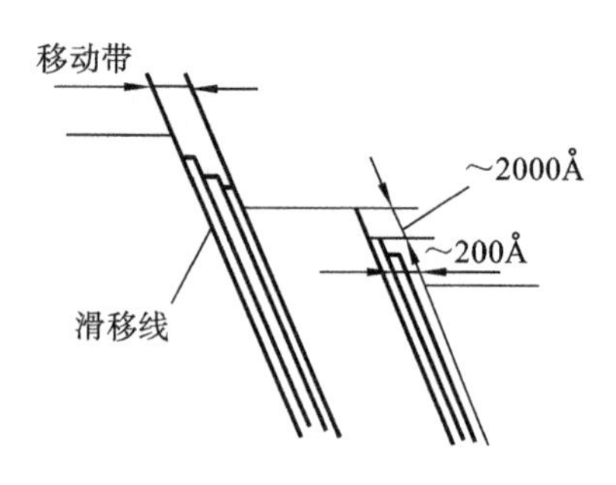

图 7-2　单晶体的滑移带和滑移线示意图

金属的晶体结构不同，其滑移面和滑移方向也不同，几种常见金属结构的滑移面及滑移方向见表 7-1。一般来说，滑移面总是原子排列最密的晶面，而滑移方向也总是原子排列最密的晶向。这是因为在晶体原子密度最大的晶面上，原子间的结合力最强，而面与面之间的距离却最大，即密排晶面之间的原子间结合力最弱，滑移的阻力最小，因而最容易滑移。沿原子密度最大的晶向滑动时的阻力也最小。

根据表 7-1 可知，面心立方晶体和体心立方晶体均有 12 个滑移系，而密排六方晶体只有 3 个滑移系。滑移系越多，金属发生滑移的可能性越大，塑性也越好，其中滑移方向对塑性的贡献比滑移面更大。所以面心立方晶体的塑性好于体心立方晶体，而体心立方晶体的塑性好于密排六方晶体。

表 7-1　几种常见金属结构的滑移系

晶体结构	体心立方结构		面心立方结构		密排立方结构	
滑移面	{110}		{111}		{0001}	
滑移方向	<111>		<110>		<11$\bar{2}$0>	
滑移系数目	6×2=12		4×3=12		1×3=3	

2）滑移的临界分切应力

金属晶体中可能存在的滑移系是很多的，如面心立方金属就有 12 个滑移系。但面心立方金属在变形时是否这 12 个滑移系都能同时动作呢？显然不是。一个单晶体受拉伸时，当拉力轴沿一定晶向时，只有当外力在某个滑移面的滑移方向上的分切应力达到某一临界值时，这一应力滑移系才能开始变形。当有许多滑移系时，则分切应力最大的滑移系一般首先开始动作。

作用在单晶体上的外力 F，在晶面上所产生的应力可分解为垂直于该晶面的正应力 σ

和平行于该晶面的切应力 τ。图 7-3 表示单晶体的滑移面法线方向和外力 F 的夹角为 φ，滑移方向和拉力轴的夹角为 λ。滑移方向、拉力轴和滑移面的法线，这三者在一般情况下不在同一平面内，即 $\varphi+\lambda\neq 90°$。由图 7-3 可知，外力在滑移方向上的切应力为：

$$\tau=\frac{F}{A}\cos\varphi\cos\lambda=\sigma\cos\varphi\cos\lambda$$

$$\tau=\tau_c \quad \sigma=\sigma_s$$

$$\tau_c=\sigma_s\cos\varphi\cos\lambda \tag{7-1}$$

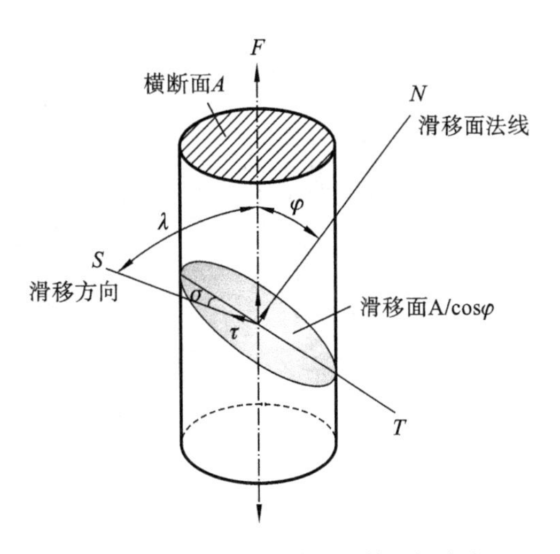

图 7-3　单晶体某滑移系上的分切应力

即当在滑移面的滑移方向上，切应力达到某一临界值 τ_c 时，晶体就开始屈服，$\sigma=\sigma_s$。τ_c 为一常数，对某种金属而言是一定值，但材料的屈服强度 σ_s 则随拉力轴相对于晶体的取向，即 φ 角和 λ 角而定，所以 $\cos\varphi\cos\lambda$ 称为取向因子。$\cos\varphi\cos\lambda$ 值大者称为软取向，此时材料的屈服强度较低。反之，$\cos\varphi\cos\lambda$ 值小者称为硬取向，相应的材料屈服强度也较高。取向因子最大值在 $\varphi+\lambda=90°$ 的情况下，这时 $\cos\varphi\cos\lambda=1/2$。由式(7-1)可知，当滑移面垂直于拉力轴或平行于拉力轴时，在滑移面上的切应力为零，因此不能滑移。

2. 孪生

塑性变形的另一种重要方式是孪生。孪生是指晶体的一部分沿一定晶面和晶向相对于另一部分所发生的切变。发生切变的部分称为孪生带或孪晶，沿其发生孪生的晶面称为孪生面，孪生的结果使孪生面两侧的晶体呈镜面对称。

当晶体在切应力的作用下发生孪生变形时，晶体的一部分沿一定的晶面(孪生面)和一定的晶向(孪生方向)相对于另一部分晶体作均匀地切变，在切变区域内，与孪生面平行的每层原子的切变量与它距孪生面的距离成正比，并且不是原子间距的整数倍。这种切变不会改变晶体的点阵类型，但可使变形部分的位向发生变化，并与未变形部分的晶体以孪晶界为分界面构成镜面对称的位向关系。通常把对称的两部分晶体称为孪晶。而将形成孪晶的过程称为孪生。由于变形部分的位向与未变形的不同，因此经抛光和浸蚀之后，在显微镜下极易看出，其形态为条带状，有时呈透镜状，如图 7-4 所示。

当晶体以孪生方式进行变形时，孪生面和孪生方向与晶体的结构类型有关，如体心立方晶体的孪生面一般是{112}，孪生方向是<111>；密排六方晶体的孪生面是{1012}，孪生方向<1011>；面心立方晶体的孪生面是{111}，孪生方向是<112>。图 7-5 所示为面心立方晶体的孪生变形过程示意图。与滑移相似，孪生也是在切应力的作用下发生的，但孪生所需的临界切应力远远高于滑移时的临界切应力。因此，只有在滑移很难进行的条件下，晶体才发生孪生变形。如一些具有密排六方结构的金属滑移系较少，在晶体取向不利于滑移时常以孪生方式进行塑性变形。具有体心立方结构的金属如 α-Fe 等滑移系较多，只有在室温以下或受到冲击载荷作用时才发生孪生变形。而具有面心立方结构的金属，由于其对称性高，滑移系多，滑移面和孪生面又都是同一晶面，滑移方向和孪生方向的夹角又不大[如图 7-5(a)所示]，所以很少发生孪生变形。

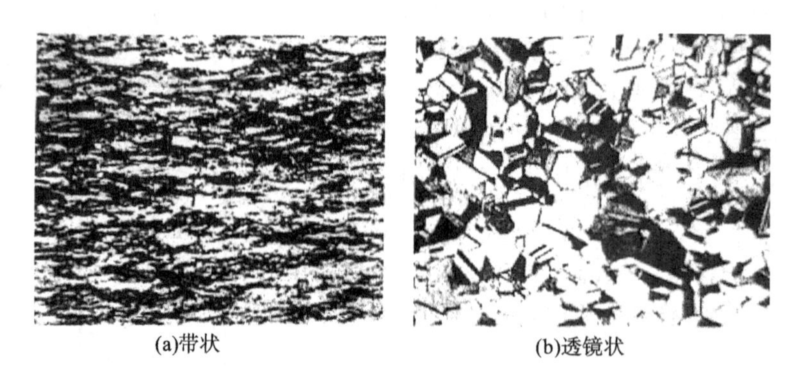

图 7-4　孪生显微组织

与滑移相比，孪生本身对晶体塑性变形的直接贡献不大，但是由于孪晶的形成改变了晶体的位向，从而使其中某些原来处于不利取向的滑移系转变到有利于发生滑移的位置，于是，可以激发进一步的滑移变形，使金属的变形能力得到提高。

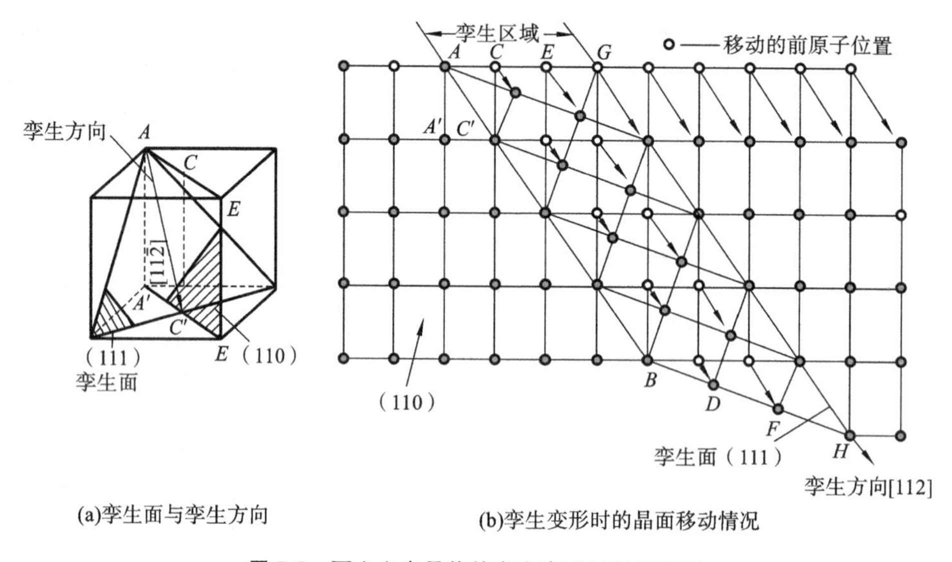

图 7-5　面心立方晶体的孪生变形过程示意图

7.1.2　多晶体的塑性变形

1. 多晶体变形的特点

多晶体是由许多位向不同、形状不同，甚至化学成分和性能也不完全相同的单晶体组成。因此，多晶体的塑性变形是许多单晶体变形过程的综合。在多晶体中，由于各个晶粒的位向不同，且有大量晶界的存在，因此多晶体的塑性变形比单晶体的塑性变形复杂得多，主要体现在以下几个方面。

1）变形和应力分布不均匀

由于各晶粒的位向不同及晶界的存在，多晶体中各个晶粒之间的变形不均匀，而且每一个晶粒内部的变形也是不均匀的。

2）变形抗力提高

在多晶体中由于各个晶粒的位向不同，在一定外力作用下不同晶粒的各滑移系的分切应力值相差很大。因此，各晶粒不是同时发生塑性变形的。处于软位向的晶粒，其滑移方向上的分切应力首先达到临界分切应力，开始产生滑移，滑移面上的位错源开动，源源不断的位错沿着滑移面进行运动。但其周围处于硬位向的晶粒，滑移系中的分切应力尚未达到临界值，所以位错不能越过晶界，滑移不能直接延续到相邻晶粒。于是位错在晶界处受阻，形成位错的平面塞积群，如图 7-6 所示。

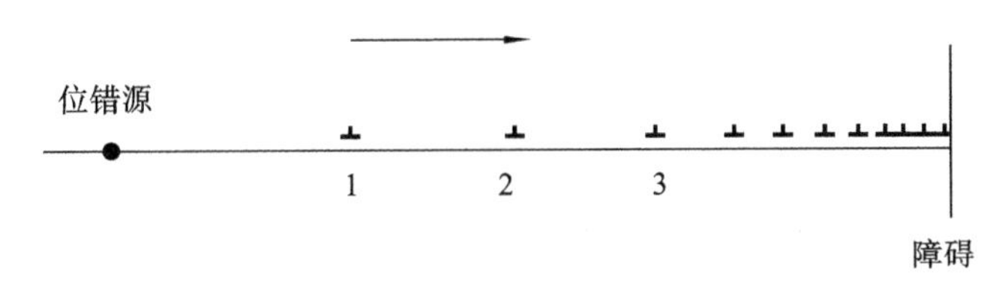

图 7-6　位错塞积示意图

位错平面塞积群在其前沿附近区域造成很大的应力集中，随着外力的增加，应力集中也随之增大，这一应力集中值与外力相叠加，最终使相邻晶粒某些滑移系中的分切应力达到临界值。于是，位错源也开始启动，并产生相应的滑移。这样，塑性变形便从一个晶粒传递到另一个晶粒，一批批晶粒如此传递下去，便使整个试样产生了宏观的塑性变形。一般来说，晶粒中心区域变形量较大，晶界及其附近区域变形量较小。如图 7-7 所示为两个晶粒的试样变形前后的形状，经拉伸变形后，在晶界附近出现竹节状。

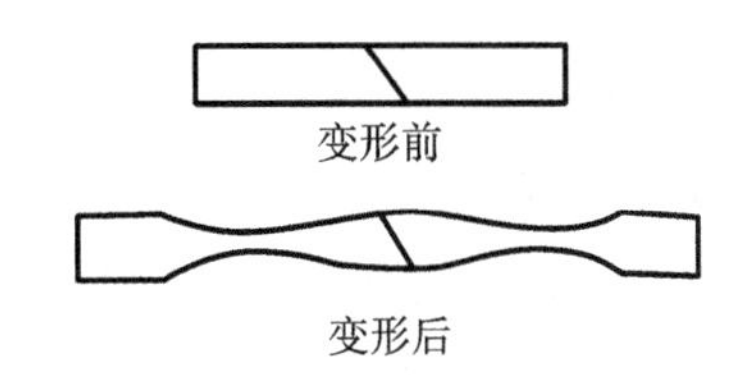

图 7-7　两个晶粒的试样拉伸时的变形

3）变形方式多样化

由于多晶体的每个晶粒都处于其他晶粒的包围之中，因此它的变形不是孤立的和任意的，必须要与邻近的晶粒相互协调配合，不然就难以进行变形，甚至不能保持晶粒之间的连续性，会造成空隙而导致材料的破裂。为了与先变形的晶粒相协调，就要求相邻晶粒不只在取向最有利的滑移系中进行滑移，还必须有几个滑移系，其中包括位向并非有利的滑移系上同时进行滑移。这样才能保证其形状做各种相应的改变。

2. 晶粒大小对塑性变形的影响

实践表明，多晶体金属常温下的屈服强度随其晶粒细化而提高，即反映了常温下晶界的强化作用。例如，钢的屈服强度 σ_s 与晶粒直径平方根的倒数 $d^{-1/2}$ 呈线性关系。对其他金属材料的实验也证实了这样的关系。故可以得到常温下屈服强度与晶粒直径之间的关系式，式(7-2)为著名的霍尔-佩奇(Hall-Petch)公式：

$$\sigma_s = \sigma_0 + K d^{-\frac{1}{2}} \tag{7-2}$$

式中：K——常数；

σ_0——晶内对变形的阻力，大体相当于单晶体金属的屈服强度；

K——晶界对强度影响的程度，它与晶界结构有关，而与温度关系不大；

d——多晶体中各晶粒的平均直径。

另外，当金属晶粒细小而均匀时，不仅常温下强度较高，而且通常具有较好的韧性和塑性。这是因为晶粒越细，在一定体积内的晶粒数目越多，在同样变形量下，变形分散在更多的晶粒内进行，晶粒内部和晶界附近的应变度相差较小，变形较均匀，相对来说，引起应力集中减小。使材料在断裂之前承受较大的变形量，所以可以得到较大的伸长率和断面收缩率。此外，晶粒越细，晶界越曲折，越不利于裂纹的传播，从而在断裂过程中可以吸收更多的能量，表现出较高的韧性。

7.2 冷塑性变形对金属组织与性能的影响

7.2.1 塑性变形对金属性能的影响

1. 产生加工硬化

在塑性变形过程中，随着金属内部组织的变化，金属性能将发生变化，变化最显著的是金属的力学性能。金属材料经冷塑性变形后，随着变形程度的增加，强度、硬度显著提高，而塑性、韧性下降，这一现象称为加工硬化或形变强化。又如碳质量分数 w_C 为 0.3010%的碳钢，变形程度为 20%时，抗拉强度由原来的 500 MPa 升高到 700 MPa，当变形程度为 60%时，则抗拉强度提高到 900 MPa。

加工硬化现象在工程技术中具有重要的实用意义。首先可利用加工硬化来强化金属，提高金属的强度、硬度和耐磨性。特别是对那些不能用热处理强化的材料来说，用加工硬化方法提高其强度就显得更加重要。如塑性很好而强度较低的铝、铜及其合金和某些不锈钢等，在生产上往往制成冷拔棒材或冷轧板材供应用户。

此外，加工硬化也是工件能够用塑性变形方法成形的重要因素。例如金属薄板在冲压过程中弯角处变形最严重，首先产生加工硬化，因此该处变形到一定程度后，随后的变形就转移到其他部分，这样便可得到厚薄均匀的冲压件。

加工硬化还可以在一定程度上提高构件在使用过程中的安全性。因为构件在使用过程中，某些部位(如孔、键、槽、螺纹以及截面过渡处)易出现应力集中和过载荷现象。此时过载部位的金属会产生少量塑性变形，提高了屈服强度并与所承受的应力达到了平衡，变形就不会继续发展，从而在一定程度上提高了构件的安全性。

加工硬化也有其不利的一面，由于它会使金属塑性降低，给进一步冷塑性变形带来困难，并使压力加工时能量消耗增大。为了使金属材料能继续变形，必须进行中间热处理来消除加工硬化现象，这就增加了生产成本，降低了生产率。

2. 塑性变形对其他性能的影响

塑性变形除了影响金属的力学性能外，也会使金属的某些物理性能、化学性能发生变化。例如，使金属及合金的电阻增加，导电性能下降。塑性变形还能提高金属的内能，使其化学活性提高、腐蚀速度加快等。

7.2.2　冷塑性变形对金属组织的影响

1. 显微组织的变化

金属与合金在外力作用下发生塑性变形后，随着外形的变化，金属内部晶粒形状也由原来等轴晶粒变为沿变形方向伸长的晶粒，同时晶粒内部出现了滑移带。当变形程度很大时，可观察到晶粒被显著拉伸成纤维状，这种呈纤维状的组织称为纤维组织，如图 7-8 所示。纤维的分布方向，即金属变形时的伸展方向。当金属中有杂质存在时，杂质也沿变形方向拉长为细带状（塑性杂质）或粉碎成链状（脆性杂质）。这时光学显微镜已经分辨不清晶粒和杂质。

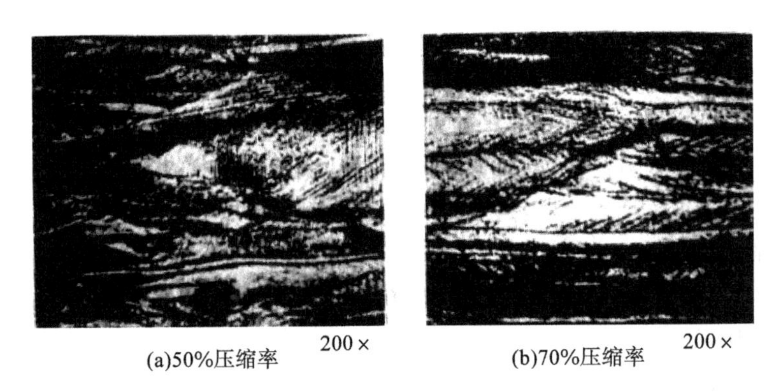

(a)50%压缩率　　(b)70%压缩率

图 7-8　低碳钢冷塑性变形后的纤维组织

形成纤维组织后，金属会具有明显的方向性，其纵向（沿纤维方向）的力学性能高于横向（垂直纤维方向）的力学性能。

2. 亚结构的细化

实际晶体的晶粒内存在着许多尺寸很小、位向差也很小的亚结构。铸态金属发生塑性变形前，其亚结构直径约为 10^{-2} cm，冷塑性变形后，亚结构直径细化至 $10^{-6}\sim10^{-4}$ cm，图 7-9所示为低碳钢中的形变亚结构显微组织。

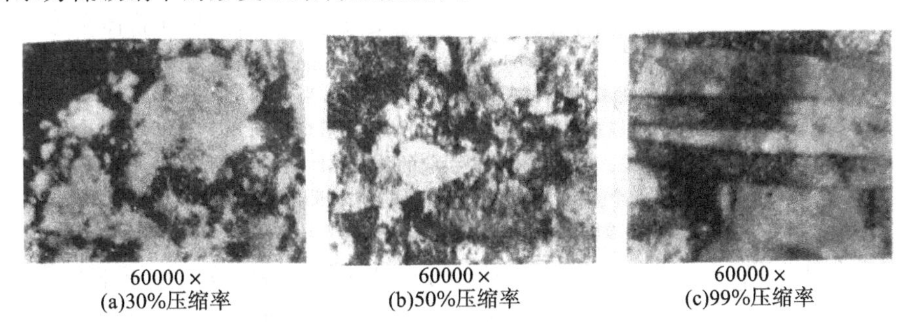

(a)30%压缩率　　(b)50%压缩率　　(c)99%压缩率

图 7-9　低碳钢中的形变亚结构显微组织

在亚晶界的边界上聚集有大量的位错，存在着严重的晶格畸变，而亚晶粒的内部结构则相对比较完整，图 7-10 所示为金属塑性变形后的亚结构示意图。亚结构的出现对滑移过程的进行有巨大的阻碍作用，使晶体的变形抗力大大提高，这是导致加工硬化的重要原因之一。有时亚结构对金属晶体的强化作用甚至比固溶强化还要大。

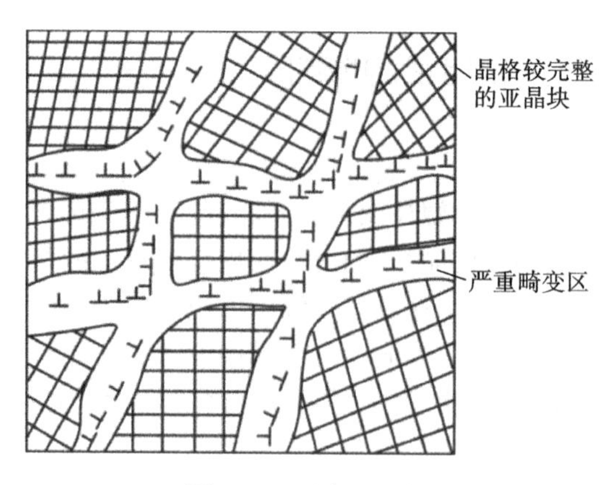

图 7-10　形变亚结构

3. 形成变形织构

与单晶体一样，多晶体金属在发生塑性变形时，也伴随着晶体的转动过程，故随着变形程度的增加，多晶体中原为任意取向的各个晶粒会逐渐调整其取向而彼此趋于一致，这种由于塑性变形的结果，而使晶粒具有择优取向的组织称为“变形织构”。

同一种材料随着加工方式的不同，可能出现不同类型的织构。

(1) 丝织构：丝织构在拉拔时形成，其特征是各晶粒的某一晶向与拉拔方向平行或接近平行，如图 7-11 所示。

(2) 板织构：板织构在轧制时形成，其特征是各晶粒的某一晶面平行于轧制平面，而某一晶向平行于轧制方向，如图 7-12 所示。

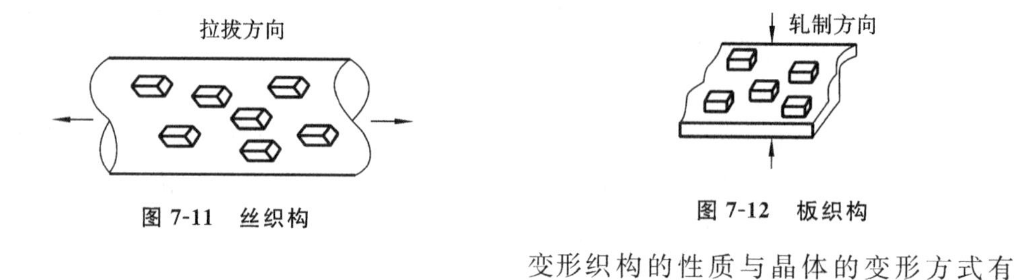

图 7-11　丝织构

图 7-12　板织构

变形织构的性质与晶体的变形方式有关。一般情况下，当金属的冷变形量达到 10%～20% 时，择优取向便达到了可以察觉的程度。当金属的冷变形量达到 80%～90%时，会使多晶体金属性能呈明显的各向异性。这种织构现象引起的各向异性在生产上有时是不利的。例如冲击薄板零件时，由于材料各个方向的变形能力的不同，使冲压出来的筒状零件边缘不齐，壁厚不均，即产生所谓“制耳”现象，如图 7-13 所示。

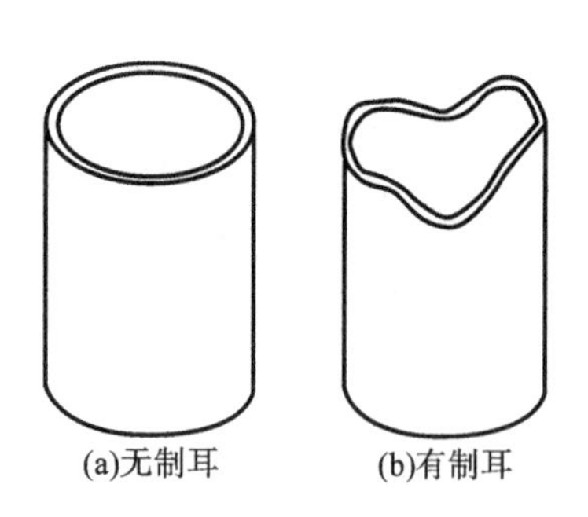

图 7-13　因变形织构所造成的“制耳”现象

但在某些情况下织构的存在却是有利的。例如，变压器铁芯用的硅钢片，沿某一晶向最易磁化，若在工作时使此晶向平行于磁场方向，则可使变压器铁芯的磁导率明显增加，磁滞损耗降低，从而提高了变压器的效率。

此外,塑性变形的不均匀性将使金属材料内部产生不均匀的内应力分布,它不仅使材料变脆而且使其防腐蚀能力降低,缩短了材料的使用寿命。

4. 残余应力的产生

金属材料在塑性变形过程中由于其内部变形的不均匀,导致在变形后仍残留于金属材料内的应力,称为残余应力。所谓内应力,是指当外部荷载去掉以后,仍残存在物体内部的应力。它是由于材料内部宏观或微观的组织发生了不均匀的体积变化而产生的。因此,残余应力是内应力的一种类型。

残余应力的存在容易引起零件尺寸不稳定,并降低零件的耐腐蚀性。当残余应力与工作应力方向一致时,会明显地降低工件的承载能力。但生产中也常有意控制残余应力分布,使其与工作应力方向相反,以提高工件的力学性能。例如,工件经表面淬火、化学热处理、喷丸或滚压等方法处理后,因其表层具有残余的压应力,使其疲劳极限显著提高。

7.3 回复与再结晶

冷塑性变形后的金属,其组织结构发生了改变,而且由于金属各部分变形不均匀,在金属内部形成残余应力,使金属处于不稳定状态,具有自发地恢复到原来稳定状态的趋势。常温下,原子活动能力比较弱,这种不稳定状态要经过很长时间才能逐渐过渡到稳定状态。如果对冷塑性变形后的金属加热,由于原子活动能力增强,就会迅速发生一系列组织与性能的变化,使金属恢复到变形前的稳定状态,如图7-14所示。

冷塑性变形后的金属在加热过程中,随加热温度的升高,要经历回复、再结晶、晶粒长大三个阶段的变化。

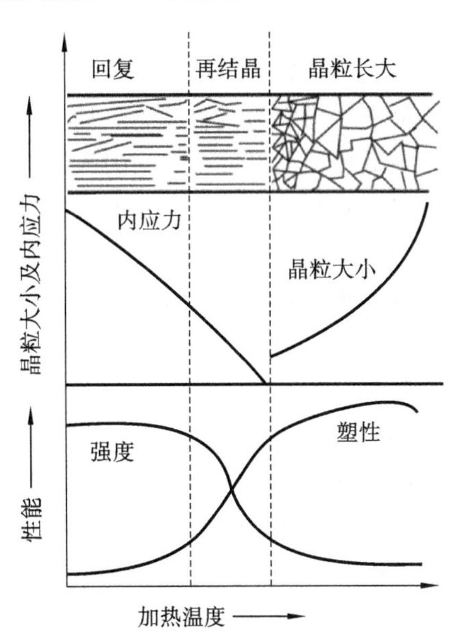

图7-14 加热温度对冷塑性变形金属组织和性能的影响

7.3.1 回复

回复是指经冷塑性变形的金属在加热时,在光学显微组织发生改变前(即在再结晶晶粒形成前)所产生的某些亚结构和性能的变化过程。将冷变形金属加热到不高的温度时,变形金属的显微组织无显著变化,晶粒仍保持纤维状或扁平状的变形组织。此时,金属机械性能如硬度、强度、塑性变化不大,但某些物理、化学性能发生明显变化,如电阻显著减小,抗应力腐蚀能力则提高,内应力基本消除。

一般认为,回复是点缺陷和位错在加热时发生运动,从而改变它们的组态分布和数量的过程。在低温加热时,点缺陷主要是空位比较容易移动,它们可以移至晶界或位错处而消失,也可以聚合起来形成空位对、空位群,还可以和间隙原子相互作用而消失,结果使点缺陷的密度明显下降。

在生产上应用的去应力退火即回复处理,就是利用回复过程使冷加工的金属件在基本保持加工硬化状态的条件下，降低其内应力，以减轻变形和翘曲，并改善工件的耐蚀性，降低电阻率。如用冷拉钢丝卷制弹簧时，在卷成之后，要在250～300 ℃进行退火，以降低内应力并使之定形，而硬度和强度基本保持不变。此外，对铸件和焊接件加工后及时进行去应力退火以防止变形和开裂，也是通过回复过程来实现的。

7.3.2 再结晶

1. 再结晶温度与影响因素

当变形金属被加热到较高温度时，由于原子活动能力增大，晶粒的形状开始发生变化，在原先亚晶界上的位错大量聚集处，形成了新的位错密度低的结晶核心，并不断长大为稳定的等轴晶粒，取代被拉长及破碎的旧晶粒。由此可见，再结晶的过程也是一个形核和长大的过程。结晶核心之所以出现在位错聚集的地方，是因为那里原子能量最高，最不稳定。值得指出的是，再结晶过程并不是一个相变过程，因为再结晶前后新旧晶粒的晶格类型和成分完全相同，不同的仅仅是新晶粒中的晶体缺陷减少了，内应力消失了。

经再结晶后，金属的强度、硬度下降，塑性明显升高，加工硬化现象消除。因此再结晶在生产上主要用于冷塑性变形加工过程的中间处理，以消除加工硬化作用，便于下道工序的继续进行。例如，冷拉钢丝在最后成形前常常要经过几次中间再结晶退火处理。

由于再结晶不是一个恒温过程，它是在一个温度范围内发生的，因此变形金属的再结晶能否实现，与其加热温度有直接关系。温度过低，不能发生再结晶；温度过高，又会发生晶粒长大。一般所说的再结晶温度指的是最低再结晶温度（$T_{再}$），通常用大变形量（70%以上）的冷塑性变形金属，经过1 h加热后能完全再结晶的最低温度来表示。对于纯金属来说，最低再结晶温度通常为该金属熔点的0.35～0.4倍。

最低再结晶温度与下列因素有关。

(1) 预先变形度：金属再结晶前塑性变形的相对变形量称为预先变形度。预先变形度越大，金属的晶体缺陷就越多，组织越不稳定，最低再结晶温度也就越低。当预先变形度达到一定大小后，金属的最低再结晶温度趋于某一稳定值。

(2) 金属的熔点：熔点越高，最低再结晶温度也就越高。

(3) 杂质和合金元素：由于杂质和合金元素特别是高熔点元素阻碍原子扩散和晶界迁移，可显著提高最低再结晶温度。例如高纯度铝(99.999%)的最低再结晶温度为80 ℃，而工业纯铝(99.0%)的最低再结晶温度提高到了290 ℃。

(4) 加热速度和保温时间：再结晶是一个扩散过程，需要一定时间才能完成。提高加热速度会使再结晶在较高温度下发生，而保温时间越长，再结晶温度越低。

2. 晶粒的长大

冷变形金属在再结晶刚完成时，一般得到细小的等轴晶粒组织。如果继续提高加热温度或延长保温时间，将引起晶粒进一步长大，称为晶粒长大现象。晶粒长大是个自发过程，它能减少晶界的总面积，从而降低总的界面能，使组织变得更稳定。晶粒长大的驱动力是晶粒长大前后总的界面能差。晶粒的长大是大晶粒吞并小晶粒的过程。晶粒的粗大会使金属的强度，尤其是塑性和韧性降低。

3. 再结晶后晶粒的晶粒度

晶粒大小影响金属的强度、塑形和韧性，因此生产上非常重视控制再结晶后的晶粒度，特别是对那些无相变的钢和合金。影响再结晶后晶粒的晶粒度的主要因素是加热温度和预先变形度。

(1) 加热温度：加热温度越高，原子扩散能力越强，则晶界越易迁移，晶粒长大也越快。

(2) 预先变形度：变形度对再结晶退火后的晶粒大小的影响较复杂。其影响的一般规律如图 7-16 所示。变形度很小时，因不足以引起再结晶，晶粒不变。当变形度达到 2%～10%时，金属的少数晶粒变形，变形分布很不均匀，所以再结晶时生成的晶核少，晶粒大小相差极大，非常有利于晶粒发生吞并过程而很快长大，结果得到极粗大的晶粒。使晶粒发生异常长大的变形度称作临界变形度。生产上应尽量避免临界变形度的加工。超过临界变形度之后，随变形度的增大，晶粒的变形更加强烈和均匀，再结晶核心越来越多，因此再结晶后的晶粒越来越细小。但是当变形度过大(≥90%)时，晶粒可能再次出现异常长大，一般认为它是由形变织构造成的。

由于塑性变形后的金属加热发生再结晶后，可消除加工硬化现象，恢复金属的塑性和韧性，因此生产中常用再结晶退火工艺来恢复金属塑性变形的能力，以方便继续进行形变加工。例如生产电阻丝时，在冷拔到一定变形度后，要进行氢气保护再结晶退火，以继续冷拔获得更细的丝材。为了缩短处理时间，实际采用的再结晶退火温度比该金属的最低再结晶度要高 100～200 ℃。

7.4　金属的热加工

钢材及许多其他金属在生产过程中大多是经热变形加工的，塑性变形所产生的加工硬化会立即被产生的再结晶所抵消。这种在再结晶温度以上进行的加工称为热加工。适当的热加工可以破碎铸锭中的树枝晶，减轻枝晶偏析，焊合疏松与气孔，改善夹杂物或脆性相的形貌、大小与分布，提高金属质量与性能。

7.4.1　金属的热加工与冷加工

压力加工是利用塑性变形的方法使金属成形并改性的工艺。但是由于在常温下进行塑性变形会引起金属的加工硬化，使变形抗力增大，所以对某些尺寸较大或塑性低的金属(如 W、Mo、Cr、Mg、Zn 等)来说，常温下进行塑性变形十分困难，生产上往往采用在加热条件下进行塑性变形。从金属学角度来看，区分冷加工与热加工的界限是金属的再结晶温度。在再结晶温度以下进行塑性变形称为冷加工；在再结晶温度以上进行塑性变形称为热加工。例如铅的再结晶温度在 0 ℃以下，因此，在室温下对铅进行塑性变形加工已属于热加工，而钨的再结晶温度约为 1200 ℃，因此，即使在 1000 ℃进行变形加工也属于冷加工。

在热加工过程中，金属内部同时进行着加工硬化和回复、再结晶软化两个相反的过程。不过这时的回复、再结晶是边加工边发生的，因此称为动态回复和动态再结晶。而把变形中断或终止后保温过程中，或者在随后的冷却过程中所发生的回复与再结晶称为静态回复和静态再结晶，后者与前面讨论的回复与再结晶是一致的。

金属材料的热加工须控制在一定温度范围之内，热加工上限温度一般控制在固相线以下 100～200 ℃范围内，如果超过这一温度，就会造成晶界氧化，使晶粒之间失去结合力，塑性降低。热加工的下限温度一般应在再结晶温度以上一定范围，如果超过再结晶温度过多，会造成晶粒粗大，如低于再结晶温度则会使变形组织保留下来。

7.4.2 热加工后的组织与性能

1. 改善铸锭组织

通过热加工可使钢中的组织缺陷得到明显的改善，如气孔和疏松被焊合，使金属材料的致密度增加，铸态组织中粗大的柱状晶和树枝晶被破碎，使晶粒细化，某些合金钢中的大块初晶或共晶碳化物被打碎，并较均匀分布，粗大的夹杂物也可被打碎，并均匀分布。由于在温度和压力作用下原子扩散速度加快，因而偏析可部分得到消除，使化学成分比较均匀，这些都使材料的性能得到明显的提高。

2. 使晶粒细化

正常的热加工一般可使晶粒细化。但是晶粒能否细化取决于变形量、热加工温度，尤其是终锻(轧)温度及锻(轧)后冷却等因素。一般认为增大变形量，有利于获得细晶粒，当铸锭的晶粒十分粗大时，只有足够大的变形量才能使晶粒细化。特别注意不要在临界变形度范围内加工，否则会得到粗大的晶粒组织。变形度不均匀，则热加工后的晶粒大小往往也不均匀。当变形量很大(＞90％)，且变形温度很高时，容易引起二次再结晶，得到异常粗大的晶粒组织。终锻(轧)温度如高于再结晶温度过多，且锻(轧)后冷却速度过慢，也会造成晶粒粗大。终锻(轧)温度过低，又会造成加工硬化和残余应力。因此，应对热加工工艺进行认真控制，以获得细小均匀的晶粒，提高材料的性能。

3. 形成纤维组织

在热加工过程中铸态金属的偏析、夹杂物、第二相、晶界等逐渐沿变形方向延伸。其中硅酸盐、氧化物、碳化物等脆性杂质与第二相破碎呈链状，塑性夹杂物如 MnS 等则变成带状、线状或条状。在宏观试样上沿着变形方向呈现一条条的细线，这就是热加工钢中的流线。由一条条流线勾画出来的组织称为纤维组织。

显然金属中纤维组织的形成将使其力学性能呈现出各向异性，沿着流线方向比垂直于流线方向具有较高力学性能。特别是塑性和冲击韧性。在制订热加工工艺时，必须合理地控制流线的分布情况，尽量使流线方向与应力方向一致。对所受应力比较简单的零件，如曲轴、吊钩、扭力轴、齿轮、叶片等，尽量使流线分布形态与零件的几何外形一致，并在零件内部封闭，不在表面露头，这样可以提高零件的性能。

4. 形成带状组织

复相合金中的各个相，在热加工时沿着变形方向交替地呈带状分布，这种组织称为带状组织，在经过压延的金属材料中经常出现这种组织，但不同材料中产生带状组织的原因不完全一样。一种是在铸锭中存在着偏析和夹杂物，压延时偏析区和夹杂物沿变形方向伸长成带条状分布，冷却时即形成带状组织。例如含磷偏高的亚共析钢内，铸态时树枝晶间富磷贫碳，由于磷在钢中的扩散速度比铁缓慢得多，因此，即使经过热加工也难以消除，它们沿着金属的变形方向被延伸拉长，并使钢的 A_3 升高。当奥氏体冷却到 A_3 温度时，先共析铁素体

优先在这种富磷贫碳的地带形核并长大，形成铁素体带，而铁素体两侧的富碳地带则随后转变成珠光体带。

带状组织使金属材料的机械性能产生方向性，特别是横向的塑性和韧性明显降低，使材料的切削性能恶化。对于高温下能获得单相组织的材料，带状组织有时可用正火来改善，但严重的磷偏析引起的带状组织必须采用高温扩散退火及随后的正火加以改善。

7.5　金属的强化机制

使金属强度（主要是指屈服强度）增大的过程称为强化。因此强化金属就是提高其屈服强度。对于单晶体金属，屈服强度是塑性变形开始时滑移系上的临界切应力。但对组织状态复杂的金属材料，屈服强度则是使塑性变形能在金属中传播，从而使整个金属产生宏观塑性变形的应力。也就是说，它是使位错开动、增殖并在金属中传播的应力。

金属材料强化途径一般分为以下两种。

（1）提高金属原子间结合力，完全消除或尽可能减少晶体中的位错和其他缺陷，抑制位错源的开动，从而使金属材料接近金属晶体的理论强度。

（2）大大增加晶体缺陷密度，在金属中造成尽可能多的阻碍位错运动的障碍。通常采用的合金化强化、加工硬化和热处理强化就是主要的工艺手段。

目前虽然能够制出无位错的高强度的金属晶体，但实际应用它还存在困难，因为这样获得的高强度是不稳定的，对于操作效应和表面情况非常敏感，而且位错一旦产生后，强度就大大下降。因而，对于工程实际应用的金属材料而言，强化机制的基本出发点是抑制位错源的开动，设法增大金属中位错滑动的阻力，阻碍位错运动。阻碍位错运动的根本原因，是晶体中的点阵缺陷。即位错以各种形式与各种点阵缺陷交互作用，而使位错运动受到阻碍。

工程中的金属材料具有形式复杂多样的组织状态，其基本组成部分为基体、界面和第二相。各部分都能以不同的形式阻碍位错的运动。每种阻碍方式就是一种强化金属的方法，其中主要的强化作用有以下几种方式：固溶强化、细晶强化、形变强化和第二相强化。需要指出的是，由于不同的应用背景，强化方式的分类、范畴和名称可能有所不同。如所谓合金强化一般包括固溶强化和沉淀强化，相变强化包括时效沉淀强化和马氏体相变强化，第二相强化有时也被称为析出强化。

实际的材料往往会综合有多种强化机制，钢中马氏体相变强化就是这样一种强化机制，它实际上是固溶强化、弥散强化、形变强化、细晶强化的综合效应。因此，通过对以上几种方式单独或综合加以运用，便可以有效地提高金属材料的强度以满足实际工程上的需要。

7.5.1　固溶强化

当溶质原子溶入基体金属中形成固溶体强化金属时，称为固溶强化。一般来说随着固溶度的增加合金强度明显增加。加入合金元素强化固溶基体是提高金属材料强度的一种重要方法。

当合金元素作为溶质原子溶入固溶体时，固溶体的状态和性质发生了变化，在许多方面与溶剂金属不同。此外，固溶体中的溶质原子在溶剂金属中的分布是不均匀的。

研究表明，固溶强化的程度，一方面在不超过固溶体极限的情况下，加入合金元素量越多，强化效果越明显。另一方面与溶质原子和溶剂原子尺寸差有关，尺寸差越大，由溶质原子引起的点阵畸变越大，从而导致位错滑移更困难，固溶强化效果则越好。

值得注意的是，一种元素的固溶强化作用有时受溶解度的限制。并且强化效果越大的元素，溶解度往往越小。这是因为固溶强化效果大的元素与溶剂原子的体积差、价电子差，以及其他性能差别也很大，这些正是限制溶解度的因素。因此工业上多采用多元微量合金化方法进行固溶强化。此外，固溶强化作用越大，塑性和韧性下降越明显，在固溶强化的同时，还要考虑对塑性和韧性的影响。

7.5.2 细晶强化

工程中的金属材料是由大量晶粒组成的多晶体。在两个晶粒之间有晶界，它不能离开两侧的晶粒而单独存在，但它又是具有特殊结构的一个层区，其厚度约为几个原子层。晶界因其特殊的结构而表现出特殊的性能，当晶粒变形时位错不能穿越晶界层，晶界成为位错运动的障碍，进而阻碍了材料变形的产生，如图 7-15 所示。此外，晶界本身的强度随温度改变而变化，当温度低于 $0.5T_{熔}$ 时晶界层的强度比晶内高，成为强化层；当温度高于 $0.5T_{熔}$ 时晶界层的强度低于晶粒内部，能产生黏滞流动，晶界成为弱化层。因此对于一般金属材料而言，在室温下晶界本身就是一种强化因素。

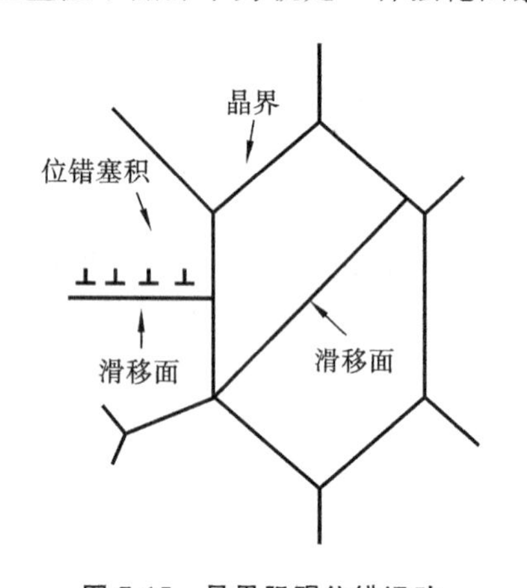

图 7-15 晶界阻碍位错运动

室温下，通过细化晶粒增加晶界数量、增加塑性变形抗力以提高金属材料强度的方法称为晶界强化，也称为细晶强化。晶界强化机制是：多晶体中各个晶粒塑性变形开始的先后顺序不同。由于晶界的存在，引起在晶界处产生弹性变形不协调和塑性变形不协调，进而在晶界处诱发应力集中，以维持两晶粒在晶界处的连续性。导致晶界附近引起二次滑移，使位错迅速增殖，形成加工硬化微区，阻碍位错运动。此外，由于晶界存在，使滑移位错难以直接穿越晶界，从而破坏了滑移系统的连续性，阻碍了位错的运动。

总之，由于晶界的存在而使位错运动受阻，从而使金属强化。晶界强化的出发点是增加晶界以阻碍位错运动。金属晶粒越细，晶界越多，阻碍位错运动的作用越大，需要协调的具有不同位向的晶粒越多，金属塑性变形的抗力越高，表现为强化效果越好。

值得说明的是，由于晶粒越细，造成裂纹所需要的应力集中越难，且裂纹传播所消耗的能量越高，裂纹在不同位向的各个晶粒内传播越困难，细化晶粒不但是重要的强化机制，还是理想的韧化方法，这是其他强化机制所不具有的。因此工业生产中常常采用控制铸造、轧制及热处理工艺细化晶粒，以达到强化金属材料的目的。

7.5.3　形变强化(位错强化)

形变强化是指金属材料在再结晶温度以下进行冷变形，强度硬度增加，而塑性韧性下降，亦称为加工硬化。图 7-16 表示几种常见金属的抗拉强度随变形度增大而升高的情况。形变强化是金属材料常用的强化方法之一，适用于工业纯材料、固溶体型合金及热处理强化效果不佳的多相合金。形变强化主要着眼于位错数量与组态对塑变抗力的影响。一般而言，形变强化是指用增加位错密度来提高金属强度的方法，因此又被称为位错强化，如图 7-17所示。

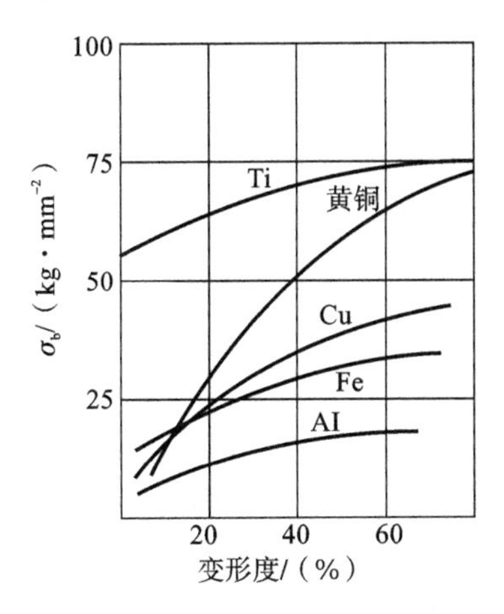

图 7-16　几种常见金属的抗拉强度与变形度的关系

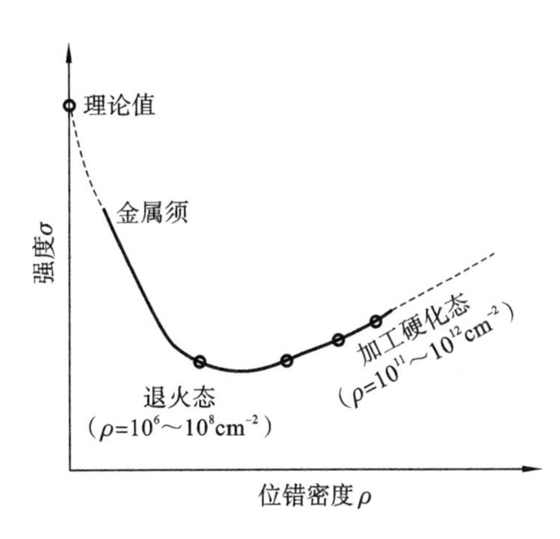

图 7-17　金属的强度与其中位错密度之间的关系

从形变强化机制可以看出，添加合金元素应着眼于使塑性变形时位错易于增殖，或易于分解，以提高金属材料的加工硬化能力，具体途径如下。

（1）细化晶粒。通过增加晶界数量，使晶界附近因变形不协调诱发几何上需要的位错，同时还可使晶粒内位错塞积群的数量增多。

（2）形成第二相粒子。当位错遇到第二相粒子时，希望位错绕过第二相粒子而留下位错圈，使位错数量迅速增多。

（3）促进淬火效应。淬火后希望获得板条马氏体，造成位错型亚结构。

（4）降低层错能。通过降低层错能，使位错易于扩展和形成层错，增加位错交互作用，防止交叉滑移。

7.5.4　第二相强化

第二相是指合金中除基体外的其他相。一般情况下，第二相硬而脆且数量较少。多相合金的组织，概括来说，是在较软的基体上分布着较硬的第二相。合金的力学性能与第二相的性质，第二相与基体的结合力，第二相的形成方式、形态和分布密切相关。

第二相强化是指弥散分布于合金基体组织中的第二相粒子可成为阻碍位错运动的有效障碍，是一种用于强化金属材料的有效方法之一。第二相强化的出发点是利用第二相粒子阻碍位错运动。第二相强化的机制是运动着的位错遇到滑移面上的第二相粒子时，或切过或绕过，使滑移变形继续进行。该过程要消耗额外的能量，故需要提高外加应力，所以造成强化。根据强化机理不同，通常将第二相强化进一步分为沉淀强化和弥散强化两种。

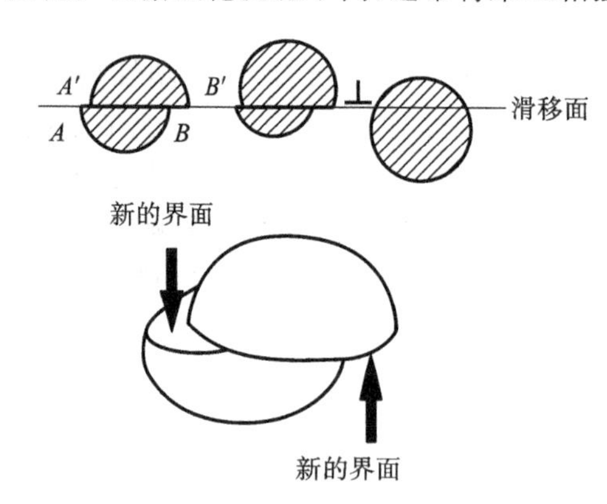

图 7-18 沉淀强化中位错切过粒子机制

1. 沉淀强化

沉淀强化又称为时效强化(着眼于切过第二相粒子)，是指第二相粒子自固溶体沉淀(或脱溶)而引起的强化效应。其物理本质是沉淀相粒子及其应力场与位错发生交互作用，阻碍位错运动。同时，由于位错切过第二相，破坏了第二相的结构，增加了新界面，增加了能量的消耗，从而强化了金属材料，如图 7-18 所示。产生沉淀强化的条件是第二相粒子能在高温下溶解，并且其溶解度随温度降低而下降。

在固溶度随温度降低而减小的合金系中，当合金元素含量超过一定限度后，淬火可获得过饱和固溶体。在较低的温度加热时效，过饱和固溶体将发生分解，析出弥散的第二相，引起合金的强化。例如，铝合金要想获得高强度，必须配合以淬火时效处理，实现强度、硬度的增加。因此，沉淀强化是铝、镁、钛等金属材料常用的有效强化手段。

实验证明，过饱和固溶体的分解需要经过一个过程，一般对大多数合金来说，开始是溶质元素扩散、偏聚，形成无数溶质元素富集的亚显微区域；随着时效时间的延长，或时效温度的升高，富集区长大为过渡相(具有与母相共格的过渡晶体结构)，这种在沉淀过程中形成均匀、弥散分布的共格或半共格过渡相，在铝基体中强烈阻碍位错运动，提高合金强度。而后才形成析出相(具有独立的非共格的晶体结构)。

2. 弥散强化

弥散强化又称为过剩相强化(着眼于绕过第二相粒子)，是指通过在合金组织中引入弥散分布的硬粒子，阻碍位错运动，产生强化的效应，如图 7-19 和图 7-20 所示。

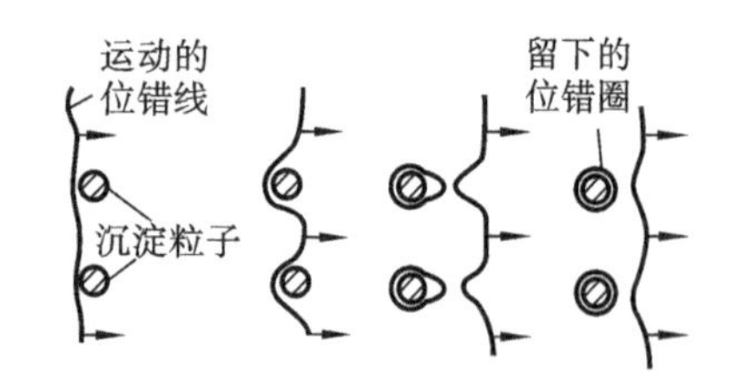

图 7-19 弥散强化中位错绕过粒子机制

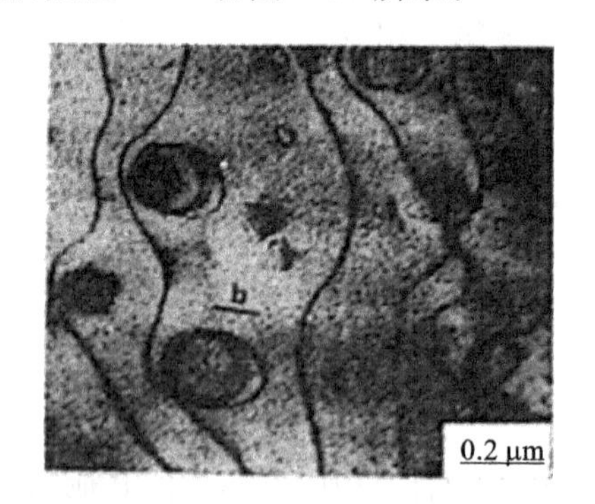

图 7-20 Ni 合金中位错绕过 Ni3Al 相的电镜照片

过量的合金元素加入基体金属中，一部分溶入固溶体，超过极限溶解度的部分则不能溶入，形成过剩的第二相。由于一般过剩相强度硬度较高，因此对合金具有强化作用。

弥散强化与第二相的形态、大小、数量和分布有关。第二相呈等轴状、细小和均匀分布时，强化效果较好。第二相粗大、沿晶界分布或呈针状，特别是粗大针状时，合金变脆，而且

强度也不高。

通常第二相硬粒子本身不变形，位错难以切过。作为强化相的硬粒子有两个基本要求，一是其弹性模量要远高于基体弹性模量；二是要与基体呈非共格关系。这是从实用上把强化相粒子是否与基体具有共格关系看作区分弥散强化与沉淀强化的界限。

沉淀强化中第二相极为细小，弥散度大，在光学显微镜下观察不到；而弥散强化中第二相粗大，用低倍光学显微镜即可清楚看到。

此外，无论是沉淀强化，还是弥散强化，两者的强化机制存在共性，有时统称为弥散强化。其强化效果都与第二相粒子间距有关。在时效处理时，当第二相充分析出，数量达到最多，但第二相粒子还没有开始长大，此时第二相粒子间距最小，合金强度最高。当第二相粒子开始长大，且间距也随之增大，则合金的强度开始降低。因此，第二相强化机制比较复杂，往往要具体考虑第二相的大小、数量、分布以及性能等方面的影响。

思考练习题

1. 解释下列名词：滑移，滑移系，滑移线，滑移带，孪生，软位向，硬位向；加工硬化，回复，再结晶。

2. 指出下列名词的主要区别：

(1) 弹性变形与塑性变形；(2) 再结晶与二次再结晶；(3) 热加工与冷加工。

3. 已知 Cu 的熔点为 1083 ℃，试估算其再结晶温度。

4. 金属的塑性变形有哪几种方式，在什么条件下会发生滑移变形，说明其滑移的机制，它与孪生有何区别？

5. 为什么细晶粒钢强度高，塑性、韧性也好？

6. 多晶体塑性变形有何特点，在多晶体中，哪些晶粒最先滑移？

7. 金属经冷塑性变形后，组织和性能发生什么变化？

8. 分析加工硬化对金属材料的强化作用。

9. 用手来回弯折一根铁丝时，开始感觉省劲，后来逐渐感到有些费劲，最后铁丝被弯断。试解释此过程演变的原因。

10. 什么是回复和再结晶？对金属性能产生什么影响？

11. 金属的强化机制有哪几类？各有什么特点？

第8章 工业用钢

按照国家标准GB/T 13304.1—2008《钢分类 第1部分:按化学成分分类》中的描述:“钢是以铁为主要元素,含碳量一般在2%以下,并含有其他元素的材料。”同时钢按化学成分可分为非合金钢、低合金钢、合金钢三大类,其中非合金钢即碳素钢。通常情况下,将钢分为碳素钢和合金钢两大类。碳素钢冶炼成本低,性能能满足一般工程构件、普通机械零件的需要,在工业中应用广泛。合金钢是为了提高钢的性能,在碳素钢的基础上添加适量的一种或多种合金元素而构成的铁碳合金。根据添加元素的不同,并采取适当的加工工艺,可获得高强度、高韧性、耐磨、耐腐蚀、耐低温、耐高温、无磁性等特殊性能。钢以其低廉的价格、可靠的性能成为世界上使用最多的材料之一,是建筑业、制造业和人们日常生活中不可或缺的组成部分,可以说钢是现代社会的物质基础。

8.1 钢的质量、分类和牌号

8.1.1 钢的生产过程

从自然界含铁的矿物中制取钢铁材料的生产流程可以概括为:矿物→炼铁→炼钢→铸锭→轧制→钢材,这种熔炼法的生产过程中涉及加热、熔融、冷凝结晶、变形等一系列物理化学过程。炼铁的主要设备是高炉,所用的原料主要是铁矿石、焦炭和熔剂石灰石等。在炼铁过程中,焦炭本身的碳成分和燃烧反应的产物一氧化碳将铁矿石中的氧化铁还原为铁;熔剂石灰石与矿物中的杂质如二氧化硅等作用生成低熔点的炉渣从铁液中排出,称为造渣;还原出的铁液与焦炭作用,碳溶入铁中,最后生产出含碳量较高的铁碳合金即生铁。由于造渣过程不可能完全除去焦炭和矿石中的其他元素,因此,生铁中除铁和碳元素外还含有硅、锰、硫、磷等杂质元素。

炼钢的作用是把生铁中多余的碳和硅、锰、硫、磷等杂质通过氧化过程除去。在熔炼过程中,铁液中多余的碳与空气中的氧作用形成一氧化碳气体排出,硅、锰、硫、磷等杂质元素与熔剂作用形成氧化物熔渣而被排出钢外。

由于炼钢过程中需向熔化的铁液中输入大量的氧,以保证氧化过程的进行,因此炼好的钢液中溶入了大量的氧,需要在炼钢的最后阶段加入脱氧剂如锰铁、硅铁或金属铝进行脱

氧，脱氧过程不可能十分完全，因此，钢内最终还会存在少量氧、氢、氮等气体，同时遗留下少量硅、锰、铝的化合物杂质。

工业中钢的大量生产主要采用转炉炼钢、平炉炼钢和电弧炉炼钢。为了获得高质量和含有难熔金属的钢材，有时还应用感应炉、电渣炉等精炼方法。无论哪种方法，所炼成的钢材不可能绝对纯净，其中不同程度地存在氢、氧、氮以及锰、硅、硫、磷等杂质。这些杂质一般都是有害的，所以对不同质量要求的钢分别规定有允许的限量。

8.1.2　钢中杂质对性能的影响

由上述可知，工业用钢除含铁和碳两组元以外，还因冶炼过程而残存有杂质如锰、硅、硫、磷等元素以及氮、氢、氧等少量气体。这些在冶炼时未能除尽的杂质元素对钢的机械性能有很大的影响。

1. 锰和硅的影响

锰和硅在钢中是有益的元素，在钢中能溶解于铁素体中，起到强化铁素体的作用，使钢的强度和硬度有所提高。同时 Mn 还与 S 形成 MnS，可减小 S 在钢中形成 FeS 所产生的有害作用，但是 MnS 和硅在钢中所形成的二氧化硅也会残存在钢中成为夹杂物。因此，当锰和硅作为杂质元素时，其含量应分别控制在 0.5%和 0.8%以下。

2. 硫和磷的影响

一般来说，硫和磷是有害的杂质。硫常以 FeS 的形态存在于钢中，并能与铁形成熔点约为 985 ℃的低熔点共晶体(FeS+Fe)而分布于晶界周围。当钢加热至 1000 ℃以上进行压力加工时，共晶体将被熔化而导致钢材开裂，这种现象称为热脆性。钢中含硫愈多，热脆的倾向愈严重，所以硫在钢中一般应控制在 0.065%以下，愈少愈好。当钢中加入锰时可以使 FeS 减少，转而形成 MnS，使钢在切削加工时容易得到较光滑的表面。在专用的易切削钢中，硫的含量可放宽到 0.15%～0.3%。

磷在钢中可以较多地溶于铁素体中，它能显著提高钢在室温下的强度和硬度，但塑性和韧性急剧下降，导致钢在室温下出现塑性、韧性恶化，低温时发生脆性断裂，这种现象称为冷脆性。冷脆对高寒地带和其他低温条件下工作的钢结构有严重的危害。钢的含碳量愈高，这种冷脆作用愈大。一般钢中的含磷量应严格地控制在 0.045%以下。

3. 氮、氢、氧的影响

氮：氮在铁素体中的溶解度很小，并随温度下降而减少，钢中过饱和的氮在常温放置过程中会以 Fe_2N、Fe_4N 形式析出而使钢变脆，称为时效脆化，这种影响对需要良好塑性的低碳钢特别不利。在钢中加入 Ti、V、Al 等元素可使氮以这些元素的氮化物形式被固定下来，从而减轻钢的时效倾向。这种方法称为“固氮”处理。

氢：氢在钢中既不溶于铁素体中，也不生成化合物，而以原子状态或分子状态出现。极少量的氢便能使钢的塑性剧烈降低，出现所谓的“氢脆”现象，严重时在钢内某些晶体缺陷处，氢以分子状态出现，造成局部的显微裂纹，在显微镜下出现白色圆痕，故称为“白点”。白点的存在是钢内一种极危险的隐患，常出现在含镍、铬的高强度合金钢大型锻件中，它是使钢突然断裂的根源之一。

氧：氧常以硅酸盐如 $FeO \cdot SiO_2$、$MnO \cdot SiO_2$ 等，或氧化物如 Al_2O_3 等形式存在于钢

中，这些硅酸盐、氧化物以及硫化物 MnS、FeS 等是钢中主要非金属夹杂物。非金属夹杂物在钢中特别是高强度钢中常成为疲劳裂纹的策源地，使钢的疲劳强度恶化。许多实例表明，钢的化学成分尽管完全一致，组织也相同，但疲劳强度却相差甚多，就是由于钢内非金属夹杂物存在的缘故。因此，可以说非金属夹杂物是影响钢的疲劳抗力最主要的因素之一。

钢的质量从冶炼、轧制到热处理经受了一系列因素的影响。但是，综上所述可知，钢的冶炼质量即杂质元素的数量，特别是氮、氢、氧气体以及非金属夹杂物的存在，是影响钢的质量与性能的根本因素。

8.1.3 钢的分类

钢的种类繁多，为便于生产、使用和管理，通常根据钢的化学成分、质量、冶炼方法、金相组织等对钢进行不同的分类。

1. 按化学成分分类

按化学成分可以把钢分为碳素钢和合金钢两大类。根据含碳量的多少，碳素钢又分为低碳钢（C%＜0.25%）、中碳钢（0.25%≤C%≤0.6%）和高碳钢（C%＞0.6%）。合金钢按含合金元素总量分为低合金钢（合金元素总量＜5%）、中合金钢（5%≤合金元素总量≤10%）和高合金钢（合金元素总量＞10%）。化学成分不同，材料的组织和性能也会有明显不同，其相应的用途也不一样。

2. 按质量分类

钢的质量是按磷、硫的含量来划分的，工业用钢分为普通质量钢、优质钢、高级优质钢和特级优质钢。各质量等级钢的硫、磷含量如表 8-1 所示。

表 8-1 各质量等级钢的硫、磷含量 %

钢类	碳素钢		合金钢	
	S	P	S	P
普通质量钢	≤0.050	≤0.045	≤0.045	≤0.045
优质钢	≤0.040	≤0.040	≤0.035	≤0.035
高级优质钢	≤0.030	≤0.030	≤0.025	≤0.025
特级优质钢	≤0.020	≤0.025	≤0.015	≤0.025

3. 按用途分类

按用途的不同常将工业用钢分为结构钢、工具钢和特殊性能钢。结构钢又分为工程构件用钢和机器用钢，构件用钢用于建筑、桥梁、船舶、车辆等，而机器用钢包括渗碳钢、调质钢、弹簧钢、轴承钢等。工具钢又分为刃具钢、量具钢和模具钢。特殊性能钢主要有不锈钢、耐热钢和耐磨钢等。

4. 按金相组织分类

按平衡（退火状态）组织来分：亚共析钢、共析钢、过共析钢、莱氏体钢；

按正火组织来分：珠光体钢、贝氏体钢、马氏体钢和奥氏体钢；

按室温下的组织分为：铁素体钢、奥氏体钢和双相钢。

5. 按冶炼方法分类

根据冶炼时脱氧的程度，钢可分为镇静钢、沸腾钢、半镇静钢。镇静钢成分均匀，晶粒较细，故有较好的机械性能，机械制造业中，一般均采用镇静钢。沸腾钢在冷凝时内部分布许多气泡，形成分散缩孔，虽在随后的轧制中可被焊合，但内部杂质较多，成分上存在偏析现象，因此机械性能与工艺性能均较镇静钢差，但它的成材率高，合金消耗小，因而成本低，同时表面质量较高，这类钢一般为普通低碳钢，主要用于制造用量大的冷冲压零件，如汽车外壳、仪器仪表外壳等。

除以上的分类方法外，钢还有一些其他的更细的分类。生产厂在为钢的产品命名时，通常将用途、成分、质量这三种分类方法结合起来，如碳素工具钢、优质碳素工具钢、合金工具钢等。

8.1.4 钢的牌号

钢材牌号，又称钢铁产品牌号，一般采用汉语拼音字母、化学元素符号和阿拉伯数字相结合的方法表示。采用汉语拼音字母表示钢产品的名称、用途、特性和工艺方法时，一般从代表钢产品名称的汉字的汉语拼音中选取第一个字母。采用汉语拼音字母，原则上只取一个，一般不超过两个。常用钢产品的名称、用途、特性和工艺方法表示符号见表 8-2。

表 8-2　常用钢产品的名称、用途、特性和工艺方法表示符号

名　称	采用的汉字	采用的符号	牌号中的位置	名　称	采用的汉字	采用的符号	牌号中的位置
碳素结构钢	屈	Q	头	矿用钢	矿	K	尾
低合金高强度钢	屈	Q	头	压力容器用钢	容	R	尾
耐热钢	耐热	NH	尾	桥梁用钢	桥	q	尾
易切削非调质钢	易非	YF	头	锅炉用钢	锅	g	尾
热锻用非调质钢	非	F	头	焊接气瓶用钢	焊瓶	HP	尾
易切钢	易	Y	头	车辆车轴用钢	辆轴	LZ	头
碳素工具钢	碳	T	头	机车车轴用钢	机轴	JZ	头
塑料模具钢	塑模	SM	头	沸腾钢	沸	F	尾
(滚珠)轴承钢	滚	G	头	半镇静钢	半	b	尾
焊接用钢	焊	H	头	镇静钢	镇	Z	尾
钢轨钢	轨	U	头	特殊镇静钢	特镇	TZ	尾
汽车大梁用钢	梁	L	头	质量等级		A、B、C、D、E	尾

1. 结构钢牌号

1）普通质量结构钢

① 碳素结构钢：碳素结构钢的牌号由“Q＋三位数字＋字母(A、B、C 或 D)＋字母(F、B、Z 或 TZ)”，其中字母 Q 为屈服强度的拼音首写字母，三位数字表示屈服点数值(单位为 MPa)，A、B、C、D 表示质量等级，F、B、Z、TZ 表示脱氧方式，其中质量等级 A、B、C、D 表示

硫、磷的含量不同，从A到D，硫、磷含量不断减少。其中A、B、C为普通级，D为优质级，不同等级的钢分别保证了不同的力学性能指标。碳素结构钢中的表示镇静钢的符号“Z”和表示特殊镇静钢的符号“TZ”可以省略。如碳素结构钢Q235-Ab，屈服点等级为235 MPa，质量等级A，为半镇静钢。

碳素结构钢又称为普碳钢，普碳钢的屈服点等级有195 MPa、215 MPa、235 MPa、255 MPa和275 MPa等5种。

② 低合金高强度结构钢：低合金高强度结构钢是指在普通碳素结构钢的基础上加入少量合金元素发展起来的一类钢，所以又称为普通低合金结构钢，简称普低钢，国外称HSLA钢。低合金高强度结构钢牌号与碳素结构钢相似，由“Q＋三位数字＋字母(A、B、C或D)”组成，低合金高强度结构钢都是镇静钢或特殊镇静钢，故其牌号中没有表示脱氧方法的符号。它的屈服点等级有295 MPa、345 MPa、390 MPa、420 MPa、460 MPa五个等级。如Q295-A表示屈服点为295 MPa，质量等级为A的低合金高强度结构钢。

根据需要，低合金高强度结构钢的牌号也可以用含碳量万分之几的两个阿拉伯数字和添加合金元素符号组成，按顺序表示，如16Mn等。

2）优质碳素结构钢

优质碳素结构钢的牌号用“两位数字”表示，两位数字代表该钢平均含碳量的万分之几。例如含碳0.2％的钢，钢号为“20”，含为0.45％的钢，钢号为“45”。若为高级优质钢，则在后面加注字母“A”。当钢中含锰量较高为0.7％～1.2％时，则在牌号后标出元素符号“Mn”，如65Mn。沸腾钢和半镇静钢在牌号尾部分别加上符号“F”和“b”。镇静钢一般不标符号，如平均含碳量为0.45％的镇静钢，其牌号为45。

3）合金结构钢和合金弹簧钢

牌号用“两位数字＋元素符号＋数字”表示，编号的首两位数字表示平均含碳量的万分之几，数字后面依次用化学元素符号注明所含的合金元素名称及含量平均百分数。当合金平均含量＜1.5％时，只标元素符号，数字不标出；平均含量在1.5％～2.5％之间标2；平均含量在2.5％～3.5％之间标3；依次类推。

牌号的末尾加字母A，则表示高级优质钢。例如：12CrNi4A表示平均含碳量为0.12％，平均含铬量＜1％，平均含镍量为4％的高级优质钢。特级优质钢在牌号后加字母“E”，如30CrMnSiE等。

2. 工具钢牌号

1）碳素工具钢

碳素工具钢的牌号由“T＋两位数字”组成，其中字母T为碳的首写拼音字母，两位数字表示平均含碳量的千分之几。如T8表示平均含碳量为0.8％的碳素工具钢，如果为高级优质钢，则在牌号后加字母“A”，如T10A。若钢中含锰量较高，则在数字后面加上元素符号Mn，如T12Mn。

2）合金工具钢

合金工具钢的编号方法与合金结构钢基本相同，用“一位数字＋元素符号＋数字”表示，其中一位数字表示含碳量的千分之几。当平均含碳量超过1％时，为避免与结构钢混淆，规定不予注明。钢中合金元素含量表示方法与合金结构钢相同。如：9SiCr表示含碳量为0.9％，平均含硅及平均含铬量均小于1％；CrWMn表示平均含碳量大于1％，含铬、钨、锰

均小于 1%。对于含 Cr 量较低的合金工具钢，其平均含铬量用千分之几表示，并在数字前加“0”以区分，如 Cr06 表示含碳量>1.0%，平均含铬量为 0.6%的低铬合金工具钢。由于合金工具钢都是高级优质钢，故不标出“A”。

3）高速工具钢

合金工具钢中的高速工具钢平均含碳量小于 1.0%，一般不标出。如牌号为 W18Cr4V 的高速钢，平均含碳量为 0.7%～0.8%。

3．特殊性能钢牌号

此处主要介绍特殊性能钢中用量较大的不锈钢及冶金、热加工中常用的耐热钢（珠光体型耐热钢除外）的牌号表示方法。

不锈钢和耐热钢的牌号与含碳量低于 1.0%的合金工具钢相似，由表示平均含碳量的数字（以千分之一为单位）与其后带有百分含量的合金元素符号组成。

含碳量的表示方法为：当平均含碳量≥1.00%时，用两位数字表示，如“11Cr17”（平均含碳量为 1.10%）；当 1.00%>平均含碳量≥0.1%时，用一位数字表示，如“2Cr13”（平均含碳量为 0.20%）；当含碳量上限<0.1%时，以“0”表示，如“0Cr18Ni9”（含碳量上限为 0.08%）；当 0.03%≥含碳量上限>0.01%（超低碳），以“03”表示，如“03Cr19Ni10”（含碳量上限为 0.03%）；当含碳量上限≤0.01%时（极低碳），以“01”表示，如“01Cr19Ni11”（含碳量上限为 0.01%）。

4．铸钢牌号

铸钢是用来直接铸造零件的钢。以强度为主要特征的铸钢牌号则为 ZG（铸、钢）＋两组数字，第一组数字表示最低屈服强度值，第二组数字表示最低抗拉强度值，单位均为 MPa，如 ZG230-450 表示屈服点为 230 MPa，抗拉强度为 450 MPa 的铸造碳钢。而以化学成分为特征的铸钢牌号用 ZG（铸、钢）＋两位数字（表示含碳量的万分数）表示。合金铸钢牌号在两位数字后面再加上带有百分含量的元素符号。当平均合金元素含量为 0.9%～1.4%时，除锰只标符号不标含量外，其他元素需在符号后标注数字 1；当合金元素平均含量大于 1.5%时，标注方法与合金结构钢相同，如 ZG15Cr1Mo1V 等。

5．特殊专用钢牌号

还有一些特殊专用钢，在钢的牌号前面冠以汉语拼音字母字头表示钢的用途，而不标含碳量。如高碳铬滚动轴承钢的牌号由“GCr＋数字”组成，其中 G 为滚动轴承的首拼音字母；其余由 Cr 元素符号及含 Cr 量的千分之几的数字组成，外加除 Cr 外的其他合金元素的元素符号。如 GCr15 的平均含铬量为 1.5%。

8.2　合金元素在钢中的作用

碳钢冶炼工艺简单，易加工，成本低廉，能通过热处理改变其性能，满足工艺生产上的一般要求，所以碳钢应用广泛。但同时碳钢还存在强度指标偏低、淬透性较差、高温强度低、热硬性差等不足，使得碳钢在工程应用上还存在一定的局限性。因此，为了克服碳钢性能的不足，在钢铁冶炼过程中，加入一定量的一种或多种金属或非金属元素，统称为合金元素，达到改善材料的工艺性能和使用性能的目的。常加入的合金元素有十几种如硅（Si）、锰（Mn）、镍(Ni)、钼(Mo)、钨(W)、钛(Ti)、铬(Cr)、钒(V)、铝(Al)、钴(Co)、硼(B)以及稀土(RE)等。

8.2.1 钢中合金元素对性能的影响

在合金钢中加入合金元素的目的是改善使用性能和热处理工艺性能，主要表现在以下几个方面。

1. 进一步提高钢的机械性能

在机械设计中，零件的材料主要根据强度指标 σ_s 及 σ_{-1} 选取。加入了合金元素的合金钢不仅具有较高的 σ_s 和 σ_{-1}，同时提高了屈强比 σ_s/σ_b 和疲劳拉强比 σ_{-1}/σ_b。例如普通碳素钢 Q235 经热轧空冷后，其 $\sigma_s=235$ MPa，$\sigma_b\approx400$ MPa，但加入锰成为 16M 钢后，其 σ_s 可达 320 MPa，提高 20%～30%，σ_b 可达 520 MPa，同时 σ_s/σ_b 由 0.5 以下提高到 0.7 以上。因此，采用合金钢制造重载零件，在保证性能要求的同时，可以大大减轻零件的体积和重量。

2. 提高钢的淬透性，改善钢的热处理性能

通常碳钢在淬火时，能得到马氏体加半马氏体的最大临界直径为 15～20 mm，为此限制了大截面工件热处理的强化效果。钢中加入合金元素后，钢的最大临界直径可以提高到 20～200 mm，同时可以使用冷却速度较低的油或空气作为淬火介质。因此，对大截面的巨型零件或形状复杂的零件采用合金钢制造，可以得到内外均匀、性能可靠的热处理质量，同时可减少热处理过程中的变形并避免产生裂纹。

3. 提高高温强度和热硬性

碳钢淬火后的使用温度不能超过 250 ℃，否则，强度和硬度会明显降低。而加入合金元素后，提高了钢的耐回火性及热硬性，如含有大量钨、铬、钒的高速切削钢能在 600～700 ℃下仍保持高硬度不变的性能。

4. 获得特殊的物理、化学或机械性能

通过大量合金元素对钢组织的影响，合金钢可以得到许多碳钢不可能具有的特殊性能。例如含铬大于 12%的高铬钢具有不生锈的性能，含锰大于 13%的高锰钢具有高耐磨性能。

合金钢虽有上述优点，但当钢中加入合金元素后往往使其冶炼、铸造、锻造、焊接以及热处理工艺比碳钢复杂，同时成本较高。

合金元素在钢中的这些作用，可以概括为以下三方面的影响：

(1) 合金元素对钢中的基本相——铁素体和渗碳体的影响；

(2) 合金元素对钢平衡状态的影响；

(3) 合金元素对热处理过程中相变的影响。

8.2.2 合金元素对钢中基本相的影响

碳钢在退火、正火及调质状态下的基本相均为铁素体和渗碳体。

(1) 形成合金铁素体：当钢中加入与碳亲和力较弱的合金元素如 Ni、Al、Si、Co 等元素时，这些元素的大部分溶入铁素体中，形成“合金铁素体”，合金元素溶入铁素体内构成合金铁素体后，使晶格不同程度地发生畸变而产生固溶强化作用，因此塑性变形抗力增加，使得强度和硬度提高而韧性下降。图 8-1 所示是铁素体内溶入不同合金元素所产生的强化效

果。由图8-1、图8-2可见：铁素体中溶入的合金元素愈多，其强化作用愈显著，除镍、铬外，大多数溶入铁素体中的合金元素，在提高材料强度和硬度的同时使冲击韧性剧烈降低。

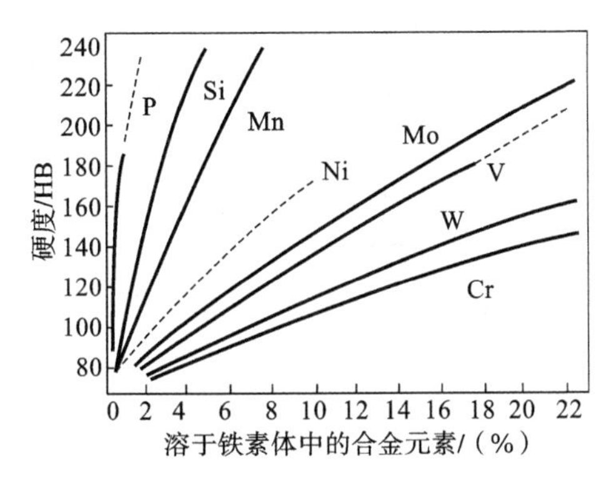

图8-1　溶于铁素体的合金元素对硬度的影响

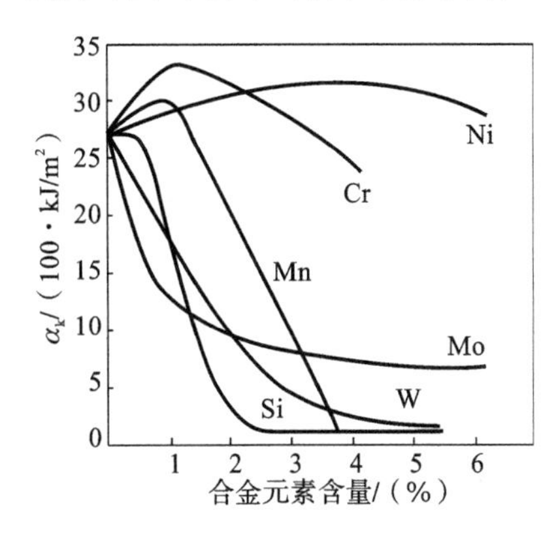

图8-2　溶于铁素体的元素对冲击性能的影响

(2) 形成合金渗碳体：当钢中加入与碳亲和力较强的元素如钨、钼、铬、锰等元素时，它们既能溶入铁素体中构成合金铁素体，又能部分置换渗碳体中的铁原子形成"合金渗碳体"。渗碳体 Fe_3C 是一种稳定性很差的碳化物，当合金元素溶入渗碳体形成合金渗碳体后，稳定性得到提高。合金渗碳体的稳定性还表现在加热时较难分解，也不易溶入奥氏体；而冷却时，又难以从奥氏体或铁素体中析出和聚集。这种作用能够推迟钢在加热和冷却时的转变，使钢的淬透性和回火稳定性提高，并使热强度增加。

(3) 形成特殊碳化物：当钢中加入少数与碳亲和力极强的元素如钛、锆、铌、钽时，常形成特殊碳化物 TiC、NbC、VC。特殊碳化物不仅具有高熔点和高硬度，并有更高的稳定性。这类碳化物即使在高温下也很难分解和溶于奥氏体内，往往可独立存在于奥氏体晶界附近，起到阻止奥氏体晶粒长大的作用，使钢在高温和长时间加热下也能保持晶粒不易长大。这种作用称为热稳定性。

8.2.3　合金元素对钢平衡状态的影响

当钢中加入合金元素后，铁碳合金相图中的相区、相变温度(A_1、A_3、A_{cm}线)和相界点(P、E、S点)的位置都会产生变动。

(1) 扩大奥氏体相区：有些元素如锰和镍，加入钢中后使 A_1、A_3 线下降，扩大了奥氏体相区，如图8-3所示。当钢中加入大量此种元素时，A_1、A_3、A_{cm} 线可能降低至室温以下，这种情况下，钢在室温下也能得到全部奥氏体的稳定组织，而在室温下具有奥氏体组织。例如含 Mn 大于13%的耐磨钢 ZGMn13 即属于此种情况。

(2) 扩大铁素体相区：另一些元素如铬、钨、钼、硅、钒等溶入钢中后，使 A_1、A_3、A_{cm} 上升，缩小了奥氏体区，如图8-4所示。当钢中含有此类元素较多时，将使奥氏体区显著缩小。这样，钢在室温下也有可能得到全部铁素体组织，成为铁素体钢。例如含铬大于12.5%的钢，室温下的组织便是单一的铁素体。由于这一原因，这种钢在大气中有良好的抗蚀性，是一种常用的不锈钢。

(3) 改变 S 点和 E 点位置：绝大多数的合金元素都使共析点 S(含碳0.77%)和 E 点

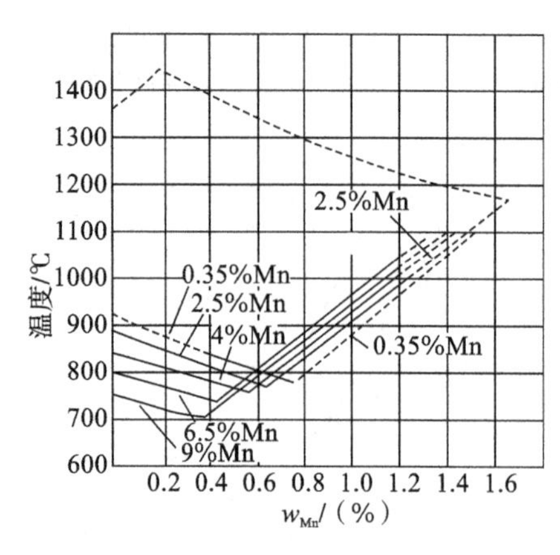

图 8-3　合金元素 Mn 对 A 相区的影响

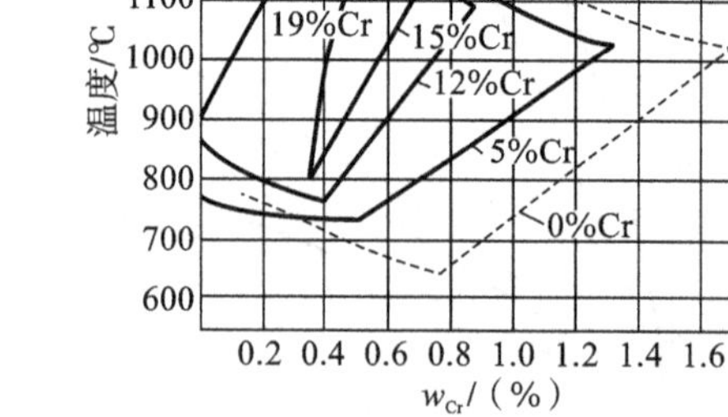

图 8-4　合金元素 Cr 对 A 相区的影响

(含碳 4.3%)的位置左移,使共析体的含碳量减少。由于 *S* 点、*E* 点左移,有些钢的含碳量仅为 0.3%～0.4%,但已属过共析钢;有些钢的含碳量仅为 0.8%～1.0%,但室温组织却出现莱氏体,如合金工具钢中的 W18Cr4V 高速钢,含碳量为 0.7%～0.8%,其铸态组织为中有莱氏体,称为莱氏体钢。

由于合金元素可使钢内形成碳钢中不可能出现的特殊组织,因此加有较多合金元素的合金钢常具有某些特殊的物理或化学性质。

8.2.4　合金元素对钢热处理过程的影响

钢在热处理时有三个基本的相变过程,即加热时奥氏体的形成、过冷奥氏体的转变、回火转变。钢中加入合金元素后,对这些基本相变过程都有影响。

(1) 加热时奥氏体化的影响:钢在加热时,奥氏体的形成是一个形核并长大的过程,整个过程是依靠铁、碳原子之间的扩散来实现的。因此,凡影响元素之间扩散的因素都会延缓奥氏体的形成。

很多合金元素加入钢中都会不同程度地形成稳定的合金渗碳体和特殊碳化物相,这些碳化物在加热过程中,较难分解,加之合金元素本身原子的扩散比铁困难,因此使奥氏体的形核、长大和均匀化进程趋向缓慢。同时,由于特殊碳化物分布在晶界周围所引起的阻碍作用,奥氏体形成后也不易长大。因此,除含有锰和磷元素的钢外,大多数合金钢可以选择较高的加热温度和较长的保温时间,有助于合金元素充分溶入到奥氏体中,提高钢的淬透性,合金元素的加入使得合金钢多为本质细晶粒钢。

(2) 过冷奥氏体转变的影响:奥氏体在临界点以下向珠光体和贝氏体的转变是依靠扩散进行的;向马氏体的转变是在无扩散条件下完成的。当钢中加入合金元素后,除钴以外所有的合金元素都使合金钢的 C 曲线右移,使奥氏体向珠光体和贝氏体转变前的孕育期延长(见图 8-5)。

从图中可见,当钢中加入不形成碳化物的元素时,只使合金的 C 曲线右移;但当钢中加入形成碳化物的元素时,C 曲线不仅右移,而且形状发生改变。

合金钢的 C 曲线右移对钢的热处理极为有利。它使钢的临界冷却速度 v_c 减小,淬透性提高。

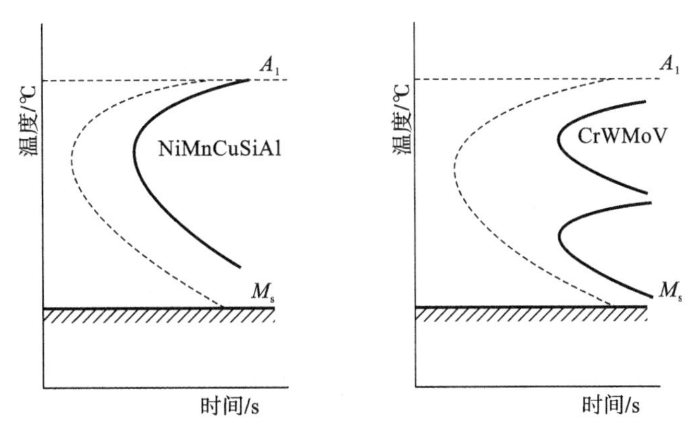

图 8-5　合金元素对 C 曲线的影响(左:不形成碳化物元素,右:形成碳化物元素)

合金元素对马氏体转变的影响主要是使转变点 M_s 和 M_f 下降,M_s 和 M_f 下降使合金钢在淬火后残余奥氏体数量增加,这对钢在淬火后的机械性能是不利的。为此,有时需要增加冷处理工序,以便把残余奥氏体量减至最少。

(3) 回火转变的影响:钢在淬火后的回火转变是马氏体分解以及碳化物形成、析出和聚集的过程。整个过程也是依靠元素之间的扩散进行的。合金元素加入后,碳和其他元素在钢中扩散困难,马氏体的分解过程以及碳化物的析出和聚集需要在更高的温度下才得以完成,因而使得合金钢的回火稳定性(回火抗力)得到提高。

钢的回火稳定性愈高,对钢在回火后的机械性能愈有利。例如从图 8-6 可以看出:在同一回火温度下,钢中含合金元素愈多,则回火后的硬度愈高。相反,当要求同一硬度时,钢中含合金元素愈多,则所需的回火温度愈高。在保证相同硬度的要求下,钢的回火温度愈高,愈有利于消除钢在淬火时形成的内应力并提高韧性。所以如将合金钢与碳钢淬火并通过回火处理达到相同硬度时,合金钢的回火温度一般要高于碳钢的回火温度,因而使合金钢的强韧性高于碳钢。

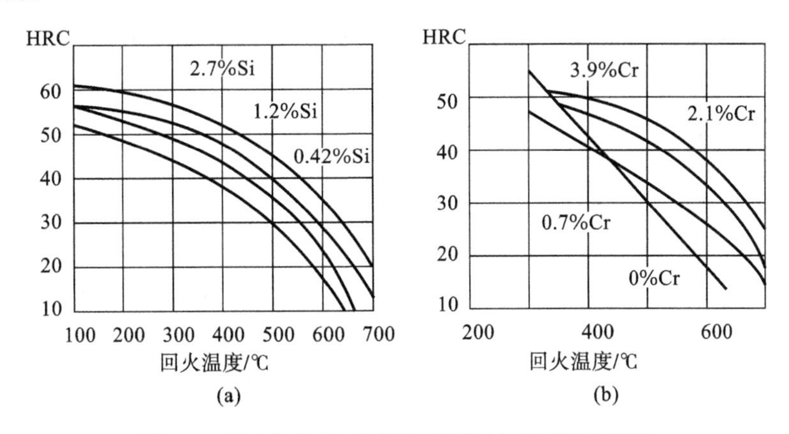

图 8-6　钢中加入硅、铬元素对钢回火后硬度的影响

某些含 W、Mo、V 量较高的合金钢在回火时,随着回火温度的升高,其硬度出现回升的现象,称为“二次硬化”。出现二次硬化的回火温度一般在 500～600 ℃之间,在此温度范围回火时,马氏体基体中将会析出大量细小弥散分布的特殊碳化物,使钢的硬度不仅不降低,

反而再次升高。特别是淬火后的高合金钢中残余奥氏体量增多，在该温度回火后的冷却过程中将会使大量的残余奥氏体向回火马氏体或贝氏体转变，使钢出现“二次硬化”现象，这对热处理是有利的。

8.3 工程构件用钢

工程构件用钢主要是指用于制造各种大型金属结构如桥梁、船舶、屋架、锅炉及压力容器等工程结构用钢材。一些机器中的机架和零件也采用工程构件用钢。工程构件用钢包括碳素构件用钢和低合金高强度结构钢两类，这类钢冶炼方便、成本低、用量大，一般不进行热处理。

1. 构件用钢的性能特点

大多数钢结构都在室外使用并长期承受静载荷，工作时无须做相对运动，在力学性能方面要求材料弹性模量大，保证构件有良好的刚度、足够的强度和小的缺口敏感性。有的构件需要在寒冷条件下工作，因此需要在低温下保持足够的韧性(即具有较低的冷脆转化温度)，以保证在户外和寒冷情况下正常使用。有的构件需要在一定的环境如大气和海水等中使用，因而要求构件用钢具有一定的耐大气腐蚀或海水腐蚀的性能。钢结构的生产一般直接采用热轧或正火状态的各种型钢，经过下料和冷成型，用焊接、铆接或者采用螺栓连接装配成产品。因此，构件用钢应有良好的塑性和焊接性。

2. 碳素构件用钢

碳素构件用钢又称为普通碳素结构钢即普碳钢，其杂质和非金属夹杂物较多，但由于易于冶炼，价格低廉，产量大，在性能上能满足一般工程结构需求，因而应用普遍，用量占钢材总量的70%～80%。碳素构件用钢通常轧制成钢板和各种型材(圆钢、方钢、扁钢、角钢、槽钢等)，用于建筑结构如建房钢筋、桥梁等及机械壳和罩以及焊接机架用。

1) 构件用钢成分特点

普碳钢通常含碳量较低，在0.06%～0.38%之间，以满足综合力学性能和变形及焊接性能的要求。但钢中的S、P和非金属夹杂物含量比优质碳素结构钢多，在相同含碳量和热处理状态下，塑性和韧性较低。

2) 热处理特点

碳素构件用钢加工成形后一般不需要进行热处理，在热轧状态下直接使用。

3) 常用钢种及用途

表8-3为碳素构件用钢的牌号和化学成分，表8-4为常用碳素结构钢的牌号及力学性能。

表8-3 碳素构件用钢的牌号和化学成分

牌号	等级	化学成分/(%)				
		C	Mn	Si	S	P
				不大于		
Q215	A	0.09～0.15	0.25～0.55	0.30	0.050	0.045
	B	0.09～0.15	0.25～0.55	0.30	0.045	0.045

续表

牌　　号	等　　级	化学成分/(%)				
		C	Mn	Si	S	P
				不　大　于		
Q235	A	0.14～0.22	0.30～0.65	0.30	0.050	0.045
	B	0.12～0.20	0.30～0.70	0.30	0.045	0.045
	C	≤0.18	0.35～0.80	0.30	0.040	0.040
	D	≤0.17	0.35～0.80	0.30	0.035	0.035
Q255	A	0.18～0.28	0.40～0.70	0.30	0.050	0.045
	B	0.18～0.28	0.40～0.70	0.30	0.045	0.045
Q275	—	0.28～0.38	0.50～0.80	0.35	0.050	0.045

表 8-4　碳素结构钢的牌号及力学性能

牌号	等级	拉伸试验													冲击试验	
		屈服点 σ_s/MPa						抗拉强度 σ_b/MPa	伸长率 δ_s/(%)						温度/℃	V形冲击功(纵向)/J
		钢材厚度(直径/mm)							钢材厚度(直径/mm)							
		≤16	>16～40	>40～60	>60～100	>100～150	>150		≤16	>16～40	>40～60	>60～100	>100～150	>150		
		不　小　于							不　小　于							不小于
Q195	—	195	185	—	—	—	—	315～390	33	32	—	—	—	—	—	—
Q215	A	215	205	195	185	175	165	335～410	31	30	29	28	27	26	—	—
	B	215	205	195	185	175	165	335～410	31	30	29	28	27	26	20	27
Q235	A	235	225	215	205	195	185	375～460	26	25	24	23	22	21	—	—
	B	235	225	215	205	195	185	375～460	26	25	24	23	22	21	20	
	C	235	225	215	205	195	185	375～460	26	25	24	23	22	21	—	27
	D	235	225	215	205	195	185	375～460	26	25	24	23	22	21	20	
Q255	A	255	245	235	225	215	205	410～510	24	23	22	21	20	19	—	—
	B	255	245	235	225	215	205	410～510	24	23	22	21	20	19	20	27

续表

牌号	等级	拉伸试验														冲击试验	
		屈服点 σ_s/MPa						抗拉强度 σ_b/MPa	伸长率 δ_s/(%)						温度/℃	V形冲击功(纵向)/J
		钢材厚度(直径/mm)							钢材厚度(直径/mm)							
		≤16	>16~40	>40~60	>60~100	>100~150	>150		≤16	>16~40	>40~60	>60~100	>100~150	>150		
		不小于							不小于							不小于
Q275	—	275	265	255	245	235	225	490~610	20	19	18	17	16	15	—	—

通常,Q215 和 Q235 钢的含碳量低,焊接性能好,塑性、韧性好,易于进行冷加工,有一定强度,常轧制成薄板、钢筋、焊接钢管等,用于桥梁、建筑等结构和制造铁钉、铁丝、普通的螺栓、螺母等零件。

Q255 和 Q275 钢属中碳钢,其强度和屈服点较高,塑性和韧性较好,可进行焊接,通常轧制成型钢、条钢和钢板做结构件,用于钢筋混凝土结构配件、构件,也可以用于制造简单的连杆、齿轮、联轴器等。

3. 低合金高强度结构钢

普通低合金钢是在普通碳素结构钢的基础上加入少量(不大于 3%)的合金元素而发展起来的工程结构用钢,虽然合金元素含量较少,但其强度显著高于相同含碳量的碳素结构钢,因而称为低合金高强度结构钢,简称为普低钢。由于其强度高于普通碳素结构钢,在相同承载能力的条件下,可降低结构自重,节省钢材 20%~25%,但其成本与使用碳素结构钢相近,因此用普低钢代替普碳钢在经济上具有重大意义。

低合金高强度结构钢主要用于制造桥梁、船舶、车辆、管道、高压容器以及大型钢结构等。这些构件的特点是尺寸大,形状复杂,需要冷弯及焊接成形,并且长期在大气腐蚀环境和低温下工作。

1) 低合金高强度结构钢的成分特点

含碳量:低合金高强度结构钢含碳量低,含碳量不应大于 0.2%,合金元素少量,从而保证钢在具有高强度的基础上仍然保持良好的塑性、韧性及焊接性能。

合金元素:普低钢中常见的主加合金元素有 Mn、Ti、V、Mo、Nb、Cu 及 RE(稀土)等。Mn、Cu 等能溶于铁素体起固溶强化作用;少量 Ti、V、Nb 等元素可以细化晶粒及弥散强化作用;加入少量的 Cu 和 P 可提高钢对大气的抗腐蚀性能。加入的合金元素主要为强化铁素体的元素如锰、硅等,有时也加入一些能起细化晶粒作用的钒和钛以及提高抗蚀性能的铜和磷等。

2) 热处理特点

这类钢大多在热轧或正火状态下使用,不需要进行专门热处理。使用状态下的组织为铁素体加珠光体。

3) 常用钢种及用途

普低钢包含 300 MPa、350 MPa、400 MPa、450 MPa、500 MPa、600 MPa 等 6 个级别。

其中 300 MPa 到 450 MPa 之间 4 个级别的普低钢主加合金元素是廉价的具有较好固溶强化效果的 Mn，辅加能细化晶粒改善强韧性的元素如 Al、V、Ti、Nb 等，以及能提高耐大气腐蚀性能的 Cu 和 P 等。

500 MPa 和 600 MPa 级别之间的普低钢属低碳贝氏体钢，是以钼钢或钼硼钢为基础，再加入 Mn、Cr、Ni，辅加能细化晶粒改善强韧性的元素如 V、Ti、Nb 等。低碳贝氏体钢在热轧状态下或正火下使用，组织为贝氏体。

常用低合金高强度结构钢的牌号、成分、力学性能及其用途如表 8-5 所示。常用的普低钢有 Q345、Q390、Q460 等。其中 Q345(16Mn)钢是应用最广、用量最大的低合金高强度结构钢，广泛用于石油化工设备、船舶，桥梁、车辆等大型钢结构中。

表 8-5　常用低合金高强度结构钢的牌号、成分、力学性能及用途

钢号	旧　钢　号	主要成分/(%)			力 学 性 能			用　　途
		C	Si	Mn	σ_s/MPa	σ_b/MPa	δ_s/(%)	
Q295	09MnNb	≤12	0.20～0.60	0.80～1.20	280～300	400～420	21～23	桥梁、车辆
	12Mn	≤0.16	0.20～0.60	1.10～1.50	280～300	440～450	19～21	锅炉、容器、铁道车辆、油罐等
Q345	16Mn	0.12～0.20	0.20～0.60	1.20～1.60	290～350	480～520	19～21	桥梁、船舶、车辆、压力容器、建筑结构
	16MnRE	0.12～0.20	0.20～0.60	1.20～1.60	350	520	21	建筑结构、船舶、化工容器等
Q390	16MnNb	0.12～0.20	0.20～0.60	1.20～1.60	380～400	520～540	18～19	桥梁、起重设备等
	15MnTi	0.12～0.18	0.20～0.60	1.20～1.60	380～400	520～540	19	船舶、压力容器、电站设备等
Q430	14MnVTiRE	≤0.18	0.20～0.60	1.30～1.60	420～450	540～560	18	桥梁、高压容器、大型船舶、电站设备等
	15MnVN	0.12～0.20	0.20～0.60	1.30～1.70	430～450	580～600	17～18	大型焊接结构、大桥、管道等
Q460	14MnMoV	0.10～0.18	0.20～0.50	1.30～1.60	500	650	16	中温高压容器(<500 ℃)
	18MnMoNb	0.17～0.23	0.17～0.37	1.35～1.65	500～520	650～650	16～17	锅炉、化工、石油高压厚壁容器(<500 ℃)

8.4　机器零件用钢

机器零件用钢主要指的是制造各种机械零件的钢种，如各种轴类零件、

齿轮、弹簧和轴承及高强度结构件等，广泛应用在汽车、拖拉机、机床、工程机械、电站设备及飞机等装置上。这些机器零件在工作时承受拉、压、弯、扭、冲击振动、疲劳应力及摩擦等多种力的作用，因此要求材料具有足够的强度、塑性和韧性，而且在疲劳性能和耐磨性能方面也有要求。为满足使用性能，机器零件用钢往往必须进行热处理强化，所以机器零件用钢的使用状态为淬火＋回火态，因此要求机器零件用钢同时具有良好的热处理工艺性能和机械加工性能。机器零件用钢大多采用优质碳素钢及合金结构钢，机器零件用钢按用途可以分为渗碳钢、调质钢、弹簧钢、轴承钢等。

8.4.1 渗碳钢

1. 用途

渗碳钢是制造渗碳零件的钢种，广泛用于制造传动齿轮、凸轮、活动销轴等各种表面耐磨件，这些零件工作时需要表面耐磨和耐接触疲劳，并有良好的冲击韧性。

2. 性能要求

表面具有高硬度和高耐磨性，心部具有足够的韧性和强度，同时具有良好的热处理工艺性能，如高的淬透性及渗碳能力。在高的渗碳温度下奥氏体晶粒长大倾向小。

3. 成分特点

含碳量：渗碳钢的含碳量一般为0.10%～0.25%，以保证心部具有足够的塑性和韧性，含碳量过高，则导致心部韧性下降。

合金元素：主要加入能提高淬透性的Mn、Cr、Ni、B等元素，辅加少量Ti、V、W、Mo等强碳化物形成元素，从而阻碍奥氏体晶粒长大和提高渗碳层的硬度和耐磨性。

4. 常用钢种

通常多数合金元素加入能增加淬透性的同时，也能提高其强度，因此渗碳钢按强度等级分类与淬透性等级分类基本一致，主要分为三类：800 MPa以下的低强度低淬透性渗碳钢、800～1200 MPa中强度中淬透性渗碳钢和强度高于1200 MPa的高强度高淬透性渗碳钢。常用渗碳钢的牌号、热处理、力学性能及用途如表8-6所示。

表8-6 常用渗碳钢的牌号、热处理、力学性能和用途

类别	钢号	热处理/℃			力学性能(不小于)			用途
		渗碳	淬火	回火	σ_s/MPa	σ_b/MPa	δ_s/(%)	
低淬透性	15	930	770～800，水	200	≥500	≥300	15	活塞销等
	20Mn2	930	770～800，油	200	820	600	10	小齿轮、小轴、活塞销等
	20Cr	930	800，水、油	200	850	550	10	齿轮、小轴、活塞销等
	20MnV	930	800，水、油	200	800	600	10	同上，也用作锅炉、高压容器管道等
	20CrV	930	800，水、油	200	850	600	12	齿轮、小轴、顶杆、活塞销、耐热垫圈

续表

类别	钢　　号	热处理/℃			力学性能(不小于)			用　　途
		渗碳	淬　　火	回火	σ_s/MPa	σ_b/MPa	δ_s /(%)	
中淬透性	20CrMn	930	850,油	200	950	750	10	齿轮、轴、蜗杆、活塞销、摩擦轮
	20CrMnTi	930	860,油	200	1100	850	10	汽车、拖拉机上的变速箱齿轮
	20Mn2TiB	930	860,油	200	1150	950	10	代 20CrMnTi
	20SiMnVB	930	780～800,油	200	≥1200	≥1000	≥10	代 20CrMnTi
高淬透性	18Cr2Ni4WA	930	850,空	200	1200	850	10	大型渗碳齿轮和轴类零件
	20Cr2Ni4A	930	780,油	200	1200	1100	10	同上
	15CrMn2SiMo	930	860,油	200	1200	900	10	大型渗碳齿轮、飞机齿轮

低淬透性渗碳钢:典型钢种有 20、20Cr 等合金钢;水中临界淬火直径不超过 20～35 mm,只适用做心部强度要求较低,尺寸和载荷小的齿轮、滑块、套筒和链条等。

中淬透性渗碳钢:典型钢种有 20CrMnTi 等钢,淬透性较高,其油中临界直径为 25～60 mm,用于制造心部强度要求较高,较为重要的耐磨零件如汽车、拖拉机的变速齿轮、齿轮轴等。

高淬透性渗碳钢:典型钢种有 18Cr2Ni4WA,其油中临界直径大于 100 mm,用于制造截面尺寸大的承受重载荷和强烈磨损的重要零件,如飞机、坦克中的曲轴和重要齿轮等。

5. 热处理特点及组织

渗碳钢的预备热处理一般采用正火来改善切削加工性能,最终热处理一般是渗碳＋淬火＋低温回火。渗碳后的工件表面含碳量可以达到 0.8%～1.05%,表层经淬火和低温回火后获得马氏体＋碳化物组织,硬度很高,可达 58～64 HRC,而心部则取决于钢的淬透性和尺寸大小,可得到低碳回火马氏体组织(40～48 HRC)或珠光体加铁素体组织(25～40 HRC)。

6. 常用加工工艺路线

渗碳钢的一般工艺路线通常由下料、锻造、预备热处理(正火)、机加工、渗碳、淬火加低温回火、磨削等工艺部分组成。如 20CrMnTi 渗碳钢制造汽车变速箱齿轮的工艺流程(见图 8-7)为下料→毛坯锻造→正火→齿形加工→局部镀铜→渗碳→预冷淬火＋低温回火→喷丸→精磨(磨齿)。其中,正火的目的是调整硬度,改善切削加工性能;局部镀铜的目的是对不需要淬硬的部分进行保护防止渗碳。

8.4.2　调质钢

调质钢是指在调质状态下使用的结构钢。

1. 性能特点与用途

中碳钢经淬火后高温回火也就是调质处理得到回火索氏体组织,具有高强度及良好的

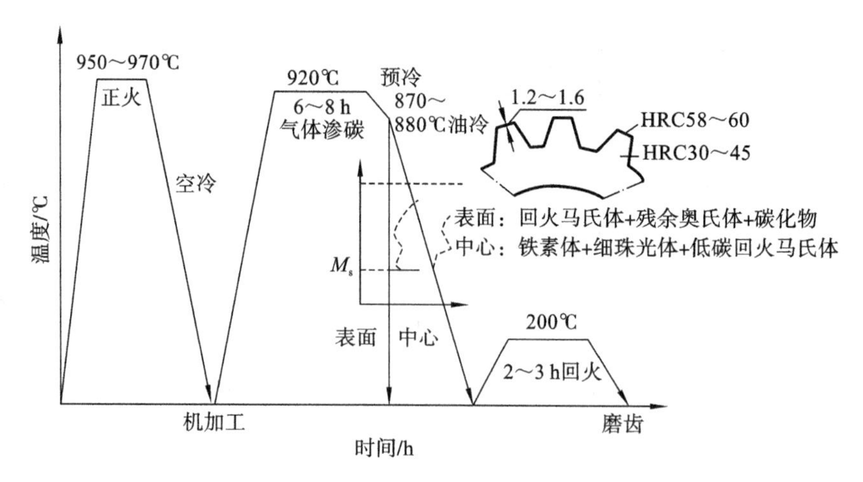

图 8-7 20CrMnTi 汽车变速箱齿轮热处理工艺路线

塑性和韧性，主要用于制造汽车、拖拉机、机床等受力复杂的轴类零件、齿轮、连杆和高强度螺栓等。

2. 成分特点

调质钢的化学成分特点为中碳低合金。

含碳量：含碳量为 0.3%～0.5%，属于中碳钢范围。含碳量过低时，回火后硬度和强度不足；含碳量过高，钢的塑性和韧性降低。

合金元素：主要加入提高淬透性的合金元素如 Si、Mn、Cr、Ni、B 等，辅加化合物形成合金元素，如 W、Mo、V、Ti 等可以提高钢的耐回火性，淬透性直接决定材料所做工件的截面尺寸，是调质钢的重要特性。

3. 常用钢种

根据淬透性，调质钢可以分为三类：低淬透性调质钢、中淬透性调质钢、高淬透性调质钢。常用调质钢的牌号、热处理、力学性能和用途如表 8-7 所示。

表 8-7 常用调质钢的牌号、热处理、力学性能和用途

类别	钢号	热处理/℃		力学性能(不小于)			应用举例
		淬火	回火	σ_s/MPa	σ_b/MPa	δ_s/(%)	
低淬透性	45	840	600	600	355	16	主轴、曲轴、齿轮、连杆、链轮等
	40Mn	840	600	590	355	17	比 45 钢强韧性要求稍高的调质件
	40Cr	850，油	520	980	785	9	重要调质件，如轴类、连杆螺栓、机床齿轮等
	45Mn2	840，油	550	885	735	10	代替 40Cr 制造 $\phi<50$ nm 的重要调质件，如机床齿轮、钻床主轴等
	45MnB	840，油	500	1030	835	9	
	40MnVB	850，油	520	980	785	10	可代替 40Cr 或 40CrMo 制造汽车、拖拉机和机床的重要调质件

续表

类别	钢　号	热处理/℃		力学性能(不小于)			应用举例
		淬火	回火	σ_s/MPa	σ_b/MPa	δ_s/(%)	
中淬透性	40CrNi	820,油	500	980	785	10	如曲轴、主轴、齿轮等
	40CrMn	840,油	550	980	835	9	代替 40CrNi 制造受冲击载荷不大的零件
	35CrMo	850,油	550	980	835	12	代替 40CrNi 制造大截面齿轮和高负荷传动轴等
	30CrMnSi	880,油	520	1080	885	10	用于制造飞机调质件,如起落架、螺栓等
高淬透性	37CrNi3	820,油	500	1130	980	10	高强韧性大型重要零件,如汽车机轮
	25Cr2Ni4WA	850,油	550	1080	930	11	如汽轮机主轴等
	40CrNiMoA	850,油	600	980	835	12	如飞机起落架、航空发动机轴

低淬透性调质钢:这类钢的油淬临界淬火尺寸为 30～40 mm;典型钢种有 45 以及 40Cr,主要用来制造尺寸相对较小的轴类、齿轮和重要螺栓等。

中淬透性调质钢:钢的油淬临界淬火尺寸为 40～60 mm;典型钢种有 40CrNi,主要用于制造截面较大的轴类和连杆等。

高淬透性调质钢:钢的油淬临界淬火尺寸为 60～100 mm;典型钢种有 40CrNiMoA、40CrMnMo,主要用于制造大截面重载的零件,如机床和汽轮机的主轴、叶轮等。

4. 热处理特点

调质钢的最终热处理为淬火加高温回火,回火温度一般为 500～600 ℃,获得回火索氏体组织。合金调质钢淬透性较高,一般都用油淬,淬透性特别大时甚至可以空冷,有助于减少热处理缺陷。合金调质钢的最终性能取决于回火温度,为了防止第二类回火脆性,回火后需快冷(油冷或水冷)。

8.4.3 弹簧钢

弹簧钢是用来制造各种弹簧或弹性元件的钢,如汽车、拖拉机、机车车辆的减震板簧、钟表的发条等。

1. 性能要求

弹簧是机械中重要的储能和减振基础件,主要是利用在外力作用下产生的弹性变形所储存的能量来缓和机械上的冲击和震动作用,弹簧零件的主要失效形式是疲劳断裂和塑性变形,因此弹簧用钢应具有高的弹性极限、屈强比、疲劳强度和足够的韧性,同时还要有较好的热处理工艺性能。

2. 成分特点

含碳量:中、高碳以保住热处理后高的弹性极限和疲劳极限。碳素弹簧钢含碳量为

0.6%～0.9%，合金弹簧钢含碳量为0.45%～0.7%。含碳量过低，达不到高屈服强度的要求；含碳量过高，则钢的脆性增大。

合金元素：弹簧零件淬火时要求整个截面都淬透，使回火后获得均匀一致的截面性能，因此主加合金元素Si、Mn，用来提高淬透性，强化铁素体，Si还是提高屈强比的主要元素。对于尺寸大和重要的弹簧再进一步添加Cr、Mo、V等，用来减少弹簧钢的脱碳和过热倾向，同时进一步增加耐回火性和冲击韧性。

3. 热处理特点

冷成形弹簧：对于钢丝直径小于10 mm的弹簧，一般通过冷拔(冷拉)、冷卷成形。冷卷后的弹簧不必进行淬火处理，只需进行一次消除内应力和稳定尺寸的定型处理，即加热到250～300 ℃保温一段时间后从炉内取出空冷即可使用。

热成形弹簧：厚度或直径大于10～15 mm的板状弹簧或大直径弹簧在高于淬火温度时热卷成形，成形后在仍具有的高温状态下立即淬火，然后350～500 ℃中温回火，得到高弹性极限和疲劳强度的回火屈氏体组织，硬度为38～50 HRC。为了进一步提高弹簧的疲劳强度，回火后可进行喷丸处理。

4. 典型钢种

表8-8所示为弹簧钢的牌号、热处理、力学性能和用途。其中典型的弹簧钢有以下几种。

表8-8 常见弹簧钢的牌号、热处理、力学性能和用途

牌号	热处理/℃		力学性能(不小于)				用途
	淬火	回火	σ_b/MPa	σ_s/MPa	δ/(%)	ψ/(%)	
65	840	500	980	785	9	35	调压调速弹簧、柱塞弹簧、测力弹簧及一般机械上用的圆、方螺旋弹簧
70	820	480	1080	880	7	30	
65Mn	830	480	1000	880	8	30	小汽车离合器弹簧、制动弹簧、气门簧
55Si2Mn	870	480	1275	1177	6	30	用于机车车辆、汽车、拖拉机上的板簧、螺旋弹簧、汽缸安全阀簧、止回阀簧及其他高应力下工作的重要弹簧，还可以用于制造250 ℃以下工作的耐热弹簧
55Si2MnB	870	480	1275	1177	6	30	
60Si2Mn	870	480	1275	1177	5	25	
60Si2MnA	870	440	1569	1373	5	20	
60Si2CrA	870	420	1765	1569	6	20	用于承受重载荷及350 ℃以下工作的弹簧，如调速器弹簧、汽轮机汽封弹簧等
60Si2CrVA	850	410	1863	1667	6	20	
55CrMnA	830～860	460～510	1226	1079	9	20	用于载重汽车、拖拉机、小轿车上的板簧、50 mm直径的螺旋弹簧
60CrMnA	830～860	460～520	1226	1079	9	20	
60CrMnBA	830～860	460～520	1226	1079	9	20	

注：①65钢的力学性能为正火状态时的力学性能，正火温度为810 ℃；②淬火介质为油。

碳素弹簧钢：代表性钢种有 60Mn、70Mn 等，这类钢价格较合金弹簧钢便宜，热处理后具有一定的强度。但碳素弹簧钢的淬透性较差，因此主要用于制造小截面（截面直径小于 15 mm）、受力不大的一般机械螺旋弹簧如坐垫弹簧、发条、刹车弹簧等。

Si、Mn 弹簧钢：代表性钢种有 55Si2Mn、60Si2Mn，加入了 Si、Mn 元素，提高了钢的淬透性，用于制造截面直径 20～25 mm 的螺旋弹簧和板簧，如汽车、拖拉机、机车上的减震板簧和螺旋弹簧。

Cr、V 弹簧钢：代表性钢种有 50CrVA、50CrMnA，Cr 提高淬透性，V 提高耐热性，因此淬透性高，而且具有较高的热强性，主要用于大截面、大载荷、耐热的弹簧如阀门弹簧、气门弹簧等。

8.4.4　滚动轴承钢

滚动轴承钢是主要用来制造滚动轴承的内外圈及滚动体的钢，也用于制作某些工具如模具和量具等。

1. 性能要求

轴承工作时，滚动体和轴承套之间为点或线接触，接触应力高达 3000～3500 MPa，且承受周期性交变载荷引起的接触疲劳，频率达每分钟数万次。同时还受到大气和润滑油的侵蚀，轴承通常是因接触疲劳引起的麻点剥落和过度磨损而失效，因此要求轴承钢具有高的硬度和耐磨性、高的接触疲劳强度和弹性极限、良好的淬硬性和淬透性、足够的韧性，同时对润滑剂还要有较好的抗蚀性。

2. 成分特点

高碳：含碳量为 0.95%～1.1%，以保证高硬度（61～65 HRC）和高耐磨性。

合金元素：主加合金元素 Cr，含 Cr 量为 0.5%～1.65%，可提高淬透性，同时形成合金渗碳体，以提高耐磨性。同时，Cr 还有提高耐蚀性的作用。辅加合金元素为 Si、Mn、Mo，进一步提高淬透性和强度，加入 V 则是为了细化晶粒。

3. 热处理特点

滚动轴承钢的预备热处理通常为球化退火，最终热处理为淬火＋低温回火，使用组织为回火马氏体＋细小颗粒状碳化物＋少量残余奥氏体。

球化退火的目的是获得球状珠光体，为淬火做组织准备，同时降低钢的硬度（≤210 HBS），以利于切削加工。若退火前原始组织中网状碳化物较多，应先通过正火消除网状碳化物再进行球化退火。

淬火加热温度为 820～840 ℃，油中淬火，淬火后立即低温回火（160～180 ℃），回火后硬度大于 61 HRC，其中淬火温度过高会过热，晶粒长大，韧性和疲劳强度降低；温度过低，奥氏体溶解碳化物不足，钢的淬透性和淬硬性均不够。

对于精密轴承钢件，为减少残余奥氏体量，稳定尺寸，还需在淬火后低温回火前进行深冷处理，并在磨削加工后进行低温（120 ℃左右）时效处理。

4. 典型钢种

根据成分和用途不同，滚动轴承钢可分为常用轴承钢、渗碳轴承钢、高碳不锈钢轴承钢、高温轴承钢和无磁轴承钢等五大类。表 8-9 给出了滚球轴承钢的钢号、热处理、性能和用途。

其中应用最广泛的是 GCr15，大量用于制造大中型轴承，占 90%的轴承用钢。此外，GCr15 钢还被用于制造冷冲模、量具、丝锥等。GCr15SiMn 则因其淬透性较高用于较大型的轴承。

表 8-9　滚球轴承钢的钢号、热处理、性能和用途

钢　　号	热处理规范及性能			主要用途
	淬火/℃	回火/℃	回火后/HRC	
GCr6	800～820	150～170	62～66	＜10 mm 的滚珠、滚柱和滚针
GCr9	800～820	150～170	62～66	20 mm 以内的各种滚动轴承
GCr9SiMn	810～830	150～200	61～65	壁厚＜14 mm，外径＜250 mm 的轴承套；20～25 mm 的钢球；直径 25 mm 左右的滚柱等
GCr15	820～840	150～160	62～66	与 GCr9SiMn 同
GCr15SiMn	820～840	170～200	＞62	壁厚≥14 mm，外径 250 mm 的套圈；直径 20～200 mm 的钢球；其他同 GCr15
GMnMoVRE	770～810	170±5	≥62	代替 GCr15 用于军工与民用方面的轴承
GSiMoMnV	780～820	175～200	62	与 GMnMoVRE 同

8.5　工具钢

工具钢是用来制造各种工具的钢种，包括刃具钢、量具钢和模具钢。按化学成分来分，工具钢可以分为碳素工具钢和合金工具钢，合金工具钢又可分为低合金工具钢和高速钢。碳素工具钢价格低廉，但淬透性低，耐回火性差，多用于制造手动或低速运动机用工具。

8.5.1　刃具钢

1. 用途及性能要求

刃具钢主要用于制造各种金属切削刀具，如车刀、铣刀、铰刀、钻头、丝锥、板牙等，由于刀具在工作时与切屑及工件之间产生强烈的摩擦而使得刃部局部区域的温度可达 500～800 ℃，同时刀具工作过程中还承受一定的冲击和震动，因此，对刃具钢的基本性能要求如下。

（1）高的硬度：只有刀具的硬度明显高于被加工材料硬度时，才能保证切削过程的顺利进行，因此刀具硬度一般都要求在 60 HRC 以上。

（2）高耐磨性：高的耐磨性保证刀具的使用寿命，高耐磨性取决于高硬度、韧性和钢中碳化物的数量、种类、性质及其形态、分布等。

（3）高的热硬性：在高温下保持高硬度的能力；切削过程中由于刀具刃部因摩擦温度升高而使其硬度降低，因此要求刀具在高温下仍能保持高的硬度。

（4）足够的塑性和韧性：防止刀具在使用过程中因冲击振动而崩刃、折断。

2. 碳素工具钢

1）成分特点

高碳，其含碳量为 0.65%～1.55%，高含碳量保证了淬火后的高硬度。

2）热处理特点

碳素工具钢通常采用球化退火做预备热处理，淬火加低温回火做最终热处理。球化退火得到铁素体基体加粒状渗碳体，目的是降低硬度便于切削加工。淬火加低温回火得到回火马氏体加粒状渗碳体以及少量残余奥氏体，硬度可以达到 60～65 HRC。

3）常用钢种

碳素工具钢的钢种有 T7、T8、T9、T10、T11、T12、T13 和 T7A、T8A、T13A。含碳量增加，钢的耐磨性提高，但韧性下降。常用碳素工具钢的牌号、化学成分、性能及用途如表 8-10所示。碳素工具钢成本低，耐磨性和加工性能较好，但热硬性差（切削温度低于 200 ℃），淬透性低。碳素工具钢广泛用于制作尺寸不大、形状简单的低速刀具如手用冲头、凿子、锉刀和机用低速钻头等。其中，T7、T7A、T8、T8A 等适用于制造承受一定冲击而韧性要求较高的刃具如木工用斧、钳工用錾子等。T9、T10、T10A、T11、T11A 用于制造冲击韧性小但要求高硬度和耐磨的刀具，如小钻头、丝锥、手锯条等。T12、T12A、T13、T13A 的硬度和耐磨性最高，但韧性差，用于制造不承受冲击的刃具如锉刀、铲刀和刮刀等。

表 8-10　碳素工具钢的牌号、化学成分、性能及用途

牌号	化学成分/(%)		退火硬度/HB不大于	淬火温度/℃	淬火硬度/HRC	用途举例
	C	Mn				
T7 T7A	0.65～ 0.74	≤0.40	187	800～ 820，水	≥62	用于承受冲击，要求韧性较好，但切削性能要求不太高的工具，如凿子、冲头、手锤、剪刀、木工工具等
T8 T8A	0.75～ 0.84	≤0.40	187	780～ 800，水		用于承受冲击，要求硬度较高和耐磨性好的工具，如简单的模具、冲头、切削软金属刀具、木工铣刀、斧、圆锯片等
T8Mn T8MnA	0.80～ 0.90	0.40～ 0.60	187			同上，因含 Mn 较高，淬透性较好，可制造截面较大的工具等
T9 T9A	0.85～ 0.94	≤0.40	192	760～ 780，水		用于要求韧性较好，硬度较高的工具，如冲头、凿岩工具、木工工具等
T10 T10A	0.95～ 1.04	≤0.40	197			用于要求不受剧烈冲击，有一定韧性及锋利刃口的各种工具，如车刀、刨刀、冲头、钻头、锥、手工锯条、小尺寸冲模等
T11 T11A	1.05～ 1.14	≤0.40	207			同上，还可以做刻刀的凿子、钻岩石的钻头等
T12 T12A	1.15～ 1.24	≤0.40	207			用于不受冲击，要求高硬度、耐磨性好的工具，如锉刀、刮刀、丝锥、精车刀、铰刀、锯片、量规等
T13 T13A	1.25～ 1.35	≤0.40	217			同上，用于要求更耐磨的工具，如剃刀、刻字刀、拉丝工具等

3. 低合金工具钢

1）成分特点

高碳：含碳量一般为0.75%～1.5%，以保证高的硬度和高的耐磨性。

合金元素：低合金工具钢在碳素工具钢的基础上加入了少量合金元素（总合金量少于5%），主要加入的合金元素为Cr、Mn、Si、W、V等。其中Cr、Mn、Si用来提高淬透性和形成合金固溶体，Si还能提高钢的回火稳定性，W和V与碳形成难熔化合物，可细化晶粒，提高硬度和耐磨性。

2）常用钢种

由于低合金工具钢中合金元素的加入量不大，钢的热硬性仍不太高，一般工作温度不得高于300 ℃，主要用于制造低速、截面大、结构复杂的机械加工用刃具。常用低合金工具钢钢种为9SiCr、CrW5、CrWMn等。其中9SiCr常用来制造薄刃刀具和冷冲模等，工作温度低于300 ℃；CrWMn常用来制造截面较大、切削刃受热不高、要求变形小和耐磨性高的刃具，如长丝锥、长铰刀、拉刀等。常用低合金工具钢的牌号、热处理及用途如表8-11所示。

3）热处理特点

和碳素工具钢一样，低合金工具钢通常采用球化退火做预备热处理，用淬火＋低温回火做最终热处理。不同的是由于加入了合金元素，钢的淬透性提高，可采用油淬火，淬火后的硬度与碳素工具钢处于同一范围，硬度可达到60～65 HRC，但淬火变形小，淬火开裂倾向小。

表8-11　低合金工具钢的牌号、热处理与用途

牌号	淬火		交货状态硬度/HB	用途举例
	温度/℃	硬度/HRC		
9SiCr	820～860，油	≥62	241～197	用于制造形状复杂，要求变形小，而耐磨性较高，切削速度不高的刃具，如丝锥、板牙、钻头、铰刀、拉刀、冷冲模、冷轧辊等
8MnSi	800～820，油	≥60	≤229	各种木工工具，如木工凿子、锯条或其他刀具等
Cr06	780～810，水	≥64	241～187	一般经冷轧成薄钢带后，制作剃刀、刀片、刮刀、刻刀、外科医疗刀具
Cr2	830～860，油	≥62	229～179	用于制造低速、走刀量小、加工材料不很硬的切削刀具，如车刀等，以及制作拉丝模、冷锻模、冷轧辊及量规等
9Cr2	820～850，油	≥62	217～179	主要用来制作冷轧辊、冷冲头及冲头、木工刀具等
W	800～830，水	≥62	229～187	尺寸较小的工具如麻花钻、小尺寸钻头、丝锥、板牙、手用铰刀等
9Mn2V	780～810，油	≥62	≤229	丝锥、板牙、铰刀、小冲模、冷压模、料模、剪刀等
CrWMn	800～830，油	≥62	255～207	拉刀、长丝锥、量规及形状复杂精度高的冲模、丝杠等

注：各钢种S、P含量均不大于0.030%。

4. 高速工具钢(高速钢)

高速工具钢是制造高速切削刀具用钢，是含有多种合金元素的高合金钢。高速钢热硬性高，当切削温度达到600 ℃时，硬度仍能保持55～60 HRC以上。因为比低合金工具钢具有更高的切削加工速度，故称为高速钢。高速钢的淬透性高，淬火时在空气中冷却就可以得到马氏体组织，因此高速钢又俗称“风钢”。

1）成分特点

含碳量：含碳量为0.7%～1.6%，以保证淬火后得到高碳马氏体和形成多种合金碳化物，以提高硬度和耐磨性。

合金元素：高速钢中含有大量的W、Mo、Cr、V、Co等合金元素，其中加入Cr用来提高钢的淬透性，即使空冷也可以获得马氏体组织，加入大量的W、Mo元素主要是为了提高马氏体的耐回火性，从而提高钢的热硬性。V与碳的亲和力很强，形成稳定性和硬度都很高的VC，可提高钢的硬度和耐磨性，同时能阻止奥氏体晶粒长大，达到细化晶粒的目的。

2）牌号及常用钢种

高速钢的种类很多，其中最重要的有两种，一种是钨系W18Cr4V，另一种是钨钼系W6Mo5Cr4V2。

钨系高速钢：典型牌号W18Cr4V，在我国应用较为广泛，钨系高速钢含钒量少，磨削性能好，钨系的热硬性高，过热倾向小，常用于制造各种精加工刀具如拉刀、螺纹铣刀、齿轮刀具及其他成形刀具。由于钨的价格较高，钨系高速钢的使用量已逐渐减少。

钨钼系高速钢：用钼代替一部分钨，典型牌号W6Mo5Cr4V2。钨钼系高速钢比钨系高速钢的碳化物细小均匀，使钢在950～1100 ℃有良好的塑性，便于压力加工，钨钼系高速钢耐磨性、热塑性和韧性较好，适于制造要求耐磨性和韧性配合良好的薄刃细齿刀具，如铣刀、插齿刀、刨刀等。

常用高速钢的牌号、化学成分、热处理及用途如表8-12所示。

3）高速钢的工艺路线和热处理特点

高速钢的常规加工路线为：下料→锻造→球化退火→机械加工→淬火＋高温回火两次→喷砂→磨削加工→成品。

锻造：高速钢虽然含碳量小于1%，但由于大量的合金元素存在使得铁碳合金相图中E点成分左移，其铸态组织为亚共晶组织，是莱氏体钢，由鱼骨状莱氏体与树枝状的马氏体和托氏体组成。这种粗大的组织脆性大且无法通过热处理改善，而只能用锻造的方法反复击打而使其分布均匀。因此对高速钢而言，锻造具有成形和改善组织的双重作用。

球化退火：高速钢的预备热处理为球化退火，主要目的是降低硬度便于切削加工，并为淬火做组织准备。球化退火后的组织为索氏体＋细小的颗粒状碳化物。

淬火：高速钢淬火温度一般在1200 ℃以上，高温加热的目的是使W、Mo、Cr、V的合金元素形成的碳化物溶解于奥氏体中，提高淬透性并确保回火后获得高的热硬性。同时，由于合金元素多而使得高速钢导热性差，传热效率低，高速钢淬火加热时要经过一次或两次分级预热。淬火采用油冷或空冷，正常淬火组织为隐晶马氏体＋粒状碳化物＋20%～30%残余奥氏体，淬火后的硬度为61～62 HRC。

回火：由于淬火后的高速钢中含有大量残余奥氏体，必须经550～570 ℃两至三次回火以减少残余奥氏体，稳定组织，并产生二次硬化，从而进一步提高硬度。每回火一次残余奥氏体含量降低一次，第三次回火后仅残余1%～2%的奥氏体。高速钢回火后的组织为回火马氏体＋细粒状碳化物＋少量残余奥氏体，硬度可以达到66～67 HRC。

表8-12 常用高速钢的牌号、化学成分、热处理及用途

钢号			W18Cr4V (18-4-1)	W9Mo3Cr4V	W6Mo5Cr4V2 (6-5-4-2)	W12Cr4VCo5
化学成分	C		0.7～0.8	0.77～0.87	0.95～1.95	1.5～1.6
	Mn		0.1～0.4	0.2～0.4	0.15～0.4	0.15～0.4
	Si		0.2～0.4	0.2～0.4	0.2～0.45	0.15～0.4
	Cr		3.8～4.40	3.8～4.40	3.8～4.40	3.75～5.0
	W		17.5～19.00	8.5～9.5	5.55～6.75	11.75～13.80
	V		1.00～1.40	1.30～1.70	1.75～2.20	4.50～5.25
	Mo		≤0.30	2.70～3.30	4.50～5.50	4.75～5.25
热处理	淬火	淬火温度/℃	1260～1280	1210～1230	1210～1230	1220～1240
		冷却介质	油	油	油	油
		硬度/HRC	≥63	≥63	≥63	≥63
	回火	回火温度/℃	550～570	540～560	540～560	530～550
		硬度/HRC	>64	>64	>64	>65
用途			600 ℃以下高速切削用的车刀、刨刀、钻头、铣刀等	切削不锈钢及其他硬韧材料时，可显著延长刀具寿命，降低零件的表面粗糙度	要求耐磨性和韧性很好的高速切削刀具，承受冲击较大的刀具如插齿刀、钻头等	要求耐磨性和热硬性较高的，耐磨性和韧性较好的、形状稍复杂的刀具如拉刀、铣刀等

8.5.2 模具钢

模具钢是指用于制造各种冷热模具的钢种，分为冷作模具钢和热作模具钢。

1. 冷作模具钢

冷作模具钢主要用于制造各种在冷态下使金属成型的模具钢，如冷冲模、冷挤压模、冷墩模和拔丝模等，工作温度一般为200～300 ℃。

1）性能要求

由于材料在冷态下变形抗力较大，冷作模具在工作时承受很大的载荷、冲击、摩擦等，冷作模具的主要失效形式为变形和磨损等。在性能上要求钢具有高硬度（58～62 HRC）和高耐磨性、足够的强度和韧性、良好的工艺性（淬透性和切削加工性能）。

2）化学成分特点

含碳量：冷作模具钢含碳量高（1.0%～2.0%），属于过共析钢，以保证热处理后的高硬度和高耐磨性。

合金元素：主加合金元素为 Cr、Mo、W、V，形成难熔碳化物，提高耐磨性及淬透性。

3）常用钢种

小型冷作模具钢：适用于尺寸小、形状简单、负荷不大的模具，常用钢种有 T10A、9SiCr、CrWMn、Cr6WV 等。这类钢价格便宜，加工性能好，满足模具的工作要求，但这类钢的淬透性差，热处理变形大，耐磨性较差，寿命较短。

大型冷作模具钢：用于制造负荷大、尺寸大、形状复杂的模具，常用牌号有 Cr12、Cr12MoV 等。这类钢含高碳高铬，淬透性好，淬火变形小，耐磨性好。

常用冷作模具钢的牌号、化学成分、热处理及用途如表 8-13 所示。

表 8-13 常用冷作模具钢的牌号、化学成分、热处理及用途

牌号	化学成分/(%)					交货状态	热处理		用途
	C	Si	Mn	Cr	其他	(退火)(HBW)	淬火温度/℃	硬度/HRC	
CrWMn	0.9～1.05	≤0.40	0.80～1.10	0.90～1.20	W:1.20～1.60	207～255	800～830,油	62	制作淬火要求变形很小、长而形状复杂的切削刀具如拉刀、长丝锥及形状复杂、高精度的冷冲模等
Cr12	2.00～2.30	≤0.40	≤0.40	11.50～13.00		217～269	950～1000,油	60	制作耐磨性高、不受冲击、尺寸较大的模具，如冷冲模、冲头、钻套、量规、螺纹滚丝模、拉丝模、冷切剪刀等
Cr12MoV	1.45～1.70	≤0.40	≤0.40	11.00～12.50	Mo:0.40～0.60;V:0.14～0.30	207～255	950～1000,油	58	制作截面较大、形状复杂、工作繁重的各种冷作模具及螺纹搓丝板、量具等
Cr4W2MoV	1.12～1.25	0.40～0.70	≤0.40	3.50～4.00	W:1.20～1.60;Mo:0.80～1.20;V:0.80～1.10	≤269	960～980,油	60	可代替 Cr12MoV、Cr12 钢制作冷冲模、冷挤压模、搓丝板等
W6Mo5Cr4V	0.55～0.6	≤0.40	≤0.60	3.70～4.39	Mo:4.50～5.50;V:0.70～1.10	≤269	1180～1200,油	60	制作冲头、冷作凹模等

注：各钢种 S、P 含量均不大于 0.030%。

4）热处理特点

冷作模具钢为碳素工具钢或低合金工具钢时，热处理为球化退火、淬火＋低温回火。当选用Cr12为模具钢时，热处理也为淬火＋回火处理，当回火温度较低时，钢的硬度可以达到61～64 HRC，耐磨性和韧性较好，适用于重载模具；当在较高温度下多次回火时会产生二次硬化，钢的硬度可达到60～62 HRC，红硬性和耐磨性都较高，适用于400～500 ℃以下温度工作的模具，热处理后的组织为回火马氏体、颗粒状碳化物及少量残余奥氏体，同时Cr12型钢为莱氏体钢，需通过反复锻造来改善网状共晶碳化物的形态及分布。

2. 热作模具钢

热作模具钢用于制造各种使加热金属或液态金属成型的模具，如热锻模、热压模、热挤模和压铸模等。工作时型腔表面的温度可达到600 ℃以上。

1）性能要求

热作模在工作时模具的平均温度为500～600 ℃，同时承受强烈的冲击和剧烈的摩擦作用，以及剧烈的冷热循环引起的热疲劳，因此要求热作模具钢在高温下具有良好的力学性能、高的抗热疲劳性能、高的淬透性、良好的导热性、高的抗氧化性等。

2）化学成分特点

含碳量：中含碳量（0.4％～0.6％），保证强度和韧性良好的配合、较高的硬度（35～52 HRC）和抗热疲劳性能。

合金元素：主加合金元素Cr、Ni、Mn、Mo等，其中Cr用来提高淬透性，Ni、Mn的作用是提高回火稳定性及强化铁素体，Mo的作用是防止第二类回火脆性。

3）常用钢种及其热处理

热锻模具钢：典型钢种有5CrMnMo、5CrNiMo，前者多用于韧性要求高、热硬性要求不高的热锻模具，后者多用于大型热锻模具。热处理为淬火加高温回火（550 ℃左右），使用状态下的组织为回火索氏体。

压铸模具钢：典型钢种有3Cr2W8V、4Cr5MoVSi等，用于热强性要求更高的大型锻压模或压铸模，热处理淬火后在略高于二次硬化峰值的温度（600 ℃左右）回火，组织为回火马氏体＋颗粒状碳化物＋少量残余奥氏体，硬度为45 HRC左右。小型热铸模具钢常选用5CrMnMo。

目前广泛应用的热作模具钢是近年来引进的H11和H13钢（美国进口牌号），对应国内牌号分别为4Cr5MoSiV1和4Cr5MoSiV模具钢，H13钢是一种强韧兼备的质优价廉钢种，主要用于制造冲击载荷大的锻模、热挤压模、精锻模、铝铜以及其合金压铸模，H13钢和H11钢是5CrMnMo、5CrNiMo等传统热作模具钢的最好代用材料，模具的使用寿命比后者提高1～2倍。

8.5.3 量具钢

量具钢用于制造量测工具如卡尺、千分尺、块规、塞规及螺旋测微仪等量具。

1. 性能要求

量具作为检测工具，本身必须有高的尺寸精度和良好的尺寸稳定性，同时量具在使用过程中长期与被测零件反复接触，承受摩擦与冲击，因此要求量具钢具有：高的硬度（＞56

HRC)和耐磨性,以保证在长期使用过程中不会因为摩擦磨损而丧失精度;高的尺寸稳定性及小的热处理变形,保证量具在使用和存放过程中尺寸和形状不发生变化;良好的耐蚀性,以防止生锈、化学腐蚀等。

2. 化学成分特点

高碳:含碳量 0.9%~1.5%,保证高的硬度和耐磨性。

合金元素:主加合金元素 Cr、W、Mn,主要是为了提高淬透性。

3. 常用钢种

碳素工具钢:如 T10A、T12A,碳素工具钢的淬透性低,尺寸大的量具在水淬时会引起较大的应力及变形,因此,这类钢主要用于制作尺寸小、形状简单、精度要求不高的量具。

低合金工具钢、滚动轴承钢:如 CrWMn、Cr2 或 GCr15 等,其中 CrWMn 钢淬透性好,淬火变形小,用于制作高精度且形状复杂的量规及块规等;GCr15 钢耐磨性及尺寸稳定性好,用于制作高精度块规、千分尺等。

渗碳钢和渗氮钢:低碳钢渗碳处理中碳钢表面淬火或氮化处理,如典型的渗氮钢 38CrMoAlA,适合于制作承受磨损和冲击、质量要求较高的量具。

铬不锈钢:如 4Cr13 和 9Cr18,用于制造在腐蚀介质中使用的量具。

常见量具钢的牌号及热处理如表 8-14 所示。

表 8-14　常见量具钢的牌号及热处理

量具名称	材料	热处理
平样板、卡规、大型量具	15、20、20Cr	渗碳、淬火+低温回火
	50、55、60、65	调质、表面淬火+低温回火
要求耐腐蚀的量具	3Cr13、4Cr13	淬火+低温回火
一般量具、量规、卡尺	T10A、T12A、9SiCr	淬火+低温回火
高精度量规、块规,形状复杂的样板	GCr15、CrWMn、9Mn2V	淬火+低温回火

4. 热处理特点

量具热处理的关键是减少变形和提高尺寸稳定性,通常量具的加工工艺路线为下料→锻造→球化退火→机械加工→淬火→深冷处理→低温回火→粗磨→人工时效处理→精磨→去应力处理→研磨。量具淬火后应立即在−80~−70 ℃进行深冷处理,可减少钢中的残余奥氏体,稳定量具尺寸;人工时效处理是将工件加热到 120~150 ℃ ,较长时间保温后缓冷,时效处理可进一步降低马氏体的正方度、稳定残余奥氏体和消除残余应力,提高工件尺寸的稳定性。

8.6　特殊性能钢

特殊性能钢是指具有某些特殊的物理或化学性能如耐热性、耐低温性、耐大气或酸碱腐蚀等介质腐蚀性的专用钢,在机械设计和制造中,常使用的特殊性能钢有不锈钢、耐磨钢和耐热钢等。

8.6.1 不锈钢

不锈钢是不锈耐酸钢的简称，耐空气、蒸汽、水等弱腐蚀介质或具有不锈性的钢种称为不锈钢，而将耐化学腐蚀介质（酸、碱、盐等化学浸蚀）腐蚀的钢种称为耐酸钢。由于两者在化学成分上的差异而使它们的耐蚀性不同，普通不锈钢一般不耐化学介质腐蚀，而耐酸钢则一般均具有不锈性。不锈钢广泛应用于石油、化工、原子能、航天、航海等工业部门，制造要求耐腐蚀的构件，如化工管道、阀门、泵、压力容器、飞行器蒙皮、反应堆包壳管和回路管道、手术刀和滚动轴承等。

1. 金属的腐蚀机理

金属的腐蚀是指金属与周围介质发生作用而引起金属破坏的现象。按作用机理不同，金属的腐蚀包括化学腐蚀和电化学腐蚀两种类型。

化学腐蚀：金属化学腐蚀是在干燥气体或非电解液中发生的，腐蚀过程中金属与腐蚀介质直接产生化学作用，没有电流产生。在高温下工作的构件主要发生化学腐蚀，如钢在高温下的氧化、脱碳，钢与氢接触产生“氢蚀”都属于金属化学腐蚀。

电化学腐蚀：金属电化学腐蚀是在酸、碱、盐等电解质溶液中发生的，腐蚀过程中有电流产生，这类腐蚀非常普遍，危害很大。在较潮湿空气或海水中工作的构件常发生电化学腐蚀，这种现象非常普遍。

金属在电解质溶液中的腐蚀过程类似于电池中的化学反应过程。腐蚀是在金属中不同相或化学成分不均匀的部位所构成的微电池（见图 8-8）作用下进行。钢中只要存在两种电极位不同的相（如铁素体、渗碳体或非金属夹杂物等），当其表面吸附形成一层水膜，便可构成无数个微电池，在微电池中，处于低电位的阳极上的金属发生溶解，因而造成腐蚀。因此，提高金属电化学腐蚀抗力的途径是尽量使合金在室温下呈单一均匀的组织，或提高合金本身的电极电位。

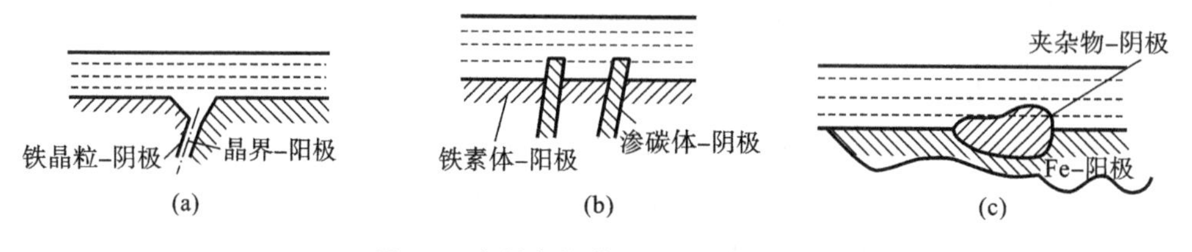

图 8-8 金属电化学腐蚀机理示意图

2. 金属腐蚀的防护

(1) 加入合金元素提高金属基体的电极电位：当含铬量大于 13%时，铁的电极电位由 −0.56 V突变至 +0.2 V，因此其电化学腐蚀抗力可显著提高。根据这种作用，含铬 13%的钢是一种优良的不锈钢，称为铬不锈钢。铬不锈钢的牌号有 1Cr13、2Cr13、3Cr13、4Cr13 及 1Cr17 等。

(2) 加入足够量合金元素形成单相组织：在钢中加入大量铬或镍、铬，可获得单相铁素体或单相奥氏体组织，阻止微电池的形成，可以显著提高耐蚀性。

(3) 加入合金元素在金属表面形成致密保护膜，如加入 Al 或 Cr、Si 等元素，可使其表面在高温时形成致密的氧化膜（如 Al_2O_3、Cr_2O_3、SiO_2），阻止外界氧原子往里进一步扩散，

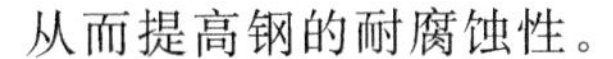

从而提高钢的耐腐蚀性。

3. 成分特点

含碳量:含碳量越高,形成碳化物的倾向越大,材料中形成微电池的数量越多,从而使得耐腐蚀性越差。因此,大多数不锈钢含碳量为 0.1%～0.2%,但用于制造刃具和滚动轴承等的不锈钢含碳量较高,一般为 0.85%～0.95%,以获得高的强度、硬度和耐磨性。

合金元素:Cr 是提高耐蚀性的主要元素,铬不仅能提高铁素体的电位,当铬含量大于 12.7%时,可以形成单相铁素体组织,减轻电化学腐蚀。同时在蒸汽、大气、海水等氧化介质中形成致密的 Cr_2O_3 氧化膜,减轻化学腐蚀。

Ni 是不锈钢中另一种重要的合金元素,Ni 可以扩大奥氏体相区,形成单相奥氏体组织,同时 Ni 也可以提高基体电位。但因 Ni 稀缺昂贵,通常将 Ni 与 Cr 配合使用,提高耐蚀性。

Mo 和 Cu 用来提高钢在非氧化性酸中的耐蚀性。

Mn 和 N 在钢中可以替代 Ni 的作用,其中 2%的 Mn 可以替代 1%的 Ni。

Ti 和 Nb 的主要作用是防止奥氏体不锈钢发生晶界腐蚀,晶界腐蚀是一种沿晶粒周界发生腐蚀的现象,Ti 和 Nb 是强碳化物形成元素,能优先与碳形成稳定碳化物,使 Cr 保留在基体中,避免晶界贫 Cr,降低钢的晶间腐蚀倾向。

4. 常用不锈钢

不锈钢是钢铁材料中最复杂的钢类,其钢种和分类方法很多,目前应用最多的是按组织状态分类,主要有马氏体不锈钢、铁素体不锈钢、奥氏体不锈钢、奥氏体-铁素体(双相)不锈钢及沉淀硬化不锈钢等,如表 8-15 所示。另外,按化学成分不锈钢分为:铬不锈钢、铬镍不锈钢和铬锰氮不锈钢等。

表 8-15　常用不锈钢的牌号、成分、热处理及用途

类别	牌号	主要化学成分			热处理/℃		用途举例
		C%	Cr%	其他	淬火	回火	
马氏体型	1Cr13	≤0.15	11.50～13.50	Ni≤0.60	950～1000,油冷	700～750,快冷	能耐弱腐蚀介质、能承受冲击载荷的零件,如汽轮机叶片、水压机阀、结构架、螺栓、螺母等
	2Cr13	0.16～0.25	12.00～14.00	Ni≤0.60	920～980,油冷	600～750,快冷	
	3Cr13	0.26～0.35	12.00～14.00	Ni≤0.60	920～980,油冷	600～750,快冷	
	4Cr13	0.36～0.45	16.00～18.00	Ni≤0.60	1050～1100,油冷	200～300,空冷	具有较高硬度和耐磨性的医疗工具、量具、滚珠轴承等
	9Cr18	0.90～1.00	16.00～18.00	Ni≤0.60	1000～1050,油冷	200～300,油空冷	不锈切片、机械刃具,剪切刃具,手术刀片,高耐磨、耐蚀件

续表

类别	牌　号	主要化学成分			热处理/℃		用途举例
		C%	Cr%	其　他	淬　火	回　火	
铁素体型	00Cr12	≤0.03	11.00～13.00	Ni≤0.60	720～820，退火		汽车排气装置、燃烧喷嘴等
铁素体型	1Cr17Mo	≤0.12	6.00～18.00	Mo0.75～1.25	780～850，退火		硝酸工厂的吸收塔、热交换器、输送管道，以及仪器机械设备等
奥氏体型	1Cr18Ni9	≤0.15	16.00～18.50	Ni8.00～10.00	固溶热处理 1010～1150，快冷		耐酸、盐、碱腐蚀的设备且强度要求高的部件
奥氏体型	1Cr18Mn8Ni5N	≤0.15	17.00～19.00	Ni4.00～6.00 N≤0.25	固溶热处理 1010～1120，快冷		耐酸容器及设备的衬里，不锈输送管、液氢、液氧瓶及焊芯等
奥氏体型	0Cr18Ni12Mo2Cu	≤0.08	17.00～19.00	Ni10～14 Mo1.2～2.8 Cu1.0～2.5	固溶热处理 1010～1120，快冷		耐硫酸、磷酸的容器及设备，有极好的耐点蚀及耐晶间腐蚀能力
双相型	022Cr22Ni5Mo3N	≤0.03	21.00～23.00	Ni4.50～6.50 Mo2.5～3.5 N0.08～0.20	固溶热处理 950～1200，快冷		焊接性能良好，制作油井管、化工储罐、热交换器等
双相型	0Cr26Ni5Mo2	≤0.08	23.00～28.00	Ni3.0～6.0 Mo1.0～3.0 Si≤1.0 Mn≤1.5	固溶热处理 950～1100，快冷		抗氧化性、耐点蚀性能好，强度高，做耐海水腐蚀部件等

1）铁素体不锈钢

铁素体不锈钢即含铬不含镍的不锈钢。铁素体不锈钢通常在退火或正火状态下使用，不能通过淬火强化，只能用冷塑性变形（加工硬化）和再结晶退火改善性能，细化组织。这类钢一般都具有磁性。

铁素体不锈钢的成分特点是高铬低碳，含碳量低于<0.15%，含铬量为17%～30%，组织为单相铁素体。其耐蚀性、韧性和可焊性随含铬量的增加而提高。典型钢种有1Cr17Mo钢。铁素体不锈钢强度较低，塑性和焊接性能好。因为含铬量高，耐腐蚀性能与抗氧化性能均比较好，但机械性能与工艺性能较差，多用于受力不大的耐酸结构如化工设备、容器和管道及做抗氧化钢使用。同时，这类钢能抵抗大气、硝酸及盐水溶液的腐蚀，并具有高温抗氧化性能好、热膨胀系数小等特点，用于硝酸及食品工厂设备，也可制作在高温下工作的零件，如燃气轮机零件等。

2）马氏体不锈钢

这类不锈钢除个别的钢号含有少量的镍外，大多数钢号只含有铬，其优点是热处理能使之硬化，这类钢都具有磁性。

马氏体不锈钢含铬量（12%～18%）较高，淬透性好，空冷时就可以形成马氏体。由于合金元素单一，这类钢只在氧化性介质（如大气、水蒸气、海水、氧化性酸）中有较好的耐蚀性，而在非氧化介质（如盐酸或碱溶液等）中耐蚀性很低。同时，马氏体不锈钢随含碳量的增加，强度、硬度和耐磨性提高，但耐蚀性降低。马氏体不锈钢的耐蚀性、塑性和焊接性能都不如奥氏体不锈钢和铁素体不锈钢，但它有较好的力学性能，并有一定的耐腐蚀性，常用于制作耐腐蚀性要求不高而力学性能要求高的零件。

马氏体不锈钢主要是 Cr13 型不锈钢，常用钢号有 1Cr13、2Cr13、3Cr13、4Cr13、9Cr18 等。其中 1Cr13 和 2Cr13 的综合力学性能好，工业上一般作为结构钢使用，用作耐蚀结构件，如汽轮机叶片、耐蚀螺栓、水压机阀等。其热处理工艺一般为淬火加高温回火，得到良好综合力学性能的回火索氏体。

由于 3Cr13 和 4Cr13 中加入了较多的铬元素，共析点 S 移动到 0.3%附近，从而使得 3Cr13 和 4Cr13 分别属于共析钢和过共析钢。3Cr13、4Cr13、9Cr18 钢主要用作要求含碳量较高的弹簧、轴承和各种不锈钢工具，如医用钳子、剪刀、手术刀等。当用作弹簧时，其热处理工艺为淬火加中温回火（480～520 ℃），得到回火托氏体组织；当用作轴承和工具时，其热处理为淬火加低温回火（200～300 ℃），得到回火马氏体加碳化物组织。

3）奥氏体不锈钢

奥氏体不锈钢即含有铬镍、铬镍锰或铬锰氮等元素的不锈钢。这类钢只能通过冷加工使之硬化，热处理只能使之软化。在退火状态中是无磁性的，也不被磁化。在冷加工后，有的会带有磁性。

奥氏体不锈钢是应用范围最广的不锈钢。奥氏体不锈钢的成分特点是低碳高铬镍，含碳量很低（一般为 0.1%左右），主加元素铬（17%～19%），由于镍的加入，扩大了奥氏体区域，使钢在室温下得到单相奥氏体组织。奥氏体不锈钢强度和硬度较低，塑性、韧性及耐蚀性都优于马氏体不锈钢，适合于冷成形，但切削加工性能较差，且冶炼工艺复杂，价格高，常用来制作耐酸设备，如耐蚀容器及设备衬里、输送管道、耐硝酸的设备零件及抗磁仪表等，另外还可用作不锈钢钟表饰品的主体材料。

常用的奥氏体不锈钢为 18-8 型的镍铬不锈钢，如 1Cr18Ni9 钢。由于 18-8 型不锈钢在退火状态下的组织是奥氏体加少量的碳化物，因此需要将钢加热到 920～1150 ℃，使碳化物全部溶入到奥氏体中然后在水中快速冷却，获得单一均匀的奥氏体组织，这种处理称为固溶处理。奥氏体不锈钢的固溶处理与一般钢的淬火不同，目的不是获得马氏体，而是获得单相奥氏体组织，提高耐蚀性。

4）奥氏体-铁素体双相不锈钢

奥氏体-铁素体双相不锈钢是奥氏体和铁素体组织各约占一半的不锈钢，兼有奥氏体和铁素体不锈钢的优点，并具有超塑性。这类钢是在含铬量 18%～26%、含镍量 4%～7%不锈钢基础上，根据不同用途加入锰、钼、硅等元素组合而成。

双相不锈钢兼有奥氏体和铁素体不锈钢的特点，由于奥氏体的存在，降低了高铬铁素体钢的脆性，提高了可焊性和韧性；而高铬铁素体的存在，提高了抗晶间腐蚀能力和屈服强度。双相不锈钢具有优良的耐孔蚀性能，也是一种节镍不锈钢，故价格相对低廉。

双相不锈钢多用于既要求高强度又要求耐腐蚀性的生产领域。中合金型双相不锈钢0Cr22Ni5Mo3N和0Cr26Ni5Mo2钢是所有双相不锈钢中应用最多的钢种。前者主要用在酸性石油、天然气井的生产方面，包括炼油、输油系统以及化工、化肥工业中易产生孔蚀和应力腐蚀的设备和构件；后者有良好的力学性能和耐局部腐蚀性能，尤其在耐磨损腐蚀性能方面优于传统不锈钢，更是海水环境中的理想用材，适用于舰船用螺旋桨推进器、方向舵、潜艇密封件等。

5）沉淀硬化不锈钢

沉淀硬化不锈钢是在不锈钢的基础上降低Ni的含量，加入适量的Al、Cu、Mo、P等元素，基体为奥氏体或马氏体组织，通过沉淀硬化（又称时效硬化）处理使其硬（强）化的不锈钢，通过时效硬化处理后的钢的抗拉强度可以达到1250～1600 MPa。这类钢主要用作高强度、高硬度而又有耐蚀要求的化工机械及航空航天用的设备、零件等。沉淀硬化不锈钢的常用牌号有04Cr13Ni8Mo2Al等。

8.6.2 耐磨钢

耐磨钢主要是指在冲击载荷作用下发生冲击硬化作用的高锰钢。

1. 性能要求

有些机械零件如拖拉机、坦克的履带板、破碎机的颚板、挖掘机的铲齿和铁路的道岔等，在工作中承受强烈的撞击和摩擦磨损，要求具有很高的耐磨性和韧性。而普通钢材不能既得到高硬度且耐磨的表面，又同时具有很高的韧性。具有耐磨性能的高锰钢主要用作这类机械零件的材料。

2. 成分特点

高碳：含碳量0.75%～1.45%，以保证材料的高硬度和耐磨性。

高锰：含锰量为11%～14%，大量锰元素的作用使奥氏体相区扩大，室温下为单相均匀的奥氏体组织，获得良好的韧性。

3. 典型钢种

耐磨钢牌号为铸钢拼音首写字母“ZG”，加锰元素符号以及锰含量的百分之几，常用的典型钢种有5个牌号，分别是ZGMn13-1、ZGMn13-2、ZGMn13-3、ZGMn13-4及ZGMn13-5等。铸造高锰钢的牌号、成分及适用范围如表8-16所示。由于这种钢的机械加工比较困难，一般多直接铸造成零件使用。

表 8-16　铸造高锰钢的牌号、成分及适用范围

<table>
<tr><th rowspan="2">牌　　号</th><th colspan="5">化学成分/(%)</th><th rowspan="2">适 用 范 围</th></tr>
<tr><th>C</th><th>Mn</th><th>Si</th><th>S</th><th>P</th></tr>
<tr><td>ZGMn13-1</td><td>1.10～1.50</td><td rowspan="4">11.00～14.00</td><td rowspan="2">0.30～1.00</td><td rowspan="4">≤0.040</td><td rowspan="2">≤0.090</td><td rowspan="2">低冲击耐磨件，如齿板、衬板、铲齿等</td></tr>
<tr><td>ZGMn13-2</td><td>1.00～1.40</td></tr>
<tr><td>ZGMn13-3</td><td>0.90～1.30</td><td rowspan="2">0.30～0.80</td><td>≤0.080</td><td rowspan="2">承受强烈冲击载荷的零件，如斗前壁、履带板等</td></tr>
<tr><td>ZGMn13-4</td><td>0.90～1.20</td><td>≤0.070</td></tr>
</table>

4. 热处理特点

铸造的高锰钢零件组织为奥氏体加碳化物，性能硬且脆，耐磨性也差，不能直接应用，需要进行热处理后才能使用，即将钢加热到 1050～1100 ℃之间保温，使碳化物完全溶入奥氏体中，迅速水冷，从而获得均匀的奥氏体组织，防止碳化物析出，这种处理类似钢的淬火，但其作用完全不同，称为“水韧处理”。此时，其强度、硬度并不高(180～200 HB)，但塑性、韧性很好。但当其表面因摩擦或撞击而受到压力时，便发生变形。在变形的同时，表面奥氏体迅速产生加工硬化，并有马氏体及特殊碳化物沿滑移面形成，使表面硬度提高到 450～550 HB，从而可得到高耐磨性的表面层，并使心部仍保持原奥氏体组织的状态而有很高的韧性。而当表面磨损后，新露出的表面又可在冲击或压力作用下获得新的硬化层。

8.6.3　耐热钢

耐热钢是指在高温条件下具有抗氧化性和足够高温强度以及良好耐热性能的钢。它包括抗氧化钢(或称高温不起皮钢)和热强钢两类。耐热钢常用于制造锅炉、汽轮机、动力机械、工业炉和航空、石油化工等工业部门中在高温下工作的零部件。

1. 性能特点

抗氧化钢一般要求较好的化学稳定性，但承受的载荷较低。热强钢则要求较高的高温强度和相应的抗氧化性。这些部件除要求高温强度和抗高温氧化腐蚀外，根据用途不同还要求有足够的韧性、良好的加工性和焊接性，以及一定的组织稳定性。

2. 成分特点

1) 提高抗氧化性

含碳量：耐热钢的含碳量一般都不高，在 0.1%～0.2%之间，低含碳量可防止碳与铬等抗氧化元素的作用而降低钢的抗氧化性，同时低碳可以保证钢的塑性和焊接性能。

合金元素：加入 Cr、Si、Al 可在合金表面形成致密的 Cr_2O_3、Si_2O_3、Al_2O_3 氧化膜，阻碍氧化过程的继续。Cr 是主要抗氧化元素，当合金中 Cr 含量为 15%左右时，其抗氧化温度可以达到 900 ℃；当 Cr 含量为 20%～25%时，抗氧化温度可达 1100 ℃。

2) 提高热强性

固溶强化：加入 Cr、Ni、W、Mo 等合金元素可产生固溶强化，并提高再结晶温度，从而提高高温强度即热强性。

弥散强化:加入V、Ti、Nb、Al等元素可形成熔点高、强度大的细小弥散分布且稳定的VC、TiC、NbC等碳化物或稳定性更高的金属间化合物,能有效地提高室温和高温强度。

晶界强化:高温下原子在晶界处扩散速度比晶内快,使得高温下晶界强度低于晶内强度。加入B、Zr、Hf、RE等元素可净化晶界或填充晶界空位,从而强化晶界,提高高温断裂抗力。

3. 耐热钢的种类

1)珠光体耐热钢

这类钢的含碳量较低,合金元素一般不超过5%。珠光体耐热钢的使用温度为450~600 ℃,常用牌号有15CrMo和12Cr1MoV等。使用状态下的组织为珠光体+铁素体,广泛用于制作工作温度为600 ℃以下的耐热部件,如制造锅炉、化工压力容器、热交换器、气阀等耐热构件。

2)马氏体耐热钢

这类钢是在Cr13不锈钢的基础上发展起来的,使用温度为580~650 ℃,常用牌号有12Cr13、20Cr13、1Cr11MoV等,主要用于制造对耐热性、耐蚀性和耐磨性要求都较高的汽轮机叶片、内燃机气阀等零件。

3)铁素体耐热钢

这类钢中含有较多的Cr、Al、Si等元素,以提高抗氧化性,在高温下仍能保持单相铁素体组织,具有良好的抗氧化性和耐高温气体腐蚀的能力。但高温强度低,室温脆性较大,焊接性能较差,一般用于制作承受载荷较低而要求有高温抗氧化性的部件。常用牌号有10Cr17、16Cr25N等。

4)奥氏体耐热钢

这类钢含有较多的Ni、Mn、N等奥氏体形成元素。在600 ℃以上时,有较好的高温强度和组织稳定性,一般工作温度在600~900 ℃之间。奥氏体耐热钢的耐热性能优于珠光体耐热钢和马氏体耐热钢,其冷塑性变形性能和焊接性能都很好,通常用作在600 ℃以上工作的热强材料如航空、舰艇、石油化工等工业部门制作汽轮机叶片、发动机气阀及炉管等。常用牌号有06Cr18Ni11Ti、07Cr19Ni11Ti、45Cr14Ni14W2Mo等。

8.6.4 低温钢

低温钢是指用来制造−253~−40 ℃低温下工作的焊接结构(如盛装液氧、液氮、液氢和液氟的容器)专用钢材以及在寒冷或超低温条件下使用的冷冻设备及零部件用钢,也称为深冷钢或超低温钢。低温钢在石油气深冷分离设备中,绝大部分的最低使用温度为−110 ℃,个别设备中达−150 ℃,可分别采用低合金钢、3%~6%镍钢或9%镍钢。在空气分离设备中,最低工作温度达−196 ℃,一般采用9%镍钢或奥氏体低温钢。工作温度为−253 ℃的液氢生产、贮运设备,工作温度为−269 ℃的液氦设备,均应采用组织结构稳定的奥氏体低温钢。而某些特殊设备如超导磁体或超导电机,宜采用在工作温度以下除有稳定的奥氏体组织外,还能保持极低磁导率($\mu \leqslant 1.01$或更低)的钢种。

1. 性能特点

金属材料在低温下强度和硬度有所增加，但塑性和韧性却明显降低，因此低温钢的韧性-脆性转变温度应低于使用温度，防止在低温条件下金属材料突然发生脆性断裂。同时低温钢在使用温度下组织结构稳定，具有良好的焊接性和加工成形性，某些特殊用途还要求极低的磁导率、冷收缩率等。低温钢按晶体点阵类型一般可分为体心立方的铁素体低温钢和面心立方的奥氏体低温钢两大类。

2. 常用的低温钢

1）铁素体低温钢

铁素体低温钢一般存在明显的韧性-脆性转变温度，当温度降低至某个临界值（或区间）会出现韧性的突然下降。铁素体低温钢按成分分为三类：低碳锰钢、低合金钢、中（高）合金钢。其中低碳锰钢（C0.05%～0.28%、Mn0.6%～2%），这类钢最低使用温度为－60 ℃左右；低合金钢主要有低镍钢（Ni2%～4%）、锰镍钼钢、镍铬钼钢，这些钢种的强度高于低碳钢，最低使用温度可达－110 ℃左右；中（高）合金钢主要有 6%Ni 钢、9%Ni 钢、36%Ni 钢，其中 9%Ni 钢是应用较广的深冷用钢。这类高镍钢的使用温度可低至－196 ℃。

2）奥氏体低温钢

这类钢的低温脆断性能最好，其中 00Cr18Ni9、0Cr18Ni9 和 1Cr18Ni9 奥氏体不锈钢使用最广泛，可在－200 ℃条件下使用；25Cr-20Ni 钢是最稳定的奥氏体不锈钢，可用于－269 ℃或超低温条件。

思考练习题

1. 钢的质量为什么是以 P 和 S 的含量来划分的？

2. 什么是合金钢？与碳素钢相比，合金钢的优点是什么？为什么？

3. 简述钢的耐回火性、热硬性和二次硬化。

4. 合金元素为何能提高钢的淬透性和回火稳定性？淬透性与回火稳定性对钢的意义是什么？

5. 钢中加入合金元素为何可以形成奥氏体钢、铁素体钢、莱氏体钢？

6. 用 45 钢制造机床齿轮，其工艺路线为：锻造—正火—粗加工—调质—精加工—高频感应加热表面淬火—低温回火—磨加工。说明各热处理工序的目的及使用状态下的组织。

7. 对一批 45 钢零件进行热处理，不慎将退火件与正火件弄混，如何用最简便的方法将它们区分开？为什么？

8. 拟用 T12 钢制造锉刀，其工艺路线为：锻造—热处理—机械加工—热处理—柄部热处理，试说明各热处理工序的名称、作用，并指出热处理后的组织。

9. 有一凸轮轴，要求表面有高的硬度（>50 HRC），心部具有良好的韧性，原用 45 钢制造，经调质处理后，高频淬火、低温回火可满足要求。现因为工厂库存 45 钢已用完，拟改用 15 钢代替，若仍按原热处理方法进行处理，能否达到性能要求，为什么？

10. 根据下列零件的性能要求及技术条件选择热处理方法：

（1）用 20CrMnTi 加工传动齿轮，要求表面硬度高，耐磨性好，硬度 55～60 HRC；

（2）用 45 钢制作直径为 18 mm 的传动轴，要求具有良好的综合性能。

11. 材料库中存有：40Cr、GCr15、T12、60Si2Mn、W6Mo5Cr4V2。现要制作锉刀、齿轮、弹簧，试选用材料，并说明应采用何种热处理方法及使用状态下的显微组织。

第9章 铸铁

9.1 概述

铸铁(cast iron)是以铁、碳、硅为主要成分，并且在结晶过程中有共晶转变的多元铁基合金。其化学成分范围为：$w_C=1.8\%\sim4.0\%$，$w_{Si}=1.0\%\sim3.0\%$，$w_{Mn}=0.1\%\sim1.4\%$，$w_P=0.01\%\sim0.5\%$，$w_S=0.02\%\sim0.2\%$。有时还加入其他合金元素，如 Cr、Ni、Cu、Co 等，以便获得具有特种性能的合金铸铁，如耐磨铸铁、耐热铸铁和耐蚀铸铁等。

铸铁中的碳可以以化合态的渗碳体(Fe_3C)形式存在，也可以以游离态的石墨(G)形式存在。除白口铸铁外，工业上常用的铸铁中大部分的碳都以游离态的石墨形式存在。因为铸铁中含有较多的碳和硅，极大地影响了铸铁的微观结构及其性能。

同钢相比，铸铁虽然抗拉强度、塑性和韧性较低，但其铸造性能、切削加工性能、耐磨性及减震性能优良，缺口敏感性低，且铸铁的熔炼加工简单(熔点比钢低得多)，成本低廉，因而是人类迄今为止应用最广泛的材料之一。按重量统计，铸铁件占机器总用量的 45%～90%，例如在农业机械中铸铁件占 40%～60%，在汽车、拖拉机中占 50%～70%，在机床和重型机械中占 60%～90%。此外，高强度铸铁和合金铸铁还可代替部分昂贵的合金钢和部分有色金属材料。

本章将介绍铸铁石墨化的基本知识和常用的几种铸铁材料。

9.2 铸铁的分类及石墨化

9.2.1 铸铁的分类

铸铁的种类很多，按化学成分不同可分为普通铸铁和合金铸铁；按强度不同可分为低强度铸铁和高强度铸铁；按基体的组织不同可分为铁素体铸铁、珠光体铸铁、铁素体＋珠光体铸铁。目前，工业上通常是按照铸铁中碳的存在形式和石墨的形态来进行分类的，主要可以分为图 9-1 所示的几类。

1. 白口铸铁

碳大部分或全部以亚稳定相渗碳体的形式存在，其断口呈银白色，故称为白口铸铁。因

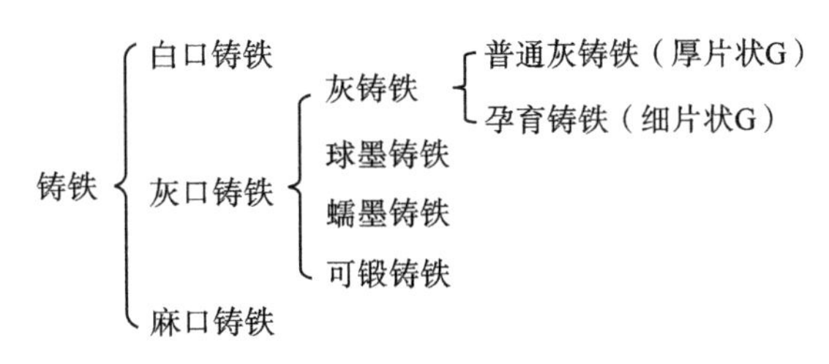

图 9-1 铸铁的分类

这种铸铁组织中含有大量的渗碳体和共晶莱氏体，故其性能硬而脆，机械加工性能很差，因此其在工程中应用非常有限，主要被用作炼钢原料或生产可锻铸铁的毛坯，也可用于劣质铸件和汽车车轮外表面需要硬涂层的地方。

2. 灰口铸铁

碳大部分或全部以游离态的石墨形式存在，因其断口呈暗灰色，故称为灰口铸铁。灰口铸铁是工业生产中应用最广泛的一种铸铁材料。根据石墨的形态不同（见图 9-2），灰口铸铁具体又可分为灰铸铁（片状石墨）、球墨铸铁（球状石墨）、蠕墨铸铁（蠕虫状石墨）和可锻铸铁（团絮状石墨）四种。

3. 麻口铸铁

碳除了少量溶于铁素体外，一部分以渗碳体的形式存在，另一部分以石墨的形式存在，其断口呈黑白相间，故称为麻口铸铁。这种铸铁的硬脆性也很大，因此在工业上的使用价值不大。

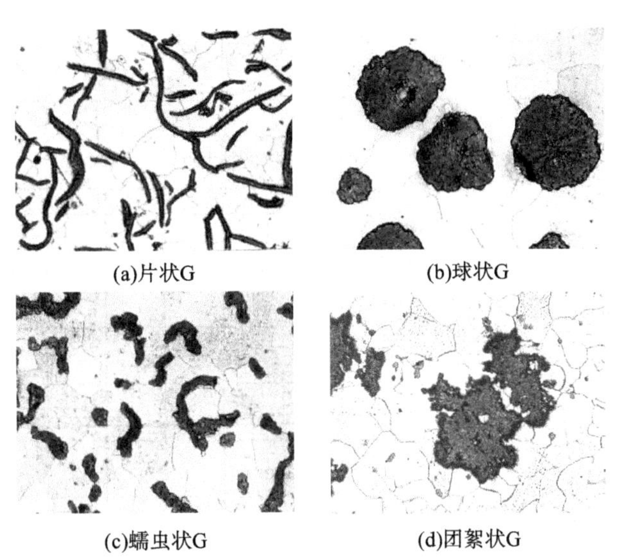

(a)片状G (b)球状G

(c)蠕虫状G (d)团絮状G

图 9-2 铸铁中石墨形态示意图

9.2.2 铸铁的石墨化

1. 铁碳合金双重相图

影响铸铁组织和性能的关键就是碳在铸铁中存在的形式、数量和分布状态。由于铁液的化学成分、冷却速度和铁液的处理方法不同，铸铁中的碳除少量固溶于铁素体(F)晶格中形成间隙固溶体外，还可与铁原子形成金属化合物渗碳体(Fe_3C)，也可以形成游离态的石墨(G)。无论是铸铁的基体组织还是铸铁中碳的存在形式，它们的形成都与铸铁的石墨化过程有关。铸铁组织中碳原子析出并形成石墨的过程称为铸铁的石墨化。

实验表明，渗碳体是亚稳定相，在一定条件下可以分解成铁基固溶体和石墨：$Fe_3C \rightarrow 3Fe + C(G)$，因此，铁-石墨系才是更稳定的状态。通常在铁碳合金的结晶过程中，之所以从铁液或奥氏体中析出的是渗碳体而不是石墨，主要是因为渗碳体的 $w_C = 6.69\%$ 较之石墨的 $w_C = 100\%$，更接近共晶点处铁液的含碳量($w_C = 4.26\%$)和奥氏体的最大含碳量($w_C = 2.11\%$)；并且铁液中近程有序原子团的空间结构以及奥氏体的晶体结构都与渗碳体晶格更相近，析出渗碳体时所需的原子扩散量较小，渗碳体的晶核形成较易。也就是说，从热力学角度看，较易生成石墨，但从动力学角度看，却易生成渗碳体。但是在极其缓慢冷却的条件下，或在合金中含有可促进石墨形成的元素(如 Si)时，在铁碳合金的结晶过程中，便会直接从液体或奥氏体中析出稳定的石墨相，而不再析出渗碳体。因此，反映铁碳合金结晶过程和组织转变规律的相图便有两种，即 Fe-Fe_3C(亚稳定系)相图和 Fe-G(稳定系)相图，为了研究方便，习惯上将两种相图叠加在一起，称为铁碳合金(实线和虚线)双重相图，如图 9-3 所示。其中实线表示 Fe-Fe_3C 相图，虚线表示 Fe-G 相图，凡是虚线与实线重合的线条都用实线表示。

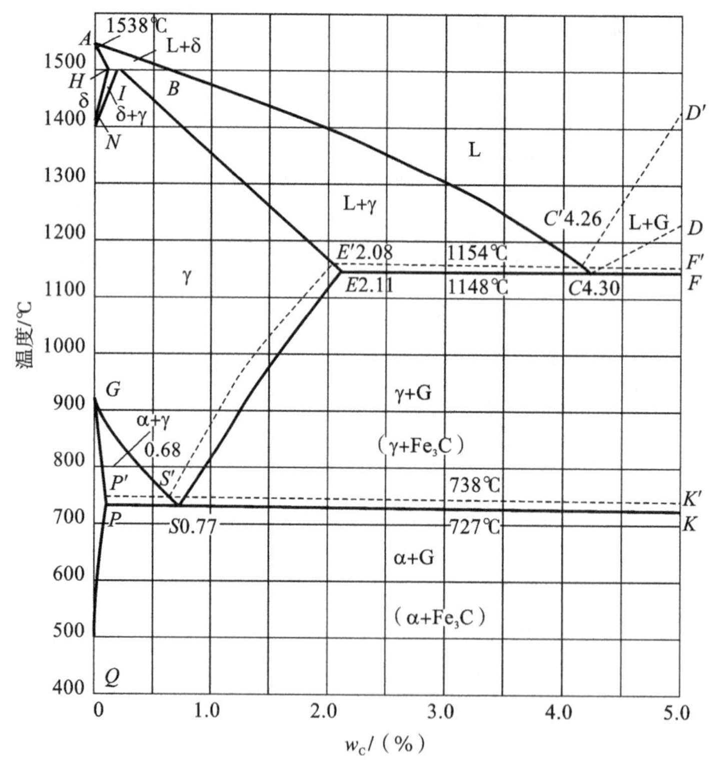

图 9-3　铁碳合金双重相图

2. 铸铁的石墨化过程

铸铁的石墨化有两种方式：一种是直接从液态金属或奥氏体中析出石墨；另一种是渗碳

体在一定条件下(高温下长时间加热)发生分解析出石墨：$Fe_3C \rightarrow 3Fe + C(G)$。铸铁的石墨化过程到底按照哪种方式进行，主要取决于铸铁的成分和保温冷却条件。

石墨化过程按照这两种方式(即按照Fe-G相图)同时进行的话，可分为三个阶段。

第一个阶段：包括过共晶成分的液相直接结晶出一次石墨G_{I}和共晶成分的液相在1154 ℃($E'C'F'$线)通过共晶反应析出共晶石墨$G_{共晶}$：$L_{C'} \xrightarrow{1154\ ℃} \gamma_{E'} + G_{共晶}$(冷却过程)；由$Fe_3C_{\mathrm{I}}$和$Fe_3C_{共晶}$在高温退火时分解析出的石墨(加热过程)。

第二个阶段：包括在1154～738 ℃温度范围内奥氏体A沿着$E'S'$线析出二次石墨G_{II}(冷却过程)和Fe_3C_{II}在此温度区间分解形成的石墨(加热过程)。

第三个阶段：包括在738 ℃($P'S'K'$线)通过共析反应析出共析石墨$G_{共析}$：$\gamma_{S'} \xrightarrow{738\ ℃} \alpha_{P'} + G_{共析}$(冷却过程)和由$Fe_3C_{共析}$退火时分解形成的石墨(加热过程)。

铸铁石墨化过程与组织之间的关系密切，以上三个阶段石墨化程度不同，所得到的铸铁类型和组织也不同。以共晶铸铁为例，铸铁经过不同程度的石墨化后所得的组织如表9-1所示。

表9-1 (共晶)铸铁石墨化程度与组织的关系

石墨化进行程度			铸铁显微组织	铸铁类型
第一阶段	第二阶段	第三阶段		
完全进行	完全进行	完全进行	F+G	灰铸铁
		部分进行	F+P+G	
		未进行	P+G	
部分进行	部分进行	未进行	Ld′+P+G	麻口铸铁
未进行	未进行	未进行	Ld′	白口铸铁

3. 影响石墨化的因素

研究表明，铸铁的组织取决于石墨化进行的程度，而影响石墨化的主要因素包括铸铁的化学成分和结晶时的冷却速度。

1) 化学成分的影响

(1) 碳和硅的影响。

碳和硅是强烈促进石墨化的元素，硅可提高碳在铁中的活度，提高共晶温度，缩小γ相区，使共晶碳浓度左移。在铸铁中每增加质量分数为1%的硅，能使共晶点碳的质量分数相应降低0.33%。

(2) 锰的影响。

锰是阻碍石墨化的元素，它能溶于铁素体和渗碳体，起固定碳的作用而阻碍石墨化。当铸铁中Mn含量较低时，主要是阻碍共析阶段石墨化，有利于获得珠光体基体铸铁。但锰和硫有很大的亲和力，能与硫形成MnS，上浮进入渣中排出，从而削弱硫的有害作用。此外，锰还可以提高铸铁基体的强度和硬度。所以锰是一种有益元素。

普通灰口铸铁的Mn含量一般在0.5%～1.4%范围内，若要获得铁素体基体，则取下限，若要获得珠光体基体，则取上限。但过多的锰又会使铸铁产生白口组织。

（3）硫的影响。

硫是强烈阻碍石墨化的元素，使铸铁的白口倾向增大，降低铸铁的力学性能及铸造性能（造成浇不足、缩孔、裂纹、夹渣等缺陷），并使铸铁的热脆性增加，因此其含量应尽可能低，一般应控制在0.15%以下。

（4）磷的影响。

磷是一种促进石墨化但作用不太显著的元素。它在奥氏体或铁素体中的溶解度很低，并随着含碳量的增加而降低。当铁液中 $w_P \geq 0.05\%$ 时，凝固过程中会出现 Fe_3P，它同 Fe_3C 与奥氏体可形成磷共晶（在白色的 Fe_3P 与 Fe_3C 基体上分布着颗粒状的奥氏体转变产物），如图9-4中的白亮区域所示；磷共晶硬而脆，若沿着晶界分布，将使铸铁强度降低，脆性增大，因此磷含量一般应限制在0.2%以下；但少量均匀分布的磷共晶能显著提高铸铁的硬度和耐蚀性。

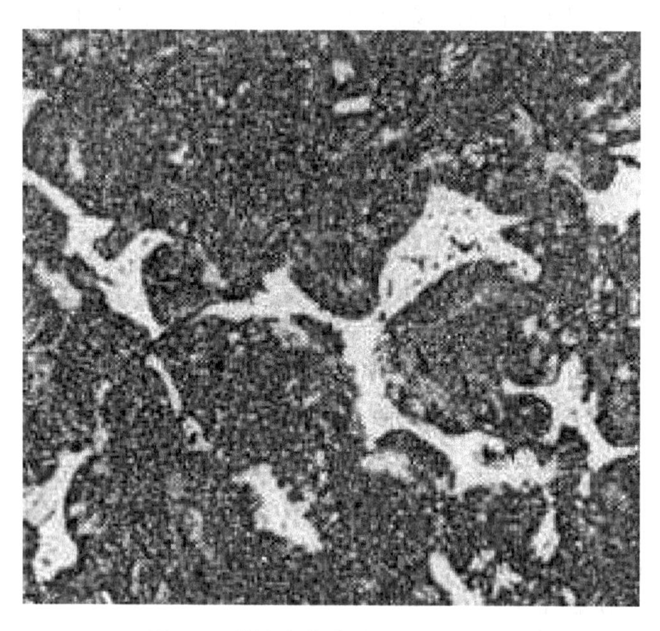

图9-4　铸铁中的磷共晶（白亮部分）

2）冷却速度的影响

冷却速度对铸铁的石墨化影响很大。冷却速度越慢，越有利于碳原子的充分扩散，结晶将按照Fe-G相图进行，因而促进石墨化过程的进行。若冷却速度较快，碳原子来不及扩散而使石墨化难以充分进行，结晶将按照Fe-Fe_3C相图进行，易得到白口组织。

铸造时的冷却速度是一个综合因素，它与浇注速度、铸型材料的导热能力以及铸件的壁厚等因素有关。图9-5表示化学成分（碳、硅含量）和铸件壁厚（冷却速度）对铸铁组织的综合影响。从图中可知，当铸铁材料中的碳、硅含量一定时，铸铁的冷却速度取决于铸件的壁厚，铸件越厚，冷却速度越慢，石墨化程度越充分，所得片状石墨越粗大，铁素体数量增加；铸件越薄，冷却速度越快，极易出现白口组织或麻口组织，因此要得到珠光体基体的灰铸铁，应当控制铸件的壁厚，既不能太厚也不能太薄。当铸件的尺寸（壁厚）一定时，要想得到珠光体基体的灰铸铁，应适当增加铸铁中的碳、硅含量。

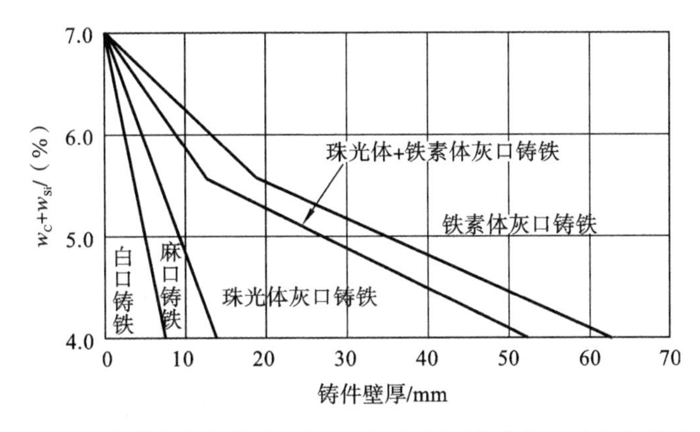

图 9-5　化学成分和铸件壁厚(冷却速度)对铸件组织的综合影响

9.3　灰铸铁

灰铸铁是指石墨呈片状分布的灰口铸铁[见图 9-2(a)]。由于片状石墨对基体的割裂严重,在石墨尖角处易造成应力集中,使灰铸铁的抗拉强度、塑性和韧性远低于钢,是常用铸铁件中力学性能最差的铸铁。灰铸铁价格便宜,在工业上应用最广泛,其产量占铸铁总产量的 80%以上。

9.3.1　灰铸铁的化学成分、组织和性能

灰铸铁中的主要元素有 C、Si、Mn、P、S 等,其中 C、Si、Mn 是调节组织的元素,P 是控制使用的元素,S 是应该限制的元素。灰铸铁的化学成分范围一般为:$w_C=2.5\%\sim4.0\%$,$w_{Si}=1.0\%\sim3.0\%$,$w_{Mn}=0.5\%\sim1.3\%$,$w_P\leqslant0.3\%$,$w_S\leqslant0.15\%$。

灰铸铁的组织是由液态铁水缓慢冷却时通过石墨化过程形成的,第一、二阶段石墨化充分进行,第三阶段石墨化程度不同,可以得到三种不同基体组织的灰铸铁,分别为铁素体基体、珠光体＋铁素体基体、珠光体基体。各种基体组织的灰铸铁显微组织如图 9-6 所示。

铁素体的强度、硬度低,所以铁素体灰铸铁(HT100)的抗拉强度较低。此外,因片状石墨的存在割裂了金属基体的连续组织,且石墨片的尖端易引起应力集中,造成铁素体灰铸铁的塑性、韧性也很低(伸长率和冲击韧性均低于 1)。铁素体灰铸铁用于制造盖、支架、手轮、外罩等低负荷、不重要的零件。铁素体-珠光体灰铸铁(HT150)的力学性能介于铁素体灰铸铁与珠光体灰铸铁之间,主要用来制造齿轮箱、支柱、底座、工作台等承受中等负荷的零件。珠光体具有高的强度、硬度和耐磨性,故珠光体灰铸铁(HT200、HT250)的强度、硬度和耐磨性均优于铁素体灰铸铁,而塑性和韧性相差无几,所以珠光体灰铸铁获得了广泛的应用,多用来制造齿轮、轴承座、气缸套、活塞、联轴器等承受大负荷和较重要的零件。

在工艺性能方面,由于灰铸铁属于脆性材料,故不能进行锻造和冲压。而且灰铸铁的焊

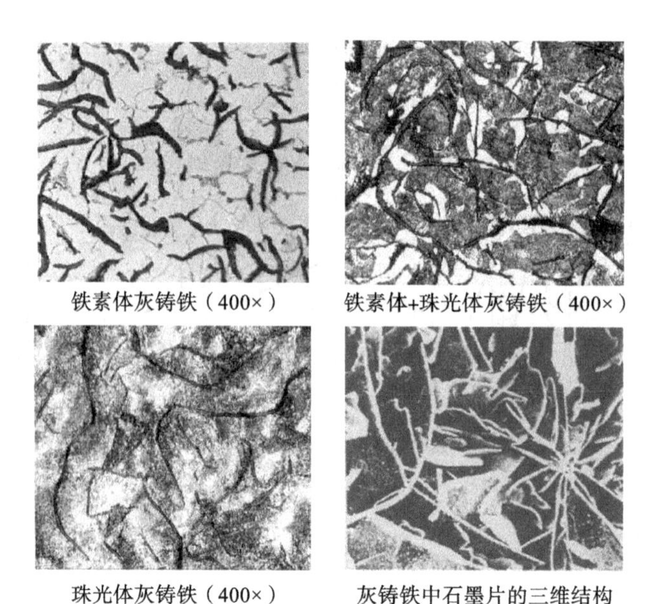

图 9-6　各种基体组织的灰铸铁显微组织

接性能差，不宜作为焊接结构材料。由于灰铸铁成分接近共晶点，灰铸铁在凝固过程中要析出比容较大的石墨，部分补偿了基体的收缩，从而减少了灰铸铁的收缩率，因此其铸造性能良好，能浇注出形状复杂与薄壁的铸件。此外，石墨的存在不仅对刀具有良好的润滑作用，减少刀具磨损，而且隔断了基体的连续性，使其在被切削时呈脆断切屑，因此切削加工性能也较好。

灰铸铁还具有良好的减摩性。这是因为灰铸铁中石墨本身具有润滑作用，当它从铸铁表面掉落后，所遗留下的孔隙具有吸附和存储润滑油的能力，使摩擦面上的油膜易于保持而具有良好的减摩性。灰铸铁的减震性能也极好。在受震动时灰铸铁中的石墨能起缓冲作用，阻止震动的传播，并把震动能量转变成热能，这使得灰铸铁的减震能力比钢大十倍。灰铸铁还具有较低的缺口敏感性，这也归因于其中的石墨。石墨的存在本身就相当于很多小的缺口，使其外加缺口的作用相对减弱。

9.3.2　灰铸铁的牌号及用途

按照 GB/T 9439—2010《灰铸铁件》规定，根据直径 30 mm 单铸试棒的最小抗拉强度，将灰铸铁分为 8 个牌号。灰铸铁的牌号由“HT”和其后的 3 位数字组成：“HT”是“灰铁”两字的拼音首字母，数字表示最低抗拉强度值 σ_b。例如 HT150 表示该铸铁 $\sigma_b \geqslant 150$ MPa。常用灰铸铁的牌号、力学性能、显微组织和应用举例如表 9-2 所示，其中，HT100～HT250 为普通灰铸铁，其基体组织依次为铁素体、铁素体＋珠光体、珠光体；HT300 和 HT350 这两种为孕育铸铁。

表 9-2　常用灰铸铁的牌号、力学性能、显微组织和应用举例（GB/T 9439—2010）

牌　　号	铸件壁厚/mm	力学性能		显微组织		应用举例
		σ_b/MPa	HBW	基　体	石　墨	
HT100	5～40	100	≤170	F	粗片状	低载荷、对摩擦和磨损无特殊要求的不重要零件，如盖、防护罩、手轮、重锤等
HT150	5～10 10～20 20～40 40～80 80～150 150～300	150	125～205	F+P	较粗片状	承受中等载荷的铸件，如机床支架、箱体、刀架、带轮、轴承座、法兰、泵体、阀体、飞轮、工作台等
HT200		200	150～230	P	中等片状	承受较大载荷和要求具有一定的气密封性或耐蚀性等较重要零件，如气缸、齿轮、底架、一般机床床身、气缸体、活塞、刹车轮、联轴器盘、齿轮箱、液压缸、阀门等
HT250		250	180～250	细 P	较细片状	
HT300		300	200～275	S或T	细小片状	承受高载荷、耐磨和高气密性的重要零部件，如重型机床、压力机床身、自动机床床身、剪床、活塞环、液压件、凸轮、车床卡盘、衬套、大型发动机的气缸体、缸套、气缸盖等
HT350		350	220～290			

9.3.3　灰铸铁的孕育处理

普通灰铸铁基体组织和石墨片都比较粗大，因而力学性能较差。为了提高灰铸铁的力学性能，常对其进行孕育处理，以细化片状石墨。所谓孕育处理，就是把作为孕育剂的硅铁或硅钙合金（加入量一般为铁水总质量的 0.4%左右）加入碳、硅含量稍低的铁水中，经搅拌去渣后进行浇铸，使晶核数目大量增加从而得到极为细小且分布均匀的石墨片的灰铸铁，称为“孕育铸铁”。孕育铸铁的抗拉强度可达 300～400 MPa，硬度可达 170～270 HBS。

9.3.4　灰铸铁的热处理

灰铸铁的热处理仅能改变其基体组织，而不能改变其中的石墨形态和分布情况，所以热处理不能显著改善其力学性能。而且灰铸铁的低塑性又使得快速冷却的热处理方法难以实施，因此灰铸铁的热处理有一定局限性，主要用来消除铸件的内应力，稳定尺寸，改善切削加工性能，提高铸件表面的耐磨性。常用的热处理方法主要有以下三种。

1. 去应力退火

在铸造过程中，铸件会产生很大的内应力，这不仅会降低铸件强度，而且使铸件产生翘曲、变形，甚至开裂。因此，铸件必须进行去应力的退火，又称为人工时效。人工时效通常是把铸铁件以 60～100 ℃/h 的速度缓慢加热到 500～550 ℃，保温 2～6 h 后，使铸件各部位和表里温度均匀，残余内应力在此温度下得到松弛和稳定化。然后以 20～40 ℃/h 的冷却速度缓慢冷却至 150～200 ℃出炉空冷。

2. 石墨化退火(或正火)

铸件冷却时，由于表面或横截面较薄的部位冷却速度快，易出现白口组织使铸铁的硬度升高，难以进行切削加工，因此，必须进行石墨化退火(或正火)处理，又称为消除白口组织的退火(或正火)。通常是将铸件缓慢加热到 850～950 ℃，保温 2～5 h，然后随炉缓冷至 400～500 ℃后再空冷。如果要得到铁素体基体，可随炉冷却至 720～760 ℃，保温一段时间，再冷却至 250 ℃以下空冷；若加热保温后取出空冷(正火)，则使共析渗碳体不发生分解，可以得到珠光体基体，既消除了白口组织，改善了加工性能，又提高了铸件的强度、硬度和耐磨性。

3. 表面热处理

某些重要的铸铁件，如机床导轨、内燃机缸套等在工作过程中内壁需要较高的硬度、耐磨性和疲劳强度，需要对其进行表面强化处理。常进行火焰加热或中、高频感应加热表面淬火处理。淬火前需要先进行正火处理，以保证其获得大于 65%的珠光体。淬火后可使表面得到细小的马氏体+片状石墨，硬度可达到 59～61 HRC，耐磨性也大大提高。此外，还可以采用激光淬火、接触电阻淬火和电解液加热淬火等表面热处理方法。

9.4 球墨铸铁

球墨铸铁于 1949 年取得专利。它是指石墨呈球状分布的灰口铸铁[见图 9-2(b)]。球墨铸铁是通过向熔融的铁水中加入球化剂(一般为镁、铈、稀土或稀土镁等)和孕育剂而获得的。

9.4.1 球墨铸铁的化学成分、组织和性能

与灰铸铁相比，球墨铸铁中的碳和硅的含量较高(属于过共晶铸铁)，以促进石墨化和改善铁液流动性；锰含量较低，为的是去硫脱氧和稳定细化珠光体；对硫、磷的含量限制较严，因过多的硫易造成球化元素的烧损，而过多的磷则会降低球墨铸铁的塑性和韧性。其化学成分范围一般为：$w_C=3.8\%\sim4.0\%$，$w_{Si}=2.0\%\sim3.0\%$，$w_{Mn}=0.5\%\sim0.8\%$，$w_S\leqslant0.02\%$，$w_P\leqslant0.08\%$。

按照基体组织的不同，铸态下的球墨铸铁可分为铁素体、铁素体+珠光体、珠光体球墨铸铁三种，经合金化和热处理后，还可获得下贝氏体、马氏体、索氏体等基体组织，图 9-7 所示为几种常见的球墨铸铁显微组织。

球状石墨的大小显著影响球墨铸铁的力学性能。一般来说，石墨球径越小，其对基体的割裂作用和产生的应力集中越小，因此强度越高，塑性、韧性越好。球墨铸铁基体强度的利用率可达 70%～90%，接近于碳钢，塑性、韧性也比灰铸铁和可锻铸铁都高。球墨铸铁的突出特点是屈强比($\sigma_{0.2}/\sigma_b$)高，为 0.7～0.8，而钢一般只有 0.3～0.5。

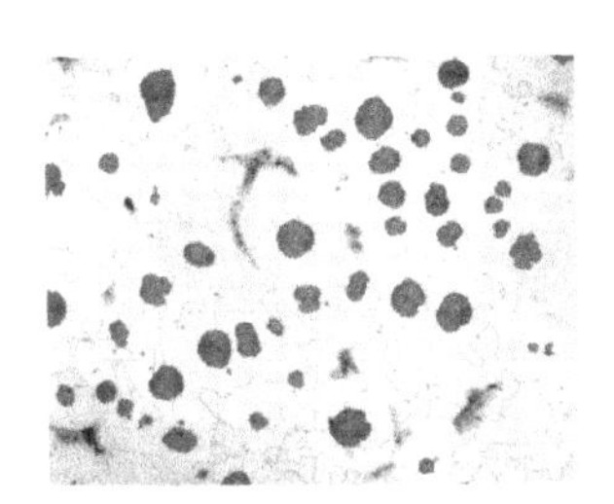

(a)铁素体球墨铸铁

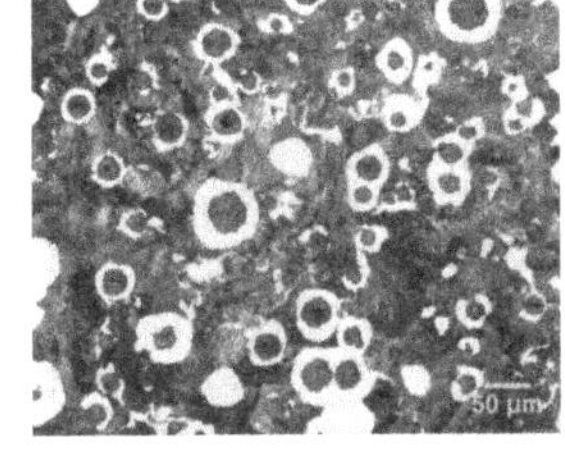

(b)铁素体+珠光体球墨铸铁

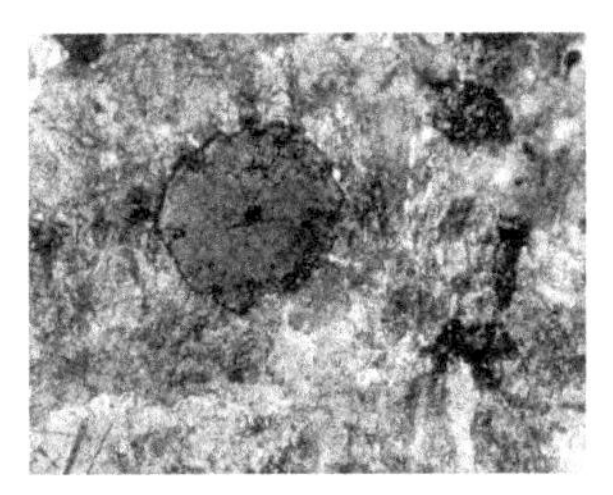

(c)珠光体球墨铸铁

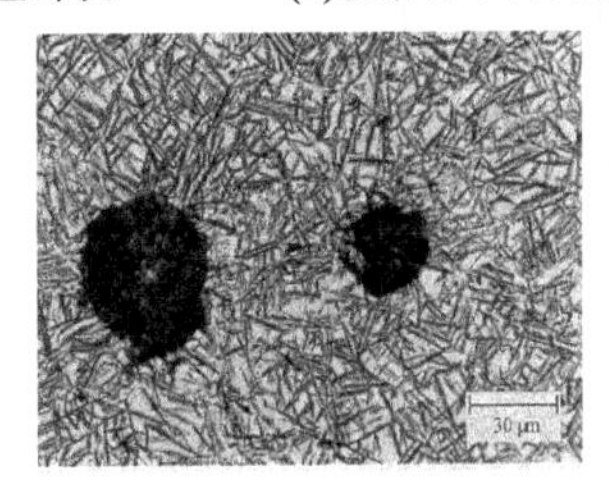

(d)下贝氏体球墨铸铁

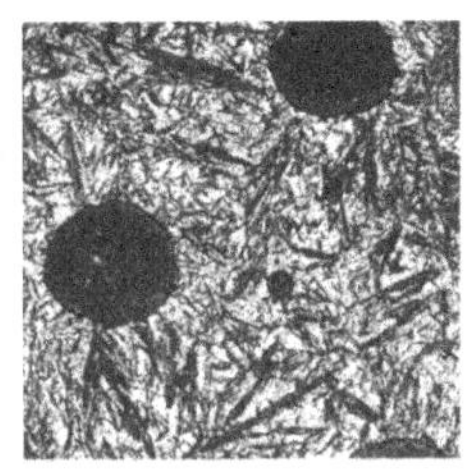

(e)马氏体球墨铸铁

图 9-7　几种常见的球墨铸铁显微组织

9.4.2　球墨铸铁的牌号及用途

球墨铸铁的牌号用“球铁”两字的汉语拼音首字母“QT”及其后的两组数字表示，两组数字分别表示最低抗拉强度和最低断后伸长率(%)。表 9-3 所示为球墨铸铁牌号、性能和应用举例。

表 9-3　球墨铸铁牌号、性能和应用举例

牌　号	力学性能				基体组织	应用举例
	σ_b/MPa	$\sigma_{0.2}$/MPa	HBW	δ/(%) ($L_0=3d$)		
QT400-18	400	250	120～175	18	F	承受冲击、振动的零件，如汽车、拖拉机轮毂、差速器壳、拨叉、驱动桥壳体、离合器壳、农机具零件、中低压阀门、上下水及输气管道等
QT400-15	400	250	120～180	15	F	
QT450-10	450	310	160～210	10	F	16～64 atm 阀门的阀体、阀盖、压缩机上高低气缸等，铁路垫板、电机机壳、齿轮箱、飞轮壳等
QT500-7	500	320	170～230	7	F+P	内燃机的油泵齿轮，汽轮机的中温气缸隔板、铁路机车车辆轴瓦，机器座架、传动轴、飞轮等

续表

牌　　号	力学性能				基体组织	应用举例
	σ_b/MPa	$\sigma_{0.2}$/MPa	HBW	δ/(%) ($L_0=3d$)		
QT600-3	600	370	190～270	3	F+P	载荷大、受力复杂的零件，如汽车、拖拉机曲轴、连杆、凸轮轴，部分磨床、铣床、车床的主轴、机床蜗杆，轧钢机轧辊，大齿轮、气缸体，矿车轮、起重机大小滚轮等
QT700-2	700	420	225～305	2	P	
QT800-2	800	480	245～335	2	P	
QT900-2	900	600	280～360	2	$M_回$或T+S	农机上的犁铧、耙片，汽车上的弧齿锥齿轮、转向节、传动轴，内燃机曲轴、凸轮轴等

9.4.3 球墨铸铁的热处理

球墨铸铁中均匀分布的球状石墨不易引起应力集中，其力学性能主要取决于钢的基体，因此凡是钢可以采用的热处理，在理论上对球墨铸铁都适用。球墨铸铁的热处理具有以下特点。

(1) 由于铸铁中硅含量高，使 S 点上升，因此奥氏体化温度比碳钢高，并且淬透性也比碳钢好。

(2) 奥氏体中的碳含量可控，这是由于奥氏体化时，以石墨形式存在的碳溶入奥氏体的量与加热温度和保温时间有关。

球墨铸铁的热处理主要有退火、正火、淬火+回火、等温淬火等。

(1) 退火：退火的目的是获得塑性好的 F 基体，改善切削性能，消除铸造内应力。高温退火适用于原始铸态组织中存在渗碳体的铸件，低温退火适用于原始铸态组织中无渗碳体的铸件。

(2) 正火：正火的目的是获得 P 基体(占基体 75%以上)，细化组织，从而提高球墨铸铁的强度和耐磨性。

(3) 淬火+回火：淬火+回火是为了获得回火马氏体或回火索氏体基体。对于要求综合力学性能好的球墨铸铁铸件，可采用调质处理；而对于要求高硬度和耐磨性的铸铁件，则采用淬火加低温回火处理。

(4) 等温淬火：等温淬火是为了得到下贝氏体基体组织。等温淬火可防止变形和开裂，提高铸件的综合力学性能，适用于形状复杂、易变形、截面尺寸不大、受力复杂、要求综合力学性能好的球墨铸铁件，如齿轮、曲轴、滚动轴承套圈、凸轮轴等。

9.5 蠕墨铸铁

蠕墨铸铁是 20 世纪 70 年代发展起来的一种新型铸铁。该铸铁中的碳以蠕虫状石墨

[见图 9-2(c)]形态存在。

9.5.1 蠕墨铸铁的化学成分、组织和性能

蠕墨铸铁的化学成分要求和球墨铸铁相似，即要求高碳、低硫、低磷，以及一定的硅、锰含量。一般成分范围如下：w_C=3.5%～3.9%，w_{Si}=2.1%～2.8%，w_{Mn}=0.6%～0.8%，w_S≤0.1%，w_P≤0.1%。蠕墨铸铁是在上述成分的铁液中加入适量的蠕化剂和孕育剂进行蠕化处理和孕育处理后获得的。

蠕墨铸铁的显微组织一般是由钢基体和蠕虫状石墨(见图 9-8)组成。蠕虫状石墨的长/宽比值一般为 2～10，有分叉，侧面高低不平，端部较钝、较圆，其结晶位向与球状石墨有较多的相似性，所以在多数情况下，蠕虫状石墨总是与球状石墨共存的。

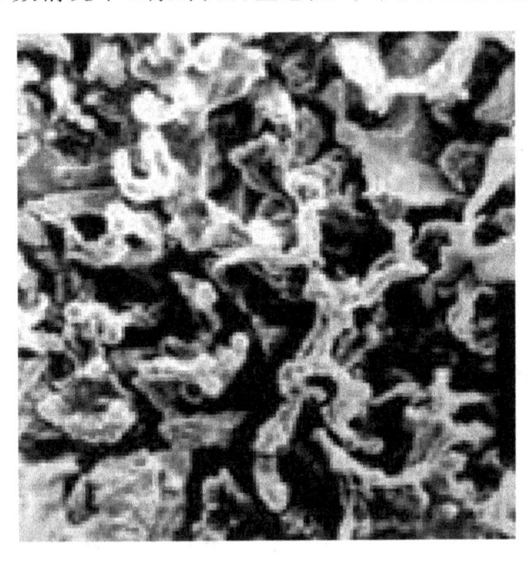

图 9-8　蠕虫状石墨的立体形貌

蠕墨铸铁的力学性能介于普通灰铸铁和球墨铸铁之间。其强度、塑性、韧性、抗疲劳极限、耐磨性及抗热疲劳性能都优于灰铸铁，而且对缺口的敏感性也较小。但由于蠕虫状石墨大都是相互连接的，因此其塑性、韧性和强度都低于球墨铸铁。此外，蠕墨铸铁的铸造性能、减震性、导热性及切削加工性能等均优于球墨铸铁，与灰铸铁相近。

9.5.2 蠕墨铸铁的牌号及用途

蠕墨铸铁的牌号格式为“RuT+数字”，其中“RuT”代表蠕铁，符号后面的三位数字表示最低抗拉强度(MPa)，常用蠕墨铸铁的牌号、性能和应用举例如表 9-4 所示。

表 9-4　常用蠕墨铸铁的牌号、性能和应用举例

牌　　号	力学性能				基体组织	应用举例
	σ_b/MPa	$\sigma_{0.2}$/MPa	HBW	δ/(%)		
RuT420	420	335	200～280	0.75	P	活塞环、气缸套、制动盘、钢珠研磨盘、吸泥泵体等
RuT380	380	300	193～274	0.75	P	

续表

牌　　号	力学性能				基体组织	应用举例
	σ_b/MPa	$\sigma_{0.2}$/MPa	HBW	δ/(%)		
RuT340	340	270	170～249	1.0	P+F	带导轨面的重型机床件，大型齿轮箱体、盖、座、刹车鼓、飞轮、玻璃模具，起重机卷筒等
RuT300	300	240	140～217	1.5	P+F	排气管、变速箱体、气缸盖、液压件、纺织零件、钢锭模具、小型烧结机蓖条等
RuT260	260	195	121～197	3.0	F	增压机进气壳体，汽车、拖拉机的某些底盘零件等

9.6　可锻铸铁

可锻铸铁中的石墨呈团絮状[见图 9-2(d)]存在。它是由一定成分的铁液浇铸成白口坯件，再通过长时间的高温石墨化退火制成。

9.6.1　可锻铸铁的化学成分、组织和性能

为了保证获得完全的白口组织，必须控制铸铁的化学成分，适当降低 C、Si 等促进石墨化元素的含量和增加 Mn、Cr 等阻碍石墨化元素的含量。一般其化学成分范围如下：w_C = 2.2%～2.8%，w_{Si} = 1.2%～1.8%，w_{Mn} = 0.4%～0.6%（珠光体可锻铸铁 w_{Mn} = 1.0%～1.2%）。此外，w_{Cr}≤0.06%，w_S≤0.18%，w_P≤0.1%。

可锻铸铁显微组织取决于第二阶段石墨化退火的程度和方式。当第一阶段石墨化充分进行后，在共析温度附近长时间保温（几十小时甚至超过一百小时），使第二阶段石墨化也充分进行，则得到铁素体加团絮状石墨组织，称为铁素体可锻铸铁（又称黑心可锻铸铁），如图 9-9(a)所示；若通过共析转变区时冷却较快，第二阶段石墨化未能进行，使奥氏体转变为珠光体，则得到珠光体加团絮状石墨组织，称为珠光体可锻铸铁，如图 9-9(b)所示。

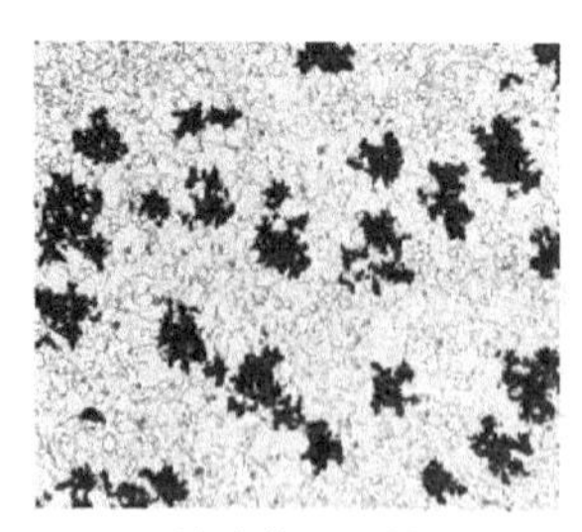
(a)铁素体可锻铸铁

(b)珠光体可锻铸铁

图 9-9　可锻铸铁的显微组织

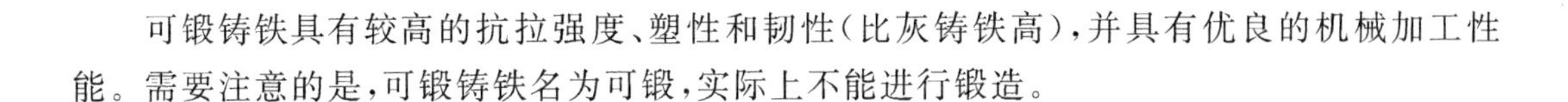

可锻铸铁具有较高的抗拉强度、塑性和韧性(比灰铸铁高),并具有优良的机械加工性能。需要注意的是,可锻铸铁名为可锻,实际上不能进行锻造。

9.6.2　可锻铸铁的牌号及用途

可锻铸铁的牌号、性能和应用举例如表 9-5 所示。牌号中“KT”为“可铁”两个字的汉语拼音首字母,“H”表示“黑心”(即铁素体基体),“Z”表示珠光体基体。牌号后面的两组数字分别代表最低抗拉强度和最低伸长率。

表 9-5　可锻铸铁的牌号、性能和应用举例

分　类	牌　号	力学性能				应用举例
		σ_b/MPa	$\sigma_{0.2}$/MPa	HBW	δ/(%)	
黑心可锻铸铁	KTH300-06	300	—	≤150	6	弯头、三通等管件,中低压阀门等
	KTH330-08	330	—		8	
	KTH350-10	350	200		10	螺丝扳手、犁铧、犁柱、车轮壳等
	KTH370-12	370	—		12	汽车、拖拉机前后轮壳、减速器壳、转向节壳等
珠光体可锻铸铁	KTZ450-06	450	270	150～200	6	曲轴、凸轮轴、连杆、齿轮、活塞环、轴套、万向接头、扳手、传动链条等
	KTZ550-04	550	340	180～230	4	
	KTZ650-02	650	430	210～260	2	
	KTZ700-02	700	530	240～290	2	

9.7　合金铸铁

合金铸铁是在普通铸铁基础上加入某些合金元素而制成,从而使铸铁具有某种特殊性能,如能够抵抗剧烈的摩擦磨损、腐蚀介质或高温条件。

9.7.1　耐磨合金铸铁

耐磨合金铸铁根据主要合金元素可分为铬系、镍系、钨系、钒系和硼系,其显微组织都是白口铸铁。根据工作条件的不同,又可以分为两类:一类是摩擦因数要小的减摩铸铁,用于制造机床导轨、缸套等铸件;另一类是需要抵抗磨料磨损的抗磨铸铁,用于制造轧辊、抛丸机叶片、磨球等铸件。

1. 减摩铸铁

通过向铸铁中加入一定的合金元素,如 Cu、Mo、RE、Cr、Mn、Ni、P 等和孕育处理(常用的孕育剂为硅铁),使铸铁组织中形成大量均匀分布的高硬度显微夹杂物,可以大大提高铸铁的耐磨性,从而获得减摩铸铁。常见的减摩铸铁应用举例如表 9-6 所示。

表 9-6　常见的减摩铸铁应用举例

铸铁名称	化学成分/(%)	应用举例
高磷铸铁	P 0.4～0.6	汽车、拖拉机或柴油机的气缸套、机床导轨、活塞环等
铜铬钼铸铁	Cu 0.7～1.2,Cr 0.1～0.25,Mo 0.2～0.5	精密机床铸件、发动机上的气门座圈、缸套、活塞环等
磷铜钛铸铁	P 0.35～0.6,Cu 0.6～1.2,Ti 0.09～0.15	普通机床及精密机床的床身
钒钛铸铁	V 0.1～0.3,Ti 0.06～0.2	机床导轨
硼铸铁	B 0.02～0.2	汽车发电机的气缸套

2. 抗磨铸铁

在干摩擦工作条件下,抗磨铸铁用于抵抗磨料磨损,要求具有高的硬度且组织均匀,通常其金相组织应为莱氏体、贝氏体或马氏体。抗磨铸铁包括普通白口铸铁、高韧性白口铸铁、中锰球墨铸铁、高铬白口铸铁、铬钒钛白口铸铁和激冷铸铁等。

9.7.2　耐蚀合金铸铁

耐蚀合金铸铁是指在腐蚀性介质中工作时具有耐蚀能力的铸铁。提高铸铁耐蚀性的办法有三种:①在铸铁表面形成致密牢固的氧化膜;②提高基体的电极电位;③改善铸铁的组织,使基体组织、石墨大小、形状及分布得到改善,进而减少石墨数量,进行球化处理,将石墨转变为球状,加入合金元素获得单相金属基体。其中向铸铁中加入大量的 Si、Al、Cr、Ni、Cu 等合金元素,能够在铸件表面形成保护膜,是提高铸铁的耐蚀性能的主要途径。耐蚀合金铸铁主要用于化工部门,如制造阀门、管道、泵、容器等。

9.7.3　耐热合金铸铁

耐热合金铸铁是指在高温下具有较好的抗氧化和抗生长能力的铸铁。所谓“生长”是指铸铁在反复加热冷却时产生的不可逆体积长大的现象。这是由于铸件中的 Fe_3C 在高温下分解形成密度小而体积大的石墨以及在加热冷却过程中铸铁基体组织发生 $\alpha \rightarrow \gamma$ 相变引起体积变化。向铸铁中加入一定的 Al、Si 或 Cr 等元素,一方面使铸铁表面形成致密的氧化膜(Al_2O_3,SiO_2,Cr_2O_3),使这类铸铁在高温下具有抗氧化、不起皮的能力;另一方面,这些元素提高了铸铁组织的相变温度,阻止了 Fe_3C 的分解,增强了铸铁在高温下的抗生长性,使铸件的性能与尺寸稳定,即提高了耐热性。耐热合金铸铁可用于制造炉门、加热炉底板、换热器、坩埚等耐热件。

思考练习题

1. 什么是铸铁的石墨化?影响铸铁石墨化的因素有哪些?简述铸铁的石墨化过程。
2. 灰口铸铁在性能上有哪些特点?为什么机床床身常用灰口铸铁制造?
3. 可锻铸铁是否可以锻造?它在工程上的优点是什么?主要缺点是什么?

4. 在铸铁的石墨化过程中，如果第一、第二阶段完全石墨化，而第三阶段分别为完全、部分或未石墨化，它们各能够获得哪种基本组织的铸铁？

5. 下列说法是否正确？为什么？

(1) 采用球化退火可获得球墨铸铁；

(2) 可锻铸铁可进行锻造加工；

(3) 白口铸铁硬度高，故可作为刀具材料；

(4) 灰铸铁不能淬火。

6. 现有两块金属材料，已知其中一块是35钢，另一块是HT200铸铁，试问通过哪些方法可将它们区分开？

7. 指出下列牌号典型铸铁的类别、数字含义及用途：

(1) HT300；

(2) QT600-1；

(3) KTZ600-3。

第10章 有色金属及合金

10.1 铝及铝合金

铝在地壳中的含量在7%以上，仅次于氧和硅，在全部化学元素中含量占第三位，而在全部金属元素中占第一位。铝及铝合金在工业中的应用仅次于钢铁材料。铝的比重小，导电性好，导电率仅次于银、铜、金，如表10-1所示，约为铜的60%，所以纯铝大量用于制备电缆和导体。

表10-1 常见金属的导电率

金属	银	铜	金	铝	铁
导电率/$(\Omega/m)^{-1}\times10^{7}$	6.8	6.0	4.3	3.8	1.0

铝具有面心立方晶格，熔点低(660 ℃)，塑性良好($\psi=80\%$)，因此可以进行冷、热压力加工。铝呈银白色，虽然铝的化学特性活泼，但铝在大气中极易和氧作用生成一层牢固致密的氧化膜，厚度为50～100 Å，可防止铝继续氧化，即使在熔融状态，仍然能维持氧化膜的保护作用。因此，铝在大气环境中是抗蚀的，是优良的包覆材料，也是日用器皿制造的常用材料。

但铝的强度低，抗拉强度σ_b为80～100 MPa，不适合制造承载要求高的机器零件。不过铝合金通过加入合金元素和热处理，可以使强度提高到400～700 MPa，甚至达到900 MPa，相当于低合金钢的水平，而且它的比强度(强度/比重)大大优于钢。所以铝合金在机械工业特别是在航空工业中得到了广泛的应用，例如用于制造高铁、飞机等装备的零部件。同时铝及铝合金有高的导热性，常做热交换器以及汽车的气缸、活塞等。

10.1.1 铝及铝合金的分类和热处理

铝加入硅、铜、镁、锰等元素所组成的合金，具有与图10-1相类似的共晶状态图。根据状态图可以把铝合金分为变形铝合金和铸造铝合金两大类。

状态图上的D点是α固溶体(合金元素溶入Al中)在共晶温度下的最大溶解度。D点左侧的合金，加热到溶解度曲线以上可以得到均匀的单相固溶体α，故塑性良好，适于进行各种压力加工，所以称为变形铝合金。位于D点右侧的合金具有共晶组织，熔点低，流动性

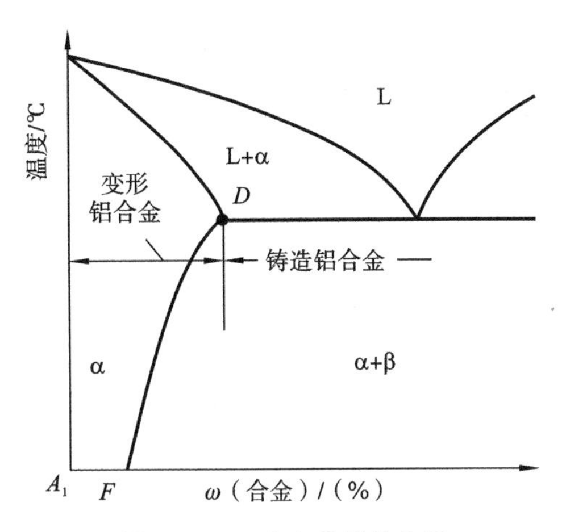

图 10-1　Al 合金共晶状态图

好，故适于铸造，所以这部分合金称为铸造铝合金。

变形铝合金中合金成分在 F 点左侧的合金，固溶体 α 的成分不随温度而变化，在固态下加热或冷却均无相变发生，因此热处理不能产生强化作用。这部分合金只能通过冷塑性变形，即加工硬化进行强化。这类合金属于不能热处理强化的变形铝合金。

位于 F 点至 D 点之间的合金，α 固溶体的固溶度随温度而变化，在加热和冷却时有相变发生，因而可利用热处理予以强化。这类合金属于可热处理强化的变形铝合金。

铝的强化原理与钢不同。钢经淬火后，其组织转变为马氏体，强度、硬度显著提高，塑性急剧降低。但若将铝合金(成分在 F、D 之间)加热到溶解度曲线 DF 以上时，合金呈单一的 α 相，这时如将合金作急速冷却-淬火，α 相将以过饱和状态被保持至室温，其特性是塑性很高，强度、硬度较低。这种过饱和的 α 固溶体在室温下极不稳定，在室温下放置或在一定温度下加热时，α 固溶体将析出第二相，如铝-铜合金中的 θ' 相($CuAl_2$)，使合金的强度、硬度增大，这种现象称为时效。在室温下，放置长时间而产生的硬化、强化现象，称为自然时效；经过低温加热而产生的硬化、强化现象，称为人工时效。

例如用含铜 4%的铝合金进行试验。退火后，抗拉强度 σ_b 为 200 MPa，但加热到 520～560 ℃进行水淬，σ_b 约为 250 MPa，随后经过时效，σ_b 可达到 400 MPa。

图 10-2 所示为 Al-Cu 合金淬火后在不同温度下进行时效时，其强度随时间的变化情况。由图中可以看出：在室温下(20 ℃)进行自然时效时，时效初期强度变化很小，即存在一个孕育期，当停置 3～4 昼夜后，强度达到最高。如将时效处理温度提高，则孕育期缩短，时效过程加快，但强化效果下降。时效温度过高或时间过长，合金将因时效过度而软化。时效温度低于室温，时效的效果很差，在－50 ℃以下，时效基本停止。

10.1.2　变形铝及铝合金

1. 变形铝及铝合金牌号

依据国标 GB/T 16474—2011，变形铝及铝合金牌号命名的基本原则是：国际四位数字体系牌号可直接引用；未命名为国际四位数字体系牌号的变形铝及铝合金，应采用四位字符牌号命名。采用国际四位数字命名体系命名的变形铝及铝合金牌号由四位数字包含组别、

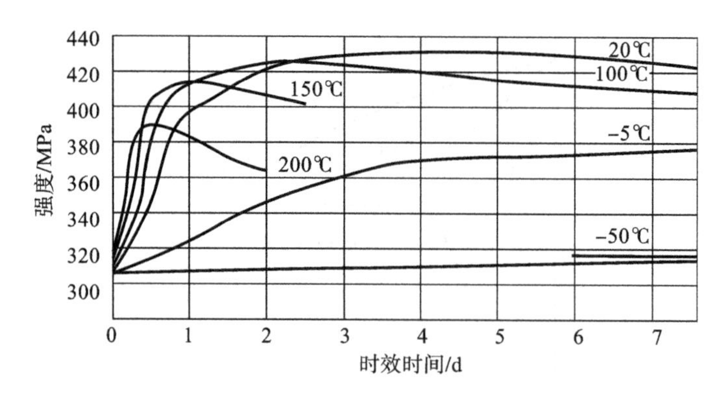

图 10-2　淬火 Al-Cu 合金在不同温度时效时强度与时间的关系

改型序号和成分含量区别等三部分组成，如：××××等。其中，第一位数字定义纯铝和铝合金组别：

(1) 数字 1 是纯铝（铝含量不小于 99.00%）组别，1×××。如：1060、1080 等。

(2) 数字 2～9 是合金组别，按主要合金元素划分：

①Cu　2×××；

②Mn　3×××；

③Si　4×××；

④Mg　5×××；

⑤Mg+Si　6×××；

⑥Zn　7×××；

⑦其他合金　8×××；

⑧备用组　9×××。

在纯铝 1×××中，第二位数字是指改型序号，原始为 0。最后两位数字表示最低铝含量，与最低铝含量中小数点右边的两位数字相同，如 1060 表示铝含量为 99.60% 的工业纯铝。

在 2×××～9×××系列中，第二位数字表示对合金的修改，0 为原始合金，1～9 表示对合金的修改次数；而牌号后两位数字没有什么特殊意义，仅用来识别同一系列中的不同合金。

如 2018 铝合金的"2"代表是铝-铜合金；"0"表示属于原始合金；"18"表示是铝-铜合金组中的一种，有别于 2017、2021 等同组合金。

四位字符体系牌号也包含三部分，第一位是阿拉伯数字字符，定义纯铝和铝合金组别，分别为：1 是纯铝，而 2～9 是按主加元素确定：2——Cu、3——Mn、4——Si、5——Mg、6——Mg+Si、7——Zn、8——其他合金、9——备用组；第二位是大写英文字母，表示原始合金的改型情况，A 为原始合金，其他表示为原始合金改型；对于纯铝，铝含量不低于 99.00%，最后两位数字字符就是最低铝百分含量中小数点后面的两位数字，而对于铝合金，最后两位数字没有什么特殊意义，仅用来识别同一组中的不同合金。

如 7A04 铝合金的"7"代表是铝-锌合金；"A"表示属于原始合金；"04"表示是有别于其他数字的一种铝-锌合金。

可见四位数字和四位字符命名体系基本一致，四位字符命名体系是四位数字命名体系

的补充。

2. 变形铝合金的分类及应用

变形铝及铝合金的塑性好，δ 可达到 10%～25%，因而可以承受各种塑性成形加工，适合于制造各种薄壁零件和型材以及承受冲击的结构件。

变形铝合金有时也按加入合金元素后铝合金的性能特点和用途进行分类，常用的有防锈铝合金、硬铝合金、锻铝合金、超硬铝合金等。

1）防锈铝合金

常用的防锈铝合金是在铝中加入锰和镁的合金，属于 Al-Mn 或 Al-Mg 合金系。锰在合金中可以溶入铝形成固溶体，既强化了合金，又使合金提高了耐腐蚀能力。镁溶于铝中主要是起固溶强化的作用，并减小了合金的比重。

各种防锈铝合金在退火后，通常组织为单相固溶体，所以抗腐蚀性能特别优良，塑性良好，比重轻，并且有良好的焊接性。缺点是强度不高，并且不能通过热处理进行强化。这类合金的强化通常只能通过冷塑变形如冷轧、拔丝等，使之产生加工硬化，以提高强度和硬度。

防锈铝合金常见的牌号有 5A02、5A03、3A21、5A05、5A06、5A12 等。这种防锈铝合金主要以板材、管材等型材供应，用于制造承受焊接的零件、容器、油箱、管道以及深冲零件等，也用于制造铆钉和各种生活用具。

2）硬铝合金

硬铝合金是 Al-Cu 和 Al-Cu-Mg 系合金，并加入少量的 Mn。铜和镁加入铝中形成了强化 θ 相($CuAl_2$)和 S 相($CuMgAl_2$)产生时效强化。Mn 用于提高合金的抗蚀能力和固溶强化。所以各种硬铝合金的共同特点是：可以通过时效强化达到较高的强度和硬度，但抗蚀性较差，特别是在海水中更差。硬铝合金通过时效强化后，强度可达 400～500 MPa，约为碳素调质钢在退火、正火下的强度水平。

硬铝合金常见的牌号有 2A01、2A02、2A04、2B11、2B12、2A10、2A11 等，用于航天航空器零件、室温及高温工作的焊接容器与气密座舱制造。

3）超硬铝合金

超硬铝合金是 Al-Zn-Mg-Cu 合金，主加元素为 Zn-Mg-Cu，Zn-Mg 形成强化相 $MgZn_2$ 和 $Al_2Mg_3Zn_3$，Cu 及 Cu-Mg 形成强化相 $CuAl_2$ 和 $CuMgAl_2$，均产生时效强化。这类合金可通过热处理（固溶＋时效）强化，强化效果显著，也可通过形变强化，抗拉强度可达 600～700 MPa；热塑性好，易加工成形，但缺口敏感性大，疲劳极限低，抗蚀性差，高温下软化快。

超硬铝合金常见的牌号有 7A09 和 7A04，分别用于制造飞机中要求强度高、抗腐蚀性能强的高应力结构件，以及飞机蒙皮、螺钉和受力构件如大梁、桁架、隔框、翼肋、起落架等。

4）锻铝合金

锻铝合金是 Al-Mg-Si、A1-Mg-Si-Cu 和 A1-Cu-Mg-Ni-Fe 系合金，该类合金的合金元素种类多而含量少，具有良好的热塑性和锻造性，并可热处理强化。主加元素为 Cu-Mg-Si、Cu-Mg-Fe-Ni，其中 Mg-Si 形成强化相 Mg_2Si，Cu 及 Cu-Mg 形成强化相 $CuAl_2$ 和 $CuMgAl_2$，产生时效强化。而 Fe-Ni 形成耐热强化相 Al_9FeNi，制备耐热锻铝合金。这类合金可锻性好，力学性能好，宜于制造形状复杂的型材和锻件，如飞机和发动机中工艺性和耐蚀性要求较高的零件。常用变形铝合金的牌号、化学成分、力学性能及用途如表 10-2 所示。

表 10-2 常用变形铝合金的牌号、化学成分、力学性能及用途

类别	牌号	化学成分/(%)					材料状态	力学性能			用途举例
		Cu	Mg	Mn	Zn	其他		σ_b/MPa	δ_{10}(10%)	HBS	
防锈铝合金	LF5 5A05	0.10	4.8～5.5	0.3～0.6	0.20		M	280	20	70	焊接油箱、油管、焊条、铆钉以及中载零件及制品
	LF11	0.10	4.8～5.5	0.3～0.6	0.20	Ti 或 V 0.02～0.15	M	280	20	70	油箱、油管、焊条、铆钉以及中载零件及制品
	LF21 3A21	0.20	0.05	1.0～1.6	0.10	Ti0.15	M	130	20	30	焊接油箱、油管、焊条、铆钉以及轻载零件及制品
硬铝合金	LY1 2A01	2.2～3.0	0.2～0.5	0.20	0.10	Ti0.15	CZ	300	24	70	工作温度不超过 100 ℃的结构用中等强度铆钉
	LY11 2A11	3.8～4.8	0.4～0.8	0.4～0.8	0.30	Ni0.10 Ti0.15	CZ	420	15	100	中等强度的结构零件，如骨架模锻的固定接头，支柱，螺旋桨叶片，局部镦粗零件，螺栓和铆钉
超硬铝合金	LC4 7A04	1.4～2.0	1.8～2.8	0.2～0.6	5.0～7.0	Cr0.1 ～0.25	CS	600	12	150	结构中主要受力件，如飞机大梁、桁架、加强框、蒙皮接头及起落架
锻铝合金	LD5 2A50	1.8～2.6	0.4～0.8	0.4～0.8	0.30	Ni0.10 Ti0.15	CS	420	13	105	形状复杂中等强度的锻件及模锻件
	LD6 2B50	1.8～2.6	0.4～0.8	0.4～0.8	0.30	Ni0.10 Cr0.01 ～0.2 Ti0.02 ～0.1	CS	390	10	100	形状复杂的锻件和模锻件，如压气机轮和风扇叶轮
	LD7 2A70	1.9～2.5	1.4～1.8	0.20	0.30	Ni0.9 ～1.5 Ti0.02 ～0.1	CS	440	12	120	内燃机活塞和高温下工作的复杂锻件、板材，可做高温下工作的结构件

注：①表内化学成分摘自 GB/T 3190—2008《变形铝及铝合金化学成分》。

②M——退火；CZ——淬火＋自然时效；CS——淬火＋人工时效。

10.1.3　铸造铝合金

为了使合金具有良好的铸造性能和足够的强度，铸造铝合金中通常含有较多的合金元素，一般合金元素的含量可以达到 8%～25%。常用的铸造铝合金有 Al-Si、Al-Cu、Al-Mg、Al-Zn等合金系，其代号分别用 ZL1XX、ZL2XX、ZL3XX、ZL4XX 等表示，“ZL”为铸铝拼音首字母，而后面“××”数字为序号。其中 Al-Si 合金系应用最广泛。铸造铝合金的牌号是按照铸造有色金属及合金统一规定，铸造有色纯金属牌号结构如组成是：Z＋该金属元素符号＋纯度百分含量数字（或用一短横加顺序号）。如 ZAl99.5 和 ZTi-1，分别是含量 99.5% 的铸造纯铝和 1 号铸造纯钛等。

而铸造有色合金牌号结构组成是：Z＋基体元素符号＋主要合金元素符号及其名义百分含量数字＋其他合金元素符号及其百分含量数字。

由此可以得到铸造铝合金牌号如下：ZAl＋主要合金元素符号及其名义百分含量数字＋其他合金元素符号及其百分含量数字。如 ZAlSi7Cu4，就是铸造铝硅铜合金。

常用铸造铝合金的牌号、成分与用途如表 10-3 所示。

表 10-3　常用铸造铝合金的牌号、成分与用途

类别	牌　　号	代　号	化学成分/(%)					用途举例
			Si	Cu	Mg	Mn	其他	
铝硅合金	ZAlSi7Mg	ZL101	6.0～8.0		0.2～0.4		Al 余量	形状复杂的砂型、金属型和压力铸造零件，如飞机、仪器零件、水泵壳体、工作温度不超过 185 ℃的汽化器等
	ZAlSi12	ZL102	10.0～13.0				Al 余量	形状复杂的砂型、金属型和压力铸造零件，如仪表、水泵壳体、工作温度在 200 ℃以下要求高气密性承受低载荷的零件
	ZAlSi5Cu1Mg	ZL105	4.5～5.5	1.0～1.5	0.35～0.60		Al 余量	砂型、金属型和压力铸造的形状复杂、在 225 ℃以下工作的零件，如风冷发动机的气缸头、机匣、油泵壳体等
铝铜合金	ZAlCu5Mn	ZL201		4.5～5.3		0.6～1.0	$Ti_{0.15\sim0.35}$ Al 余量	砂型铸造在 175～300 ℃下工作的零件，如支臂、挂架梁、内燃机气缸头、活塞等
	ZAlCu10	ZL202		9.0～1.1			Al 余量	砂型铸造、中等载荷和形状比较简单的零件，如托架和工作温度不超过 200 ℃并要求切削加工性能好的小零件

续表

类别	牌　　号	代　号	化学成分/(%)					用途举例
			Si	Cu	Mg	Mn	其他	
铝镁合金	ZAlMg10	ZL301			9.5～11.5		Al余量	砂型铸造、在大气或海水中工作的零件,承受大振动载荷工作温度不超过150 ℃的零件
铝锌合金	ZAlZn11Si7	ZL401	6.0～8.0		0.1～0.3		$Zn_{9.0\sim13.0}$ Al余量	压力铸造零件,工作温度不超过200 ℃结构形状复杂的汽车、飞机零件

1. 铝-硅系铸铝合金

铝-硅系铸铝合金也称为“硅铝明”或“矽铝明”,是铸铝合金中应用最广泛的一类合金。

图10-3所示是铝硅合金状态图。由图中可以看出:含硅11%～13%的合金具有α+Si的共晶组织(α是Si溶入Al中的固溶体),熔点低(<600 ℃),流动性好,线收缩率小,因而铸造性能特别优良。但是它的吸气性很高,结晶时能生成大量分散的缩孔,使合金的致密性下降。同时,由于Si在共晶组织中呈粗大的针状,故强度较低(σ_b=130～140 MPa),塑性很差(δ=1%～2%)。所以这种成分的合金只适于铸造形状复杂但致密性和强度要求不高的铸件。牌号ZL102的铸造铝合金,即属于此种合金,也称为简单硅铝明。

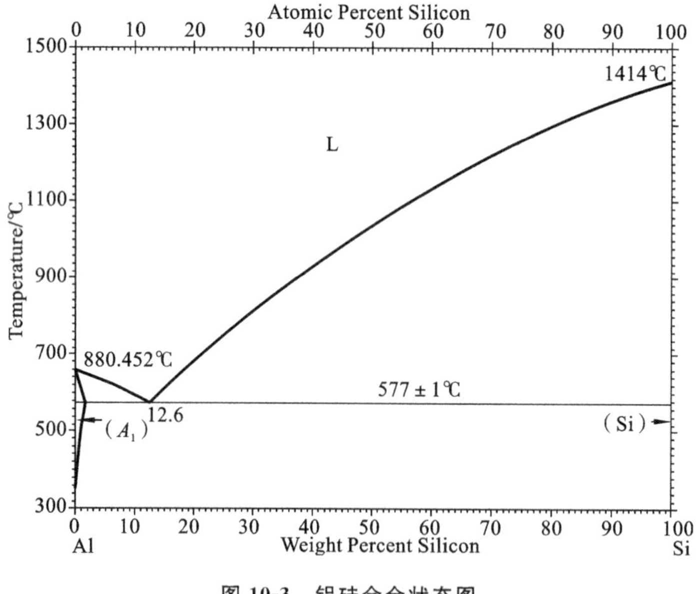

图10-3　铝硅合金状态图

若在浇铸前,向简单硅铝明中加入2%～3%的变质剂(2/3NaF+1/3NaCl),可使铸造后的性能显著增强,使强度提高到σ_b=180 MPa,塑性提高到δ=6%左右。这是因为通过变质,合金的组织由粗大的共晶组织转变为α初晶与细密共晶所构成的亚共晶组织(见图10-4)的缘故。ZL102除有优越的铸造性能外,还有良好的焊接性、抗蚀性和耐热性等优点。

在铝硅合金中加入适量的铜、镁、锰等元素(如ZL103、ZL104至ZL111等牌号合金),

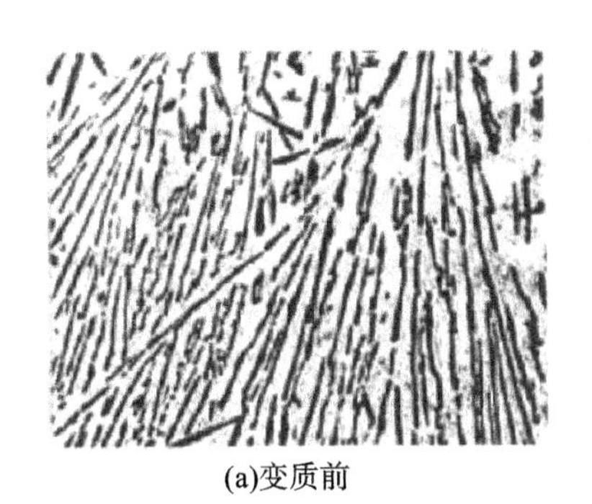

(a)变质前

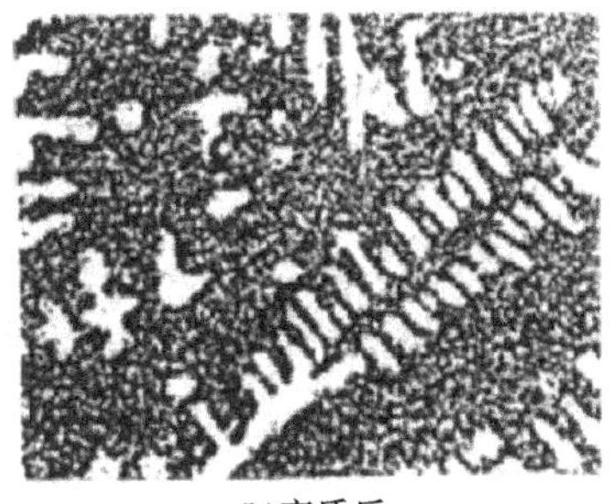

(b)变质后

图 10-4 ZL102 合金的铸造组织

合金中出现 $CuAl_2$、Mg_2Si 以及 Al_2CuMg 等强化相，除能进行变质处理外，还可进行淬火、时效，使强度进一步提高到 200～250 MPa。这类合金称为特殊硅铝明，可用于制造重载荷的大型铸件或中等载荷、形状复杂的零件，如气缸盖、散热器等。其中 ZL108、ZL109、ZL110 合金不仅铸造性能良好，并且具有线膨胀系数小、抗腐蚀、耐高温等优点，故广泛应用于制造发动机活塞，也称为活塞铝合金。

2. 铝-铜系铸铝合金

Al-Cu 系铸铝合金的耐热性好，强度较高；但密度大，铸造性能、耐蚀性能差，强度低于 Al-Si 系合金。主要用于制造在较高温度下工作的高强零件，如内燃机气缸头、汽车活塞等。

这类合金的牌号为 ZL201、ZL202 等。典型铸造铝铜如 ZAlCu5Mn、ZAlCu4 的成分分别是 Cu4.5%～5.3%、Mn0.6%～1.0%、Ti0.15%～0.35%和 Cu4.0%～5.0%，ZAlCu5Mn 用于制造发动机机体、气缸体等，而 ZAlCu4 用于制造形状简单的中载零件，如托架等。

3. 铝-镁系铸铝合金

以铝镁为基的铝合金具有较小的比重和较好的机械性能和抗腐蚀性，但铸造性能较差，热强度低，故而用于制造在海水中使用的重载零件，也可用来代替某些耐酸钢及不锈钢零件，如舰船配件、氨用泵体等。这类合金的牌号为 ZL301、ZL302 等。

4. 铝-锌系铸铝合金

铝锌合金由于加入了锌，因此比重较大，抗腐蚀性差，但其铸造性能特别优良。在铸态下即具有“自行淬火”的效果，只需人工时效后就有较高的强度。同时价格便宜，常用于制造汽车、拖拉机发动机的零件。典型铸造铝锌合金如 ZAlZn11Si7 和 ZAlZn6Mg，牌号为 ZL401 等。铸造铝合金中的大部分合金，除了在制造时采用变质处理可提高强度和塑性外，还可以采用退火来消除铸造应力，也可采用淬火和不同程度的时效改善强度、提高塑性。

10.2 铜及铜合金

10.2.1 纯铜及铜合金分类

1. 纯铜

纯铜的密度为 8.96 g/cm³，熔点为 1083 ℃，具有面心立方晶格，无同素异构转变。纯铜的导电性很好，仅次于银，20 ℃时含铜 99.90%的纯铜电阻率为 1.724×10^{-8} Ω/m；导热性良好，在 0～100 ℃的导热率为 399 $W/(cm/℃)^{-1}$；此外，纯铜有高的化学稳定性、耐大气和水的腐蚀（但在铵盐、氯盐及氧化性的硝酸、浓硫酸中耐蚀性很差）；纯铜的室温磁化率 $\chi=-0.96\times10^{-5}$，为抗磁性材料，是优良的磁屏蔽材料；纯铜塑性好（$A=50\%$），但强度较低（$\sigma_b=230\sim250$ MPa），硬度也很低（40～50 HBW），不能热处理强化，只能通过冷加工变形强化，故纯铜不能做结构件，主要用于做铜合金的原料、导线、电缆、散热器、冷凝器、传热体、垫片及防磁器械等。

纯铜中的主要杂质有铅、铋、氧、硫和磷等，它们对纯铜的性能影响极大，不仅可以使其导电性能降低，而且还会使其在冷、热加工中发生冷脆和热脆现象。因此必须控制纯铜中的杂质含量。

工业纯铜的代号用“T”（“铜”的汉语拼音首字母）及顺序号表示，共有 T1、T2、T3 三个代号，其后的数字越大，纯度越低。

2. 铜合金的分类

纯铜的强度不高，要满足结构件的要求，必须进行铜的合金化处理。用于铜合金固溶强化的元素主要有 Al、Sn、Mn、Ni 等，它们在铜中的固溶度均大于 9.4%，具有明显的固溶强化效果。根据化学成分的不同，铜合金可以分为黄铜、青铜及白铜三大类。以 Zn 为主要合金元素的铜合金称为黄铜；除了 Zn 和 Ni 以外的其他元素作为主要合金元素的铜合金称为青铜。青铜按主要添加元素（如 Sn、Al、Be）的不同分别命名为锡青铜、铝青铜、铍青铜。以 Ni 为主要合金元素的铜合金称为白铜。

10.2.2 黄铜

黄铜是以 Zn 为主要合金元素的铜合金。黄铜的强度和塑性较高，导电性、导热性和铸造工艺性能良好，其耐蚀性与纯铜相近，并且价格低廉，色泽明亮美丽，因此是有色金属中应用最广泛的合金之一。

黄铜按化学成分的不同，分为普通黄铜和特殊黄铜。普通黄铜是由 Cu 和 Zn 组成的二元合金，又称为简单黄铜；在 Cu-Zn 二元合金基础上加入一种或多种其他合金元素的黄铜，称为特殊黄铜，又称复杂黄铜。此外，按生产方式不同，黄铜又可分为压力加工黄铜和铸造黄铜。

压力加工黄铜的牌号用 H（“黄”的汉语拼音首字母）+数字表示，数字代表含铜量的百分数，例如 H62 表示 $w_{Cu}=62\%$，其余为 Zn 的普通黄铜。

铸造黄铜的牌号依次由 Z（“铸”的汉语拼音首字母）+CuZn+Zn 含量+第二合金元素符号+第二合金元素含量组成。如，ZCuZn40Pb2 表示 $w_{Zn}=40\%$，$w_{Pb}=2\%$，其余为 Cu 的铸造黄铜。铸造黄铜的熔点低于纯铜，铸造性能好，且组织致密，主要用于制作一般的结构件和耐蚀零件。

特殊黄铜的牌号是用“H+第一合金元素符号+Cu 含量-第一合金元素含量+第二合金元素含量”表示，数字之间用“-”分开，如 HSn70-1 表示 $w_{Cu}=70\%$，$w_{Sn}=1\%$，其余为 Zn 的锡黄铜，又如 HAl59-3-2 表示含 Cu59%，含 Al3%，含 Ni2%，其余为 Zn 的特殊黄铜。

1. **普通黄铜**

1）普通黄铜的成分和组织

普通黄铜是由 Cu 和 Zn 组成的二元合金，Cu-Zn 二元合金相图如图 10-5 所示。$w_{Zn}<32.5\%$的合金自液态中直接结晶出 α 相。α 相是 Zn 溶于 Cu 中的固溶体，具有面心立方晶格，塑性好，适于进行冷、热加工，并有优良的铸造、焊接和镀锡的能力。

β 相为电子化合物，是以 CuZn 为基的二次固溶体，具有体心立方晶格。当温度降到 468 ℃以下时，β 相会转变为有序固溶体 β′相。高温无序的 β 相塑性好，而有序的 β′相硬而脆，难以进行冷变形加工，故含 β′相的黄铜只能进行热加工成形。

γ 相是以电子化合物 Cu_5Zn_8 为基的固溶体，具有六方晶格，硬且脆，难以进行塑性加工，故含 γ 相的黄铜无实用价值。

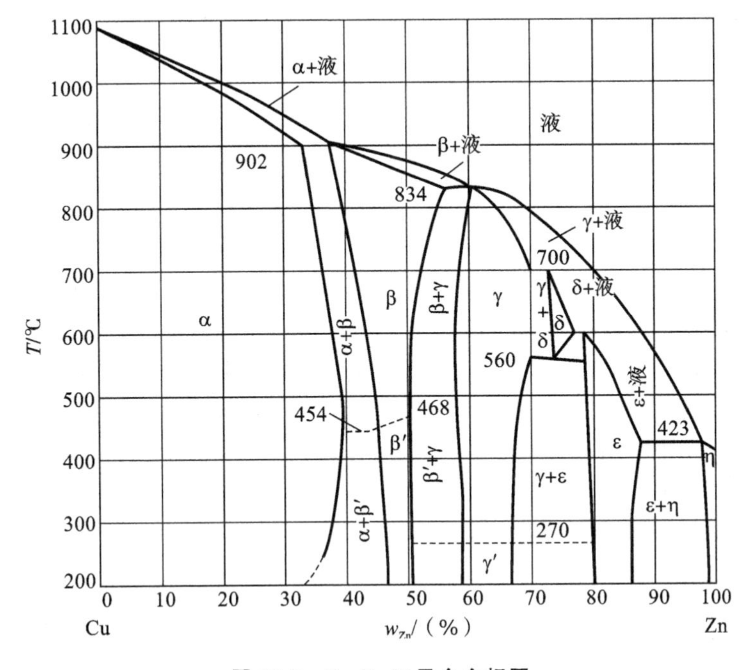

图 10-5　Cu-Zn 二元合金相图

2）普通黄铜的性能

普通黄铜的性能主要受锌含量的影响，随着锌含量的增加，普通黄铜的导电性、导热性和密度降低，而线膨胀系数增加；锌的加入还提高了合金的强度、硬度和塑性，并可改善其铸造性能。锌含量对黄铜的组织和力学性能的影响规律如图 10-6 所示。由图 10-6 可见，当$w_{Zn}<33\%$时，锌能完全溶于 α 固溶体，起到固溶强化的效果。所以，普通黄铜的强度和塑性随着锌含量的增加而升高，当 w_{Zn}增至 30%时，黄铜的伸长率达到最大值。此后，由于脆性的 β′相的出现，导致黄铜塑性降低，而强度则随 w_{Zn}的增加进一步提高，直到 w_{Zn}增至 45%时，强度达到最大值。随后继续增加锌含量，则组织变为单相 β′相，脆性显著增加，强度急剧下降。所以，工业上实际应用的普通黄铜中锌的含量一般不超过 45%，经过退火后可获得全部是 α 固溶体的单相黄铜（$w_{Zn}<33\%$），或者是（α＋CuZn）组织的双相黄铜（$w_{Zn}\geqslant33\%$）。

黄铜有良好的铸造性能，在大气、淡水中耐蚀，在海水中耐蚀性一般。黄铜的腐蚀表现在脱锌和应力腐蚀。脱锌是电化学腐蚀，在中性盐水溶液中锌发生选择性溶解，为了防止脱

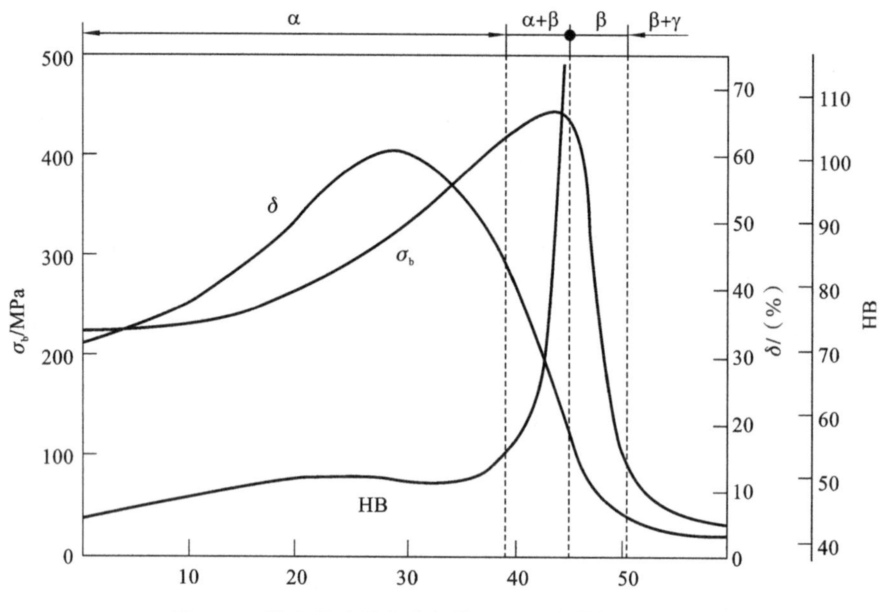

图 10-6 锌含量对铸态黄铜的组织和力学性能的影响

锌，可选用低锌黄铜[$w_{Zn}<15\%$]或加入 $w_{As}=0.02\%\sim0.06\%$的砷。黄铜经过冷变形后放置几天会自行破裂，这种现象称为自裂或季裂。它实际上是一种应力腐蚀破裂，是在残余应力、腐蚀介质(在潮湿大气或海水中，特别是在有氨、SO_2 的介质中)的联合作用下发生的。黄铜含锌量越高，越易自裂。为了防止自裂，冷加工后的黄铜件应在 260～300 ℃进行去应力退火，在退火后应避免撞伤或装配时产生附加拉应力，也可用电镀锌、镀镉层加以保护。此外，在黄铜中加入 1.0%～1.5%的硅或者微量砷(0.02%～0.06%)，或者 0.1%的镁等可减小黄铜的自裂倾向。

2. 特殊黄铜

特殊黄铜是在 Cu-Zn 合金基础上加入少量 Pb、Sn、Al、Mn、Fe、Ni 等合金元素，组成三元、四元甚至五元的合金，故又称为复杂黄铜。合金元素加入后，除了具有强化作用外，Sn、Mn、Al、Si、Ni 等元素还可以提高其耐蚀性，并降低其应力腐蚀开裂的倾向；Si、Ni 可以提高黄铜的耐磨性，并可分别改善黄铜的铸造性能和切削加工性能。常用的特殊黄铜有锡黄铜、锰黄铜、硅黄铜、铅黄铜和铝黄铜等。

1) 锡黄铜

在黄铜中加入 0.5%～1.5%的锡能明显提高黄铜的耐热性、合金在海水中的耐蚀性，抑制脱锌，并能提高其强度、硬度，因而锡黄铜大量用于舰船制造业，如用来制造冷凝管、焊条、船舶零件等，固有“海军黄铜”之称。常用的牌号有 HSn70-1、HSn62-1。

2) 锰黄铜

黄铜中加入 1%～4%的锰，基本上不改变黄铜的组织，可显著提高合金的强度、硬度和耐蚀性，而不降低其塑性。锰黄铜具有(α+β)两相组织，常用的有 HMn58-2，其冷、热态下的压力加工性能相当好，被广泛用于制造耐海水腐蚀零件、船舶用螺旋桨等大型铸件，也可作为耐磨材料用于制造汽车同步齿轮环等。

3）硅黄铜

硅的“锌当量系数”高达 10。在黄铜中加入硅能显著缩小 α 相区，硅含量增加到 4%会出现新的具有密排六方结构的 k 相，它在高温下塑性较好，在 545 ℃时通过共析分解为(α+β)相。硅黄铜的高、低温力学性能较好，制造和压力加工性能良好，在大气和海水条件下耐蚀性强，可以焊接。主要用于制造海船零件及水泵、叶轮和在空气、淡水、油、燃料环境下工作的零件。

4）铅黄铜

铅在 α 黄铜中是有害杂质元素(溶解度<0.03%)，分布在黄铜枝晶间，能够引起热脆。但其在(α+β)黄铜中，凝固时先形成 β 相，随后继续冷却，转变为 α+β 组织，使铅颗粒转移到黄铜晶体内，从而使铅的危害减轻。

5）铝黄铜

在黄铜中加入少量铝，可在合金表面形成致密并和基体结合牢固的氧化膜，提高合金的耐蚀性。此外，铝在黄铜中的固溶强化作用还进一步提高了合金的强度和硬度。$w_{Al}=2\%$、$w_{Zn}=20\%$的铝黄铜具有很高的热塑性，故 HAl77-2 铝黄铜可制成强度高、耐蚀性好的管材，用于海轮和热电站的冷凝器等。

10.2.3　青铜

青铜是人类最早应用的一种铜锡合金，因颜色呈青灰色，故称为青铜。现代工业将除了黄铜和白铜(Cu-Ni 合金)之外的铜合金均称为青铜。含锡的青铜称为锡青铜，不含锡的称为特殊青铜或无锡青铜。按照主加合金元素的不同可分为锡青铜、铝青铜、铍青铜、铅青铜等。此外，还有成分较为复杂的三元或四元青铜。按照生产方式不同，分为压力加工青铜和铸造青铜。青铜具有良好的耐蚀性、耐磨性、导电性、导热性、切削加工性及较小的体积收缩率。

压力加工青铜牌号依次由 Q(“青”的汉语拼音首字母)、主加合金元素符号及其含量百分数、其他元素含量的百分数构成，数字间以“-”隔开，如 QAl10-3-1.5 表示主加元素为 Al 且 $w_{Al}=10\%$、$w_{Fe}=3\%$、$w_{Mn}=1.5\%$，余量为 Cu 的铝青铜。如果是铸造青铜，牌号之前加 Z(“铸”的汉语拼音首字母)，如 ZCuSn5Pb5Zn5 表示主加元素为 Sn 且 $w_{Sn}=5\%$、$w_{Pb}=5\%$、$w_{Zn}=5\%$，余量为 Cu 的铸造锡青铜。

1. 锡青铜

锡青铜是指 Cu-Sn 系的铜合金。锡在铜中可形成固溶体或者金属化合物。锡青铜的组织和力学性能主要受锡含量的影响，如图 10-7 所示，$w_{Sn}<8\%$的锡青铜形成 α 固溶体，塑性好，适于压力加工；$w_{Sn}=8\%\sim20\%$时，由于脆性相 δ 的出现而使组织延伸率急剧下降，但强度继续随着锡含量的增加而提高；当 $w_{Sn}>20\%$时，因 δ 相过多，合金的强度和塑性显著降低。因此，工业上实际应用的锡青铜中锡的质量分数一般在 3%～14%之间，其中 $w_{Sn}<8\%$的锡青铜有较高的塑性和适当的强度，适于塑性加工，又称为形变锡青铜；而 $w_{Sn}>10\%$的锡青铜为铸造合金，因塑性太差，只用于铸造零件。

锡青铜主要有三大用途：①用作高强、弹性材料，如弹簧、弹片、弹性元件等；②用作耐磨材料，如滑动轴承的轴套、齿轮等耐磨零件；③因铸件体积收缩小、耐蚀，用来制作艺术铸件，

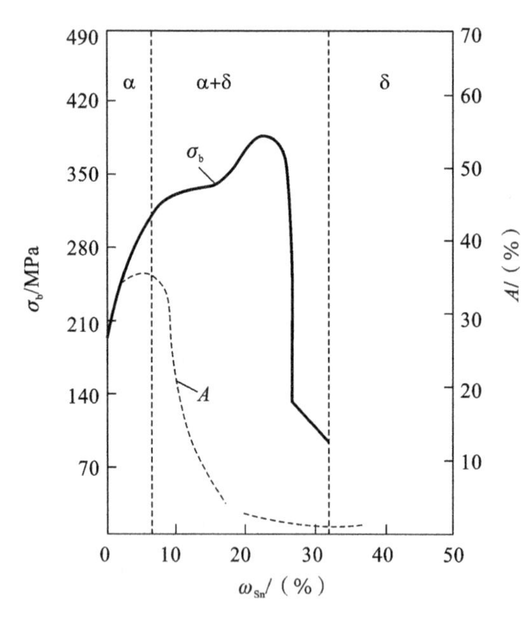

图 10-7 锡青铜的力学性能与锡含量的关系

如铜像等。为了进一步改善锡青铜的工艺性能和力学性能，锡青铜中还常加入磷、锌、铅、镍等合金元素，得到多元锡青铜。

2. 铝青铜

铝青铜是以铝为主加合金元素的铜合金。铝青铜强度和塑性高，并能进行热处理强化。$w_{Al}=5\%\sim7\%$的铝青铜塑性好，适于冷加工，而 $w_{Al}<10\%$ 的铝青铜，强度较高，适用于铸造。此外，由于铝青铜可在表面生成含铝和铜的致密复合氧化膜，因而有良好的耐蚀性，在大气、海水、碳酸和有机酸中，耐蚀性优于黄铜和锡青铜。工业上常用的铝青铜含铝量一般为 5%～12%。铝青铜是青铜中应用最广的一种，主要用于制作仪器中要求耐蚀的零件和弹性元件；铸造铝青铜常用于制作要求强度高、耐磨性好的摩擦零件。

工业中常见的二元铝青铜有 QAl5、QAl7 和 QAl10。经过退火后，QAl5 的 $\sigma_b=380$ MPa。

3. 铍青铜

铍青铜是以铍为主加元素(一般 $w_{Be}=1.5\%\sim2.5\%$)的铜合金。由于铍在铜中的溶解度随温度的变化很大，因而铍青铜有很好的固溶时效强化效果：热处理时，在 760～790 ℃进行固溶处理，快速淬火并在 310～330 ℃时效，其强度 σ_b 可达 1250～1500 MPa，σ_e 为 700～780 MPa。

此外，铍青铜稳定性好、弹性滞后小，并且耐蚀、耐磨，导电和导热等性能优良，还具有无磁性、受冲击时无火花等优点，可进行冷热加工和铸造成形。但价格较贵，主要用于制作精密仪器或仪表的弹性元件、耐磨零件及塑料模具等。铍为强毒性金属，生产时应按规范严格操作。

4. 铅青铜

铅青铜是 Cu-Pb 系铜基合金。铅不溶于铜，在铅青铜组织中以独立的软质点均匀分布在硬的铜基体上。铅青铜的这种组织特点使其表现出优良的减摩性、高的疲劳强度和导热性，是一种理想的轴承材料，可用于制造高速、高负荷的大型轴瓦和衬套。最常用的铅青铜为 ZQPb30。

5. 硅青铜

硅青铜是 Cu-Si 系铜基合金。硅青铜的弹性好、耐蚀性极高，有良好的耐磨性，并且抗磁性、耐寒性优良，撞击无火花，工艺性能好。硅在铜中起固溶强化作用，随着硅在 α 固溶体中含量的增加，硅青铜的强度和塑性也增加；当 $w_{Si}>3.5\%$时，由于脆性相的出现，合金塑性明显下降。硅在铜中的最大溶解度为 5.4%。为了保证足够的塑性，一般工业硅青铜的

w_{Si}≤4%。

为了进一步改善硅青铜的性能，还可以在铜硅二元合金中添加适量的 Mn、Ni、Cr、Zr 等合金元素。Mn 的加入主要起固溶强化作用，能同时提高硅青铜的力学性能和耐蚀性。Ni 加入后能与 Si 形成 Ni_2Si。Ni_2Si 从过饱和固溶体中脱溶，能产生强的沉淀强化效果。Ni 与 Si 的比例为 3∶1，如硅镍青铜 QSi1-3 自 860 ℃固溶淬火、450～500 ℃时效处理后，σ_b 可达 700 MPa（增高了一倍多），而且在大气和海水中都有良好的耐蚀性。Ni 和 Zr 都能提高硅青铜的蠕变极限和再结晶温度，且导电率下降低小。Cr 和 Zr 都能提高铜合金的蠕变强度、再结晶温度，并且导电率降低小。同时加入 Cr 和 Zr 元素能形成 Cr_2Zr 金属间化合物，是良好的沉淀强化相，可得到耐热性好的高导电合金。

10.2.4　白铜

白铜是以镍为主要合金元素的铜合金，呈银白色，有金属光泽，故名白铜，其在中国古代即得到应用。Cu 和 Ni 由于在电负性、尺寸因素和点阵类型上均满足无限固溶条件，因而可形成无限固溶体（α 单相合金）。正因如此，各种白铜中镍含量的变化范围较宽，可在 3%～44%变化。当 Ni 在 Cu 中的质量分数超过 16%时，合金色泽会变得洁白如银，镍含量越高，颜色越白。

纯铜中加入 Ni 元素，其硬度、强度、耐蚀性、电阻率会随 Ni 的浓度升高而增加，塑性、电阻温度系数则随之降低。此外，白铜还具有良好的延展性和深冲性能，并且色泽美观。因此，白铜比其他铜合金具有更好的力学性能和物理性能，被广泛用于造船、石油化工、电器、仪表、医疗器械、日用品及工艺品等领域，还是重要的电阻及热电偶合金。但由于白铜的主添元素 Ni 属于稀缺的战略物资，因此白铜价格比较昂贵。

白铜按用途可分为结构白铜和电工白铜；按照成分可分为普通白铜和特殊白铜。简单的 Cu-Ni 二元合金称为普通白铜；在此基础上加入 Mn、Fe、Zn 或 Al 等元素的白铜，称为特殊白铜，又称复杂白铜，并分别称之为锰白铜、铁白铜、锌白铜等。

普通白铜的牌号是以“B+Ni 含量”命名的，如 w_{Ni}=29%～33%（含 Co）的白铜牌号为 B30。常用的普通白铜有 B5、B10、B20、B30 等。特殊白铜的命名方式有两种：①铜为余量的特殊白铜，以“B+第二主添元素符号+Ni 含量+各添加元素含量（数字间以“-”隔开）”命名；②锌为余量的特殊白铜，以“BZn+第一主添元素（Ni）含量+第二主添元素（Zn）含量+第三主添元素含量（数字间以“-”隔开）”命名。例如，w_{Ni}=9.0%～11.0%、w_{Fe}=1.0%～1.5%、w_{Mn}=0.5%～1.0%的铁白铜牌号为 BFe10-1-1；w_{Cu}=60%～63%、w_{Ni}=14%～16%、w_{Pb}=1.5～2.0%、Zn 为余量的含铅锌白铜牌号为 BZn15-21-1.8。

1. 结构白铜

结构白铜的特点是力学性能较高、耐热和耐冷性良好，还具有很高的耐蚀性，在大气、海水、过热蒸汽和高温下均有优良的耐腐蚀性，而且冷热加工性能良好。常用的牌号有 B10、B20、B30，可用于在高温、高压和强腐蚀介质中工作的零部件，如冷凝器、热交换器、蒸汽和海水环境下工作的精密机械、船舶仪器零件、化工机械和医疗器械中的关键材料等。B20 还是常用的镍币材料，可制造高面额的镍币。

Fe、Mn、Zn、Al 作为合金元素均可提高白铜的强度和耐蚀性，并可节省价格较高的 Ni，因而有铁白铜、锰白铜等出现。

铁能显著细化晶粒，在增加白铜强度的同时又不降低其塑性，尤其可提高其在流动海水中发生冲蚀的耐蚀性。铁的加入量一般不超过1.5%。在B10中加入0.75%的铁，可得到与B30同样的耐蚀性。

在普通白铜中加入少量锰，可脱氧和脱硫，并能增加合金的强度。如在B10中加入1.0%～1.5%的铁，以及0.5%～1.0%的锰，可用来制作舰船的冷凝器。

锌能大量溶于Cu-Ni合金，有固溶强化作用，从而提高合金的强度和弹性，还能提高其耐大气腐蚀的能力。锌白铜色泽酷似银，固有中国银或德国银之称。如BZn15-20广泛用于制造医疗器械、艺术制品等。

铝在Cu-Ni合金中能产生沉淀强化效应。铝与镍形成铝白铜经时效处理，是强度最高的白铜，其弹性和耐蚀性也相当好，并具有较好的耐低温性，在－183 ℃下仍能保持较好的力学性能。

2. 电工白铜

电工白铜，又称为精密电阻合金用白铜，其特点是具有良好的热电性能，即电阻率大、电阻温度系数小和热电势大等，广泛用于制造精密电工仪器、仪表、变阻器、热电偶和电热器等。

BMn3-12锰铜、BMn40-1.5康铜、BMn43-0.5考铜，以及以锰代镍的新康铜[又称无镍锰白铜，w_{Mn}＝10.8%～12.5%、w_{Al}＝2.5%～4.5%、w_{Fe}＝1.0%～1.6%]是含锰量不同的锰白铜。w_{Ni}＝40%、w_{Mn}＝1.5%的锰白铜又称为康铜，具有高电阻、低电阻温度系数，与铜、铁、银配对成热电偶时，能产生高的热电势，组成铜-康铜、铁-康铜、银-康铜热电偶，其热电势与温度间的线性关系良好，测温精确，工作温度为－200～600 ℃。w_{Ni}＝43%、w_{Mn}＝0.5%的锰白铜又称为考铜，具有高的电阻，与铜、镍铬合金、铁分别配成热电偶时，能产生高的热电势，其热电势与温度间的线性关系良好。考铜-镍铬热电偶的测温范围可从－253 ℃至室温。B0.6白铜在100 ℃以下与铜线配对时，其热电势与铂铑-铂热电偶的热电势相同，常用作铂铑-铂热电偶的补偿导线。

10.3 钛及钛合金

钛是20世纪50年代发展起来的一种重要的结构金属，钛合金具有比强度高、耐蚀性好、耐热性高等特点，因而被广泛用于航空、航天、化工、能源、造船、医疗保健和国防等领域。钛一般被列为“稀有金属”，但实际上钛元素在地壳中的含量是十分丰富的，在结构金属元素中仅次于铝、铁、镁、铝，居第四位。我国钛资源十分丰富，钛矿储量居世界前列。但由于钛的化学活性高，熔点高，提炼困难，冶炼制取工艺复杂及价格昂贵等方面的问题，使得钛及钛合金的发展和应用受到了一定的限制，随着科学技术的进步及钛合金的熔炼技术、成形技术的发展，钛及钛合金作为尖端技术材料被誉为正在崛起的“第三金属”。在20世纪五六十年代，主要是发展航空发动机用的高温钛合金和机体用的结构钛合金，20世纪70年代开发出一批耐蚀钛合金，20世纪80年代以来，耐蚀钛合金和高强钛合金得到进一步发展。耐热钛合金的使用温度已从20世纪50年代的400 ℃提高到20世纪90年代的600～650 ℃，结构

钛合金向高强、高塑、高强高韧、高模量和高损伤容限方向发展。20 世纪 70 年代以来，还出现了 Ti-Ni、Ti-Ni-Fe、Ti-Ni-Nb 等形状记忆合金，并在工程上获得日益广泛的应用。世界上已研制出的钛合金有数百种，最著名的合金有 20～30 种，如 Ti-6Al-4V、Ti-5Al-2.5Sn、Ti-2Al-2.5Zr、Ti-32Mo、Ti-Mo-Ni、Ti-Pd、SP-700、Ti-6242、Ti-10-5-3、Ti-1023、BT9、BT20、IMI829、IMI834 等。

10.3.1　纯钛

1. 纯钛的性能特点

钛是一种新型金属，呈银白色。99.5%工业纯钛的性能为：密度 $\rho=4.5\ g/cm^3$，熔点为 1725 ℃，导热系数 $\lambda=15.24\ W/(m\cdot K)$，抗拉强度 $\sigma_b=539$ MPa，伸长率 $\delta=25\%$，断面收缩率 $\psi=25\%$，弹性模量 $E=1.078\times105$ MPa，硬度为 HB195。

与常用金属材料性质相比，工业纯钛的特点如下。

(1) 钛密度小而强度高，在 −253～600 ℃之间，钛的比强度是最高的。

(2) 钛的弹性模量中等，比不锈钢约低 50%，比弹性模量稍低于钢，适于做弹性元件，但加工时回弹会比较大。

(3) 钛的熔点高，但由于同素异构转变和高温下吸气、氧化倾向的影响，钛的耐热性中等，介于铝和镍之间。

(4) 钛的化学活性高，切削加工性差，在切削加工时由于温度升高容易粘刀，造成黏结磨损。同时钛的导热性差，切削加工时热量主要集中在刀尖上，使刀尖软化。

2. 纯钛的晶体结构

钛的熔点为 1668 ℃，钛是同素异构体，在固态下具有同素异构转变，转变温度为 882.5 ℃，在低于 882.5 ℃时呈密排六方晶格结构，称为 α-Ti，α-Ti 虽然具有密排六方晶格，但塑性远比同是密排六方晶格的 Zn、Mg 要高；在 882.5 ℃以上呈体心立方晶格结构的，称为 β-Ti，β-Ti 具有良好的塑性。

3. 工业纯钛的应用

工业纯钛常用于制作 350 ℃以下工作、强度要求不高的零件及冲压件，如热交换器、海水净化装置、石油工业中的阀门等。

10.3.2　钛合金

钛合金是以钛为基础加入其他元素如 Al、Mo、Cr、Sn、Mn 和 V 组成的合金。第一个实用的钛合金是 1954 年美国研制成功的 Ti-6Al-4V 合金，由于它的耐热性、强度、塑性、韧性、成形性、可焊性、耐蚀性和生物相容性均较好，而成为钛合金工业中的王牌合金，该合金使用量已占全部钛合金的 75%～85%。其他许多钛合金都可以看作是 Ti-6Al-4V 合金的改型。

1. 钛合金的性能特点

1) 比强度高

钛合金的密度一般在 $4.51\ g/cm^3$ 左右，仅为钢的 60%左右，纯钛的密度才接近普通钢的密度，一些高强度钛合金超过了许多合金结构钢的强度。因此钛合金的比强度远大于其他金属结构材料。用钛合金可制造出单位强度高、刚性好、质轻的零部件。飞机的发动机构件、骨架、蒙皮、紧固件及起落架等都使用钛合金。

2）热强度高

钛合金的使用温度比铝合金高几百度，在中等温度下仍能保持所要求的强度，可在450～500 ℃的温度下长期工作，而铝合金在150 ℃时比强度明显下降。钛合金的工作温度可达500 ℃，铝合金则在200 ℃以下。

3）抗蚀性好

在550 ℃以下的空气中，钛的表面很容易形成薄而致密的惰性氧化膜，在海水中的耐蚀性优于铝合金、不锈钢、铜合金和镍合金。对点蚀、酸蚀、应力腐蚀的抵抗力特别强；对碱、氯化物、硝酸、硫酸等有优良的抗腐蚀能力。但在800 ℃以上，氧化膜会分解，氧化膜失去保护作用，使钛很快氧化。

4）低温性能好

钛合金在低温和超低温下，仍能保持其力学性能。特别是间隙元素极低的α钛合金如TA7，在－253 ℃下还能保持一定的塑性。因此，钛合金也是一种重要的低温结构材料，可以用在火箭发动机或载人飞船上做超低温容器。

5）化学活性大

钛的化学活性大，与大气中O、N、H、CO、CO_2、水蒸气、氨气等产生强烈的化学反应。含碳量大于0.2%时，会在钛合金中形成硬质TiC；温度较高时，与N作用也会形成TiN硬质表层；在600 ℃以上时，钛吸收氧形成硬度很高的硬化层；氢含量上升，也会形成脆化层。吸收气体而产生的硬脆表层深度可达0.1～0.15 mm，硬化程度为20%～30%。钛的化学亲和性也大，易与摩擦表面产生黏附现象。

6）导热系数小、弹性模量小

钛的导热系数$\lambda=15.24$ W/(m·K)，约为镍的1/4，铁的1/5，铝的1/14，而各种钛合金的导热系数比钛的导热系数约下降50%。钛合金的弹性模量约为钢的1/2，故其刚性差、易变形，不宜制作细长杆和薄壁件，切削时加工表面的回弹量很大，为不锈钢的2～3倍，造成刀具后刀面的剧烈摩擦、黏附、黏结磨损。

2. 钛合金的分类

钛合金按其使用状态下的组织可分为三类：α钛合金、β钛合金和(α＋β)钛合金。牌号分别用TA、TB、TC加顺序号组成。

1）α钛合金

α钛合金是α相固溶体组成的单相合金，不论是在一般温度下还是在较高的实际应用温度下，均是α相，组织稳定，耐磨性高于纯钛，抗氧化能力强。该类合金在室温下的强度低于β钛合金和(α＋β)钛合金，但在500～600 ℃的温度下，仍能保持其强度和抗蠕变性能。

α钛合金具有优良的焊接性能，但不能进行热处理强化，可高温锻造，但板材弯曲时的塑性不及(α＋β)钛合金，特别是不及β钛合金。

此类合金的牌号用“TA”加顺序号表示，如TA4～TA8，主要用于在500 ℃下长期工作的结构件，其中TA7是我国应用最多的α钛合金。

2）β钛合金

β钛合金是β相固溶体组成的单相合金，未热处理即具有较高的强度，β钛合金可以进

行热处理强化，即淬火加时效处理可以获得β相中弥散分布着细小α相粒子的组织，得到进一步强化，室温强度可达1372～1666 MPa。

β钛合金塑性好，有良好的冷加工性能，但焊接性和热稳定性较差，不宜在高温下使用，工作温度一般不能高于200 ℃。

β钛合金的牌号用"TB"加顺序号表示，如TB2(TB2合金目前还处于试用阶段)，可以用来制造飞机结构件和紧固件。

3) (α+β)钛合金

(α+β)钛合金是双相合金，退火组织为α+β相。(α+β)钛合金能进行淬火、时效处理使合金强化，热处理后的强度比退火状态提高50%～100%。(α+β)钛合金具有良好的综合性能，其室温强度和塑性高于α钛合金，加工成形性比α钛合金和β钛合金都好，但焊接性能和耐热性不如α钛合金。高温强度高，可在400～500 ℃的温度下长期工作，其热稳定性次于α钛合金。(α+β)钛合金生产工艺比较简单，是国内外普遍使用的一类钛合金。

这类合金的牌号用"TC"加顺序号表示，其中TC4是应用最广的一类钛合金，属Ti-Al-V系，其成分约为6%Al、4%V，其余的为Ti。该合金通过淬火和时效处理后，室温下抗拉强度可以达到1200 MPa，比退火状态提高20%～25%，且保持优良的塑性和韧性，尤其在超低温(−253 ℃)下仍有良好的韧性，高温下又有高的热强度，该合金用来制造火箭发动机的外壳、火箭及导弹的液氢燃料箱，以及在400 ℃下长期工作的发动机零件与船舶部件。

总的来说，三种钛合金中最常用的是α钛合金和α+β钛合金。α钛合金的切削加工性最好，α+β钛合金次之，β钛合金最差。常用钛合金的牌号、成分、性能和用途如表10-4所示。

表10-4 常用钛合金的牌号、成分、性能和用途

类型	牌号	化学成分	状态	室温下力学性能(不小于)			高温下力学性能			用途举例
				σ_b/MPa	δ/(%)	α_k/(J·cm^{-2})	温度/℃	σ_b/MPa	σ_{100}/MPa	
α钛合金	TA7	Al4.0-6.0 Sn2.0-3.0	板材退火后	735-930	12-20	(685)	350/500	490 440	440 195	500 ℃以下长期工作的航空发动机叶片等结构件
			棒材退火后	800	10	30	350	500	450	
	TA6	Al4.0-5.5	板材退火后	685	12-20	20-30	350/500	420 340	390 195	—
			棒材时效后	1300	5	15	350	430	400	
β钛合金	TB2	Al2.5-3.5 Cr7.5-8.5 Mo4.7-5.7 V4.7-5.7	板材时效后	1320	8	14.7	—	—	—	350 ℃以下的压力机叶片及飞机结构件

续表

类型	牌号	化学成分	状态	室温下力学性能(不小于)			高温下力学性能			用途举例
				σ_b/MPa	δ/(%)	α_k/(J·cm^{-2})	温度/℃	σ_b/MPa	σ_{100}/MPa	
(α+β)钛合金	TC4	Al5.5-6.8 V3.5-4.5	板材 退火后	895	10-12	(830)	400/500	590 440	540 195	400 ℃以下长期工作的火箭发动机外壳、低温燃料箱等航天器上的相关构件
	TC10	Al5.5-6.5 Sn1.5-2.5 V5.5-6.5	板材 退火后	1080	8-10	35	—	—	—	

10.4 镍及镍合金

镍及镍合金是现代工业中最重要的金属材料之一，它们不但具有较高的力学性能和极优秀的耐蚀性，而且通过适当的合金化还可得到高的电阻、高的热强度和热稳定性以及特殊的电磁和热膨胀等物理性能。因此在化工精密机械、仪器、电工、电子和喷气式发动机等领域得到极为广泛的应用。不足之处是镍资源较为短缺，使其在应用上受到限制。

纯镍的牌号以“N”后附以 Y 和 D 表示，即 NY 和 ND。镍合金(耐热合金除外)是 N 后附上主添加元素符号和近似含量，次要元素只记含量不记化学符号。例如 NCu40-2-1 表示含 40%Cu、2%Mn 和 1% Fe 的镍合金。

10.4.1 纯镍

镍为面心立方晶格，无同素异构转变，熔点高(约 1455 ℃)。镍是铁磁性金属，居里温度为 358 ℃。镍强度高、塑性好、耐蚀、耐热，冷、热压力加工性能好，可冷、热加工。在中性和微酸性溶液、有机溶剂以及在大气、淡水和海水中化学性稳定，但不耐氧化性酸和高温含硫气体的腐蚀，是耐热浓碱溶液腐蚀最好的材料。

镍中常见杂质有锰、铁、硅、铜、碳、氧和硫等，其中铁、锰、铜和硅等与镍形成固溶体，少量上述元素对镍的力学性能和加工性能影响不大，最有害的杂质是碳、氧和硫。

纯镍的主要用途是供电镀及作为钢和有色合金的合金元素，还以板、片、线等半成品应用于电子工业。一般用作机械、化工设备的耐腐蚀构件、精密仪器结构件、电子管和无线电设备零件、医疗器械及食品工业餐具器皿等。

10.4.2 镍合金

镍基合金是指在 650～1000 ℃高温下有较高的强度与一定的抗氧化腐蚀能力等综合性能的一类合金。按照主要性能又细分为镍基耐热合金、镍基耐蚀合金、镍基耐磨合金、镍基精密合金与镍基形状记忆合金等。高温合金按照基体的不同分为：铁基高温合金、镍基高温

合金与钴基高温合金。其中镍基高温合金简称镍基合金。

镍中加入铜、铁、锰等元素能形成单相固溶体，不仅强度和塑性高，而且有优良的耐蚀性和耐热性，是极贵重的一种结构材料。其他加入的合金元素主要包括 Al(约 3%)、Sn、Be、Si 等。

列入我国标准的结构用镍合金只有一种，即 NCu28-2.5-1.5，含 27%～29% Cu、2%～3%Fe 及 1.5%～1.8% Mn。国外称为“蒙乃尔”合金。该合金强度高，具有良好的加工性能，耐高温，对大气、盐、碱、淡水、海水及蒸汽等多种介质均有良好的耐蚀性，并且在 400 ℃以下其力学性能几乎不变，故以管、棒、线、带、板、箔等形式广泛用于测量仪表、精密机械、医疗器具、化工设备等方面。向该合金中加入铝、铍、硅等元素，则变成热处理强化的合金。

应当注意，此合金用作高强度耐蚀件时，不能用其他金属(如铁)的铆钉铆接，否则极易腐蚀。另外，此合金熔炼时要特别防止增碳，这是因为碳呈游离石墨析出，会使合金变脆。

10.4.3　电工用镍合金

此类合金分为电热体用镍合金、热电偶用镍合金和电真空用镍合金三大类。

1. 电热体用镍合金

这类合金主要用作加热设备和电阻炉的加热元件，因此必须具备电阻高、电阻温度系数小及优良的耐热性等特点。含 15%～20%Cr 的 NCr20 合金是最常用的电热体材料，它是单相固溶体，有极高的电阻和极低的电阻温度系数，耐热性也非常好，可在 1000～1100 ℃的高温下长期工作。

NCr20 合金的最大缺点是塑性低，生产过程非常复杂。为改善其塑性，可加入 15%～20%的铁，加铁后仍为单相固溶体合金。铁不仅改善 Ni-Cr 合金的塑性，而且提高电阻，但降低耐热性，工作温度不能超过 1000 ℃。常用的加铁合金为 NCr15-16-1.5，合金中加入 1%～2%的锰可提高力学性能、耐热性、工艺性能及电阻，还能除硫、去氧和脱碳。

铬在镍中的溶解度很大(500 ℃时 82%Cr，1100 ℃时 52%Cr)，能显著提高镍的电阻和耐热性，故镍铬合金被广泛应用于 900～1100 ℃温度下的电阻加热线，其使用寿命长，但生产过程复杂，成本高，应用受限。

2. 热电偶用镍合金

这类合金主要用于制造测量温度低于 1200 ℃的热电偶和补偿导线，前者应具有高的电阻、热电势和耐热性，后者在 0～100 ℃间应与连接的热电偶有相同的热电势。镍铬合金是目前最典型、最基本的热电偶材料之一，一般用于热电偶正极和高电阻仪器。

镍铬合金热电偶的优点是具有较高的灵敏度。镍铬合金在不加特殊保护时可用于 900 ℃温度下(细的只能用在 700～800 ℃)，而与空气隔绝良好时则可达 1000～1100 ℃。人们还广泛地使用镍铬(含 9.0～10.0%Cr 和少量 Mn)-镍铝(含 2%Al，2%Mn 和 1% Si)热电偶。其中 NCr10-NMn2-2-1 热电偶(前者为正、后者为负)为目前常用的镍铬/镍铝热电偶，使用温度为 1000 ℃以下，该热电偶亦可用 NCr10-NSi2.5(镍铬/镍硅)代替。以 NCr17-2-2-1 为正极、NAl3-1.5-1 为负极的镍钴-镍铝热电偶，在 300 ℃以下不产生热电势，故无须补偿导线，使用温度为 300～1000 ℃，在航空工业中得到广泛应用。

有的镍硅合金在 600～1250 ℃范围内有足够大的热电势与热电势率，抗蚀性好，所以用作制造热电偶负极材料。

10.4.4 耐热镍合金

耐热镍合金是最重要的高温合金之一，广泛应用于航空、舰艇及电站等的涡轮发动机的热部件，如燃烧室、涡轮叶片、涡轮盘等。由于合金是在高温、高压、高速和强烈腐蚀环境下工作，不但要求其具有足够的高温拉伸强度、持久强度和抗蠕变性能，而且要有良好的机械疲劳和热疲劳性能，抗氧化、抗腐蚀性能及适当的塑性。耐热镍合金也分为变形合金和铸造合金两类(还有部分粉末合金)，本节只介绍几种常用的变形合金。

耐热镍合金是在 NCr20 的基础上发展起来的。由于镍中加铬不仅产生固溶强化，而且提高耐蚀性和抗氧化性能。因此，NCr20 具备了作为耐热合金的基本条件。但 NCr20 高温强度较低，在 800 ℃的持久强度几乎与纯镍相同。在该合金中加入少量钛和铝，可在保证高的抗氧化性能的条件下，提高高温强度，这就形成了时效硬化型的 Ni-Cr-Ti-Al 系合金，即所谓“尼木尼克”合金，其强化相为 Ni3(Al、Ti)。

GH30 是典型的镍基板材合金，强度低，但有优良的抗氧化性能和良好的冲压和焊接性能，适于制造在 800 ℃以下工作的燃烧室等零件，或在温度更高但低应力条件下工作的其他零件。GH32 是时效硬化型合金，有高的强度、良好的抗氧化性能和冷、热加工性能，主要用于制造在 700 ℃以下工作的涡轮叶片和在 750 ℃以下工作的涡轮盘等。GH37 有高的热强性、疲劳强度和足够的塑性，有良好的锻造和切削加工性能，适于制造在 800～850 ℃温度下工作的燃气涡轮工作叶片。GH49 的耐热性很好，有良好的疲劳强度，缺口敏感性小，但工艺塑性较差，适于制造在 850～900 ℃温度下工作的燃气涡轮工作叶片。

10.4.5 耐蚀镍合金

耐蚀镍合金的主要合金元素是铜、铬、钼，具有良好的综合性能，可耐各种酸腐蚀和应力腐蚀。最早应用的是镍铜(Ni-Cu)合金，又称蒙乃尔合金；此外还有镍铬(Ni-Cr)合金(就是镍基耐热合金，耐蚀合金中的耐热腐蚀合金)、镍钼(Ni-Mo)合金(主要是指哈氏合金 B 系列)、镍铬钼(Ni-Cr-Mo)合金(主要是指哈氏合金 C 系列)等。与此同时，纯镍也是镍基耐蚀合金中的典型代表。这些镍基耐蚀合金主要用于制造石油、化工、电力等各种耐腐蚀环境用零部件。

镍基耐蚀合金多具有奥氏体组织。在固溶和时效处理状态下，合金的奥氏体基体和晶界上还有金属间相和金属的碳氮化物存在，各种耐蚀合金按成分分类及其特性如下。

Ni-Cu 合金：在还原性介质中耐蚀性优于镍，而在氧化性介质中耐蚀性又优于铜，它在无氧和氧化剂的条件下，是耐高温氟气、氟化氢和氢氟酸最好的材料。

Ni-Cr 合金：也就是镍基耐热合金，主要在氧化性介质条件下使用。抗高温氧化和含硫、钒等气体的腐蚀，其耐蚀性随铬含量的增加而增强。这类合金也具有较好的耐氢氧化物(如 NaOH、KOH)腐蚀和耐应力腐蚀的能力。

Ni-Mo 合金：主要在还原性介质腐蚀的条件下使用。它是耐盐酸腐蚀最好的一种合金，但在有氧和氧化剂存在时，耐蚀性会显著下降。

Ni-Cr-Mo(W)合金：兼有上述 Ni-Cr 合金、Ni-Mo 合金的性能。主要在氧化-还原混合

介质条件下使用。这类合金在高温氟化氢气中，在含氧和氧化剂的盐酸、氢氟酸溶液中以及在室温下的湿氯气中耐蚀性良好。

10.4.6　耐磨镍合金

耐磨镍合金的主要合金元素是铬、钼、钨，还含有少量的铌、钽和铟。除具有耐磨性能外，其抗氧化、耐腐蚀、焊接性能也好。可制造耐磨零部件，也可作为包覆材料，通过堆焊和喷涂工艺将其包覆在其他基体材料表面。镍基合金粉末有自熔性合金粉末与非自熔性合金粉末之分。

非自熔性镍基合金粉末是指不含 B、Si 或 B、Si 含量较低的镍基合金粉末。这类粉末，广泛应用于等离子弧喷涂涂层、火焰喷涂涂层和等离子表面强化。

在镍合金粉末中加入适量 B、Si 便形成了镍基自熔性合金粉末。所谓自熔性合金粉末亦称低共熔合金、硬面合金，是在镍、钴、铁基合金中加入能形成低熔点共晶体的合金元素（主要是硼和硅）而形成的一系列粉末材料。

10.4.7　镍基精密合金和镍基记忆合金

镍基精密合金包括镍基软磁合金、镍基精密电阻合金和镍基电热合金等。最常用的镍基软磁合金是含镍 80%左右的坡莫合金，其最大磁导率和起始磁导率高，矫顽力低，是电子工业中重要的铁芯材料。镍基精密电阻合金的主要合金元素是铬、铝、铜，这种合金具有较高的电阻率、较低的电阻率温度系数和良好的耐蚀性，用于制作电阻器。镍基电热合金是含铬 20%的镍合金，具有良好的抗氧化、抗腐蚀性能，可在 1000～1100 ℃温度下长期使用。

镍基记忆合金是含钛 50%的镍合金。其回复温度是 70 ℃，形状记忆效果好。少量改变镍钛成分比例，可使回复温度在 30～100 ℃范围内变化。多用于制造航天器上使用的自动张开结构件、宇航工业用的自激励紧固件、生物医学上使用的人造心脏马达等。

10.5　镁及镁合金

10.5.1　纯镁

镁是地壳中埋藏量较多的元素之一（2.1%），仅次于 Al 和 Fe 而占第三位。镁的密度仅为 1.74 g/cm^3，是常用结构材料中最轻的金属。镁为密排六方晶体结构，无磁性，熔点为 651 ℃。镁的体积热容比为 1781 $J/(dm^3 \cdot K)$，镁及镁合金加热升温与散热降温都比其他金属快。

镁抗蚀能力差，在潮湿大气、海水、淡水及大多数酸、盐介质中易受腐蚀。室温下，镁在空气中容易氧化，形成氧化镁薄膜，但薄膜疏松多孔，不像氧化铝薄膜那样致密，因此镁的耐蚀性很差。

镁的室温强度低、塑性差，不能直接用于结构材料。纯镁主要用于制作镁合金的原料，化工及冶金生产的还原剂及烟火工业等。

10.5.2 镁合金

镁合金是在纯镁中加入 Al、Zn、Mn、Zr 及稀土等元素组成的合金。镁合金是目前工业应用中最轻的工程材料，比重轻，是实用金属中最轻的金属，同时镁合金比强度高，弹性模量大，消震性好，承受冲击载荷能力比铝合金大，耐腐蚀性能好，被誉为“21 世纪的绿色工程结构材料”。镁合金广泛用于携带式的器械和汽车行业中，达到轻量化的目的。

1. 镁合金的性能特点

(1) 重量轻：镁合金的密度小($1.8\ g/cm^3$ 左右)，镁的比重大约是铝的 2/3，是铁的 1/4，镁合金比重在所有结构用合金中属于最轻者，也是航空器、航天器和火箭导弹制造工业中使用的最轻金属结构材料。

(2) 比强度和比刚度大：镁合金比强度比铝合金和铁高，比刚度(刚度与质量之比)接近铝合金和钢，镁合金的比重虽然比塑料重，但单位重量的强度和弹性率比塑料高，所以在同样的强度零部件的情况下，镁合金的零部件能做得比塑料的薄而且轻。因此，在不减少零部件的强度下，可减轻铝或铁的零部件的重量。

(3) 抗震减噪性好：镁合金的弹性模量小而抗震系数大，因而在弹性范围内，镁合金受到冲击载荷时，吸收能量大。在相同载荷下，减震性是铝的 100 倍，是钛合金的 300～500 倍，这一特性使得镁合金在驱动和传动部件上大量运用，是制造飞机轮毂的理想材料。

(4) 电磁屏蔽性佳：镁合金具有比铝合金更良好的隔阻电磁波性能，可以为 3C 产品的外壳(手机及电脑)提供优越的抗电磁保护作用。

(5) 压铸成型性好：镁合金熔点比铝合金熔点低，压铸成型性能好。镁合金铸件抗拉强度与铝合金铸件相当，一般可达 250 MPa，最高可达 600 MPa。其屈服强度、延伸率与铝合金也相差不大。镁合金具有良好的压铸成型性能，压铸件壁厚最小可达 0.5 mm。适于制造各类汽车压铸件。

2. 镁合金的分类

按成型工艺，镁合金可分为铸造镁合金和变形镁合金，两者在成分、组织性能上存在很大差异。铸造镁合金主要用于汽车零件、机件壳罩和电气构件等；变形镁合金主要用于薄板、挤压件和锻件等。镁及镁合金的标记方法有很多，各国的标准也各不相同，其中以美国 ASTM 标准的标记规则最为广泛，我国也是沿用 ASTM 标记规则。镁合金牌号的前两个字母代表合金的主要合金元素(字母与合金元素的对应关系见表 10-5)，其后的数字代表着两种元素的质量百分数，最后的字母用来标示该合金成分经过微量调整。如 AZ91 表示 Mg-Al-Zn 系镁合金，Al 的含量为 9%，Zn 的含量为 1%。常用镁合金的牌号、成分、力学性能及应用如表 10-6 所示

表 10-5 ASTM 标准中工业镁合金牌号的字母标记与化学元素的对应关系

字母标记	化学元素	中文名称	字母标记	化学元素	中文名称
A	Al	铝	M	Mn	锰
B	Bi	铋	N	Ni	镍
C	Cu	铜	P	Pb	铅

续表

字母标记	化学元素	中文名称	字母标记	化学元素	中文名称
D	Cd	镉	Q	Ag	银
E	RE	混合稀土	R	Cr	铬
F	Fe	铁	S	Si	硅
G	Mg	镁	T	Sn	锡
H	Th	钍	W	Y	钇
K	Zr	锆	Y	Sb	锑
L	Li	锂	Z	Zn	锌

表 10-6　常用镁合金的牌号、成分、力学性能及应用

类别	牌号	旧牌号	化学成分				加工状态	棒材力学性能≥		应用
			Al	Zn	Mn	其他		R_m/MPa	A/(%)	
变形镁合金	AZ40M	MB2	3.0～4.0	0.2～0.8	0.15～0.50		热成型	245	5	中等负荷结构件、锻件
	AZ61M	MB5	5.5～7.0	0.5～1.5	0.15～0.50			260	15	大负荷结构件
	AZ80M	MB7	7.8～9.2	0.2～0.8	0.15～0.50			330	11	
	ME20M	MB8	≤0.20	≤0.30	1.3～2.2	Ce0.15～0.35		195	2	飞机部件
	ZK61M	MB15	≤0.05	5.0～6.0	≤0.1	Zr0.3～0.9	热成型+时效	305	6	高载荷、高强度飞机锻件、机翼长桁
铸造镁合金	ZMgZn5Zr	ZM1		3.5～5.5		Zr0.5～1.0	人工时效	235	5	抗冲击零件、飞机起落架轮子的轮毂
	ZMgRE3Zn2Zr	ZM4		2.0～3.0		Zr0.5～1.0 RE2.5～4.0	人工时效	140	2	高气密零件、仪表壳体
	ZMgAl8Zn	ZM5	7.5～9.0	0.2～0.8	0.15～0.50		固溶处理+人工时效	230	3	中等负荷零件、飞机翼肋、机匣、导弹部件

思考练习题

1．铝及铝合金的物理、化学、力学及加工性能有什么特点？

2．说明铝合金分类的大致原则，各类铝合金可通过哪些途径进行强化？铝合金能像钢一样进行马氏体强化吗？为什么？

3．一批黄铜在加工成型后一碰就断，试分析原因。

4．说明钛合金的特性、分类及各类钛合金的大致用途。

第11章 常用机械零件的选材

11.1 选材的依据和基本原则

在开发新的机械设备或改进旧的设备时，正确地选择材料并合理地制订热处理工艺是一项十分重要的工作。这项工作对产品的品质、寿命和生产成本有很大影响。从产品设计制造全过程可以看出，在所有影响产品品质的因素中，材料的质量和选用是否合理起到承上启下的作用。机械设计工作的一般程序是：首先根据零件的工作条件选择材料，然后根据选用材料的机械性能和工艺性能来确定零件的断面尺寸和结构形状，最后制订出零件的图纸和技术条件。而在制造机械零件时，加工方案也要根据材料的性质来选择成型工艺和拟定工艺措施。正因如此，生产中出现的机械产品质量和寿命问题，多数与材料有关。

在机械设计工作中，选择零件材料的主要依据是零件的工作条件和预期寿命。从零件的工作条件和预期寿命中确定对材料机械性能的要求，这是材料选择的基本出发点。并不是选用材料使机械零件的寿命越长越好，这样往往将导致生产成本增高。每种零件根据其用途、技术发展和经济效益考虑都应该有其最合理的使用寿命。零件的工作条件通常包括受力状态、工作温度、环境介质以及使用状况等。对于大多数普通机械零件，受力状态一般都是最主要的因素。表11-1列出了几种常用零件的基本受力状态、主要失效形式和对材料机械性能的要求。

表11-1 常用零件的基本受力状态、主要失效形式和对材料机械性能的要求

零件种类	基本受力状态	主要失效形式	对材料机械性能的要求
重要螺栓	预拉应力、交变拉应力	塑性变形、疲劳断裂	屈服强度、疲劳强度、硬度
重要传动齿轮	交变弯曲应力、交变接触压应力、齿面的滑动和滚动摩擦、冲击载荷	齿的折断、过量磨损、疲劳麻点	接触疲劳强度、疲劳强度、抗拉强度、硬度
轴类	交变弯曲应力、扭转冲击应力、轴和轴瓦的摩擦	轴径磨损、扭转变形、疲劳断裂	疲劳强度、抗拉强度、硬度、韧性
弹簧	交变应力、振动	弹力丧失、疲劳断裂	屈强比、弹性强度
滚动轴承	交变的接触压应力、滚动摩擦	过量磨损、疲劳断裂、表面剥落	强度、疲劳强度、硬度

由表 11-1 可见，各种零件的受力状态和载荷性质互不相同，十分复杂。为了准确地确定零件实际使用特性，在用力学和机械学分析零件受力状态的同时，还必须参考研究零件在实际使用过程中的失效形式，从而找出零件在复杂工作条件下引起失效的主导因素。据此，才能比较正确地确定零件材料应具备的机械性能指标。表 11-2 是失效形式与主要材料性能的关系。

表 11-2　失效形式与主要材料性能的关系

失效形式		主要考虑的性能指标
变形失效	过量弹性变形	刚性
	过量塑性变形	强度
断裂失效	脆性断裂失效	韧性
	韧性断裂失效	强度
表面损伤失效	表面磨损失效	硬度
	表面腐蚀失效	耐蚀性

材料应具备的机械性能确定后，便可根据这些要求进一步选择材料的类别和具体牌号。选择具体材料的基本原则如下。

(1) 所选材料的机械性能应能满足零件受力状态和应力大小。

(2) 材料的工艺性能应该便于加工，在大批量生产时，材料的工艺性能尤为重要。

(3) 在满足上述使用性能和工艺性能的前提下，所选材料应价廉并符合经济的资源条件。

满足上述基本原则的材料一般有多种，通常需要反复分析对比优化后才能确定。零件材料选择得是否合理，最后还要通过实物装机试验，进一步证明其可靠性。

11.2　常见材料机械性能指标在选材中的应用

随着机械工程科学和技术的发展，工程材料在许多工作条件下的机械性能得到较深入的认识，其机械性能指标逐渐丰富，为机械零件选材提供基本条件。这些机械性能指标的合理应用是选材基础。

1. 常见材料的机械性能指标

工程上材料常用的机械性能可分为：

表征材料强度的指标——如屈服极限、疲劳极限、蠕变极限等；

表征材料塑性的指标——如延伸率、断面收缩率等；

表征材料韧性的指标——如冲击韧性、断裂韧性等；

表征材料硬度的指标——如布氏硬度 HB、洛氏硬度 HRC、维氏硬度 HV 等。

2. 强度指标的作用

材料的各项强度指标是指材料在达到某一允许的变形或断裂前所能承受的最大应力值。这些指标能够直接反映零件的强度，并可在不同条件下直接用于零件断面尺寸的设计计算。

机械设备中的绝大多数零件都在常温条件下工作，其中多数都属于由中、低强度钢制造的一般尺寸零件。这类零件发生低应力脆断的可能性较小，所以都以屈服强度作为零件强度计算的依据。

低温条件下，尺寸很大的大型零件或者用高强度钢（1200～1400 MPa）制造的零件，很容易产生低应力脆断。这类零件应以断裂韧性为依据对零件的强度进行效核。

承受交变载荷的零件和在高温下工作的零件，则分别以疲劳极限和蠕变极限（或持久强度）作为强度的计算依据。

σ_s/σ_b 称为材料的屈强比，其值越小则在发生超载条件下，材料也能由于产生塑性变形而强化，从而避免立即断裂，即提高了零件的可靠性，但若比值太小，由于设计用的屈服强度值较小，材料的有效利用率将过低。所以对由碳素结构钢所制的零件，应取 0.5～0.6；由合金结构钢所制的零件，取 0.65～0.85。

3. 塑韧性指标的作用

在选材中对零件进行强度、刚度校核时，材料的塑性和韧性指标等不能直接用于设计计算，只能间接地估计它们对零件强度的作用。传统的看法认为：这些指标是保证安全的性能指标。为了保证零件的安全，常依照经验要求零件材料既具有高的强度又具有较高的韧性。当材料的强度与塑性之间产生矛盾时，若牺牲强度换取高塑性和高韧性，其结果会使产品变得笨重，并浪费材料。

越来越多的研究和试验证明：机械零件所用材料的性能，在很多情况下并不要求有很高的韧性和塑性。零件在不同工作条件下其强度、韧性的合理配合，至今尚无普遍适用的估算方法。对于实际工作的各种零件，很难准确地确定其强度与塑性、韧性间的搭配关系，一般只是根据下列原则定性地确定，其可靠性往往仍需通过实际试验来确定。

对于静载下、结构上存在非尖锐缺口（例如小孔、键槽、凸肩等）的零件，高塑性可以对应力集中起到缓冲作用，因此所选的材料应有一定的塑性和韧性，但并非越大越好。

动载下承受小能量多次冲击的零件，以及结构上存在尖锐缺口和内部存在裂纹的零件，强度所起作用要比塑性重要得多，没有必要按照传统的看法要求材料具有很高的塑性和韧性指标。

对低温或温差变化很大条件下工作的零件，由于 α_k 能够反映材料的冷脆转化温度，所以应选用 α_k 值较高的材料。对在一般情况下工作的其他零件，并不要材料有很高的冲击韧性。

4. 硬度指标的作用

材料的硬度常在一定范围内影响强度，所以机械零件心部的硬度一般由零件所需的强度所制约。例如，大多数零件为了保证强度而采用调质处理，其硬度被控制在 HBS230～300 范围内。大多数零件为了增加其耐磨性而需要提高表面硬度，一般多通过化学热处理或表面淬火来实现。但硬化层的深度直接影响表面疲劳强度，因此其深度必须合理以保证表面既有足够的耐磨性并兼顾抗疲劳性。

应该指出，材料的常规机械性能（例如强度指标、塑性指标、韧性和硬度等）对机械零件的承载能力和预期寿命各有其独立作用，但它们之间又互有影响。例如当通过一些措施提高材料的强度时，硬度也趋于增加，而塑性下降，冲击韧性有时也有变化。因此，在选材时就产生了“取舍”问题。就此而言，零件材料的选择过程就是在正确分析零件工作条件的基础上，确定其材料的各项机械性能的合理搭配。对于大多数零件来说，就是在保证强度和刚度的同时，合理地确定塑性与韧性的要求，以充分发挥材料的效能。

11.3 常用机械零件的选材

国民经济各部门中所应用的机械装备，种类极其繁多。按其用途和工作条件分为金属切削机床设备、动力机械、化工设备及机械、矿山机械、轻纺机械以及农业机械等。任何一类机械中的零件都会因断裂、塑性变形和早期磨损而失效。但是不同用途的各类机械常常各有其工作特点，因此在结构设计和选材上也各有特点。例如，各种切削加工机床在固定的室内使用，工作条件平稳，没有很大的冲击载荷。同时对机床的技术性能主要要求长期保持高精度，以保证被加工的零件能得到准确的尺寸和形状精度。为此，机床零件可以较多地使用碳钢和铸铁。在设计上，如果保证刚度，一般都能满足强度要求。其中重要的配偶零件应具有良好的耐磨性，这对保证机床的精度是非常重要的。

而矿山机械的特点是工作环境往往十分恶劣，承受剧烈的冲击载荷和强烈的振动，容易造成零件的频繁损坏；同时要求机器的结构尽可能轻便和零件更换方便。因此，矿山机械的零件在结构设计和选材上要求高强度和良好的耐磨性，以保证零件在冲击载荷下少发生危险性的脆断和过早的磨损。所以矿山机械零件较多使用合金钢制造，除形状特别复杂的零件使用铸钢铸造外，应尽可能采用焊接结构，以减轻零件的重量。

化工机械经常在酸、碱介质中工作，食品机械需要保证食品的卫生，因此它们中的零件较多使用不锈钢。

各类机械中特殊零件的设计和选材，在专业书籍中都有论述，本节只对其中一些通用的典型零件例如轴类、齿轮、机座等作概略分析。

11.3.1 齿轮的选材

齿轮是各种机械零件中应用最多的传动零件，它的作用是传递能量或运动。一对齿轮啮合运动时，受力状况是：齿根部承受很大的交变弯曲应力；在启动、变速、高速和啮合不良的情况下，承受冲击力、齿面间的摩擦力和接触压应力。齿轮的失效形式通常表现为：齿部折断、齿面的过度磨损以及齿表面的剥落等现象。

齿根部折断多数情况是由于齿根部承受交变的弯曲应力产生疲劳的结果，也可能是超载造成的脆断。提高所用材料的疲劳强度、提高齿面硬度，在齿面上形成高强度的硬化层和残余压应力，都可改善齿根的抗弯曲疲劳性能。

齿面的磨损在正常工作条件下应该是比较缓慢的，过早和过度的磨损往往是由于齿面间的强烈摩擦所造成，传递功率较大、速度低、润滑条件不良以及外来磨粒落入齿面等情况都会造成摩擦加剧。采用表面硬化处理如渗碳、氮化、表面淬火等方法提高齿面的强度和硬度，可以使齿面的抗磨损性能增强。

齿面剥落是因齿面承受很高的交变接触应力引起疲劳的结果，常表现为麻点状或大块深沟状的凹坑。前者是由于齿面上严重的局部塑性变形所引起，后者是齿面硬化层和基体间的过渡区产生局部塑性变形的结果。提高齿面硬度如采用渗碳、氮化、表面淬火等热处理

工艺可以有效地防止齿表面上的麻点剥落。增加硬化层的深度和适当地提高心部的硬度，则有助于防止大块沟状剥落的出现。

所以齿轮的设计和选材首先应保证齿轮心部具有较高的强度和适当的韧性(综合机械性能，通常为调质状态或低碳马氏体状态)，同时，齿根部应具有较高的疲劳强度和表面耐磨性(高的表面硬度，采用化学热处理或表面淬火以及机械强化法——喷丸或滚压等工艺)。因此，重要的传动齿轮一般采用下述两种选材方案。

(1) 调质钢：正火或调质处理＋表面淬火或化学处理。

(2) 渗碳钢：渗碳或碳氮共渗＋淬火、回火。

通常在设计齿轮时，根据传动速度、传动压力和承受载荷的大小，把齿轮分为下列几类。

(1) 低速(v=1～6 m/s)、低载齿轮：可采用灰铸铁、球墨铸铁制造。

(2) 低速、中载、轻微冲击的齿轮：这类齿轮通常采用 40、45、40Cr 等调质钢制造，经过调制处理后可以得到 HBS200～240 范围的中等硬度和相当的疲劳强度，但接触疲劳强度较差，抗麻点剥落的性能差。采用此类钢制造齿轮，其一般工艺过程为：

锻造──→退火──→粗加工──→调质──→精加工

(3) 中速(v=6～10 m/s)、中载、承受一定冲击的齿轮：这类齿轮可采用 40Cr、35CrMo、40CrNiMoA 等合金调质钢或氮化钢 38CrMoAlA 等。首先应进行整体调质处理使心部具有强韧性能，随后进行齿部的表面硬化(如表面淬火或氮化)以提高齿面的耐磨性和抗剥落性，通常表面硬度应达到 HRC50～54。其工艺过程为：

锻造──→退火──→粗加工──→调质──→精加工──→表面硬化(表面淬火或氮化)──→精磨。

氮化的优点是变形极小、硬度高、耐磨性好，可以省去精磨。所以要求精度很高的齿轮，为了避免热处理过程中所带来的变形，可采用氮化钢制造。

(4) 高速($v \geqslant$10 m/s)、中载或重载、承受较大冲击的齿轮：这类齿轮可采用 20Cr、20CrMnTi、12Cr2Ni4A 等合金渗碳钢制造，经渗碳和淬火、回火后具有很高的表面硬度(HRC58～62)以及较高的抗弯曲疲劳和抗剥落的性能。大多数汽车、拖拉机、矿山机械的齿轮都采用此种钢制造，一般工艺过程为：

锻造──→退火──→机械加工──→渗碳、淬火和回火──→齿形精加工──→(齿表面机械强化)──→孔精加工

渗碳层的深度对齿轮的齿表面质量有很大影响，太薄时易产生表面剥落，太厚时不耐冲击。一般模数为 2～7 的齿轮，其渗碳层深度应取 0.6～1.3 mm。

图 11-1　汽车变速齿轮

下面以载重汽车变速齿轮(如图 11-1 所示)为例，说明齿轮选材及热处理规范的制定。

该齿轮的传递功率为 70～95 kW、转速为 600～800 r/min，它在汽车运行中与其他齿轮频繁啮合或脱离，用以改变汽车行驶速度。因此，除受有较大的扭矩和摩擦外并承受较大的冲击，属于高速、重载、冲击类齿轮。所以，首先即可确定应选

用合金渗碳钢制造，并采用渗碳、淬火和回火的热处理方案。

随后可参考同类汽车或拖拉机变速齿轮常用的钢种，并结合我国合金渗碳钢的种类和使用习惯来确定具体钢号。例如，一般可选 20Cr 或 20CrMnTi 钢。这两种钢目前在我国应用最广泛。然后根据 20Cr 或 20CrMnTi 的机械性能，对齿轮进行强度校核，以校核其强度是否足够。

汽车、拖拉机齿轮的生产特点是批量大，因此必须考虑所选钢材的工艺性。20CrMnTi 具有比 20Cr 更好的机械性能和淬透性，同时对过热不敏感、渗碳速度快、变形小，并在正火后具有良好的切削加工性。这些工艺上的优点有利于大批量生产。为此可确定本齿轮选用 20CrMnTi 为宜。

选材确定后，还需根据该齿轮的精度要求、模数大小，参考同类产品拟定出下列类似的热处理技术条件：

渗碳层表面含碳量：0.8%～1.05%；

渗碳层深度：0.8～1.3 mm；

淬火后硬度：HRC 不小于 62；

回火后表面硬度：HRC58～62；

回火后心部硬度：HRC33～38。

这些要求是为了控制齿轮的渗碳及其随后的淬火和回火质量而规定的，有时也可以简化。

以上是齿轮选材的基本过程。由于影响齿轮质量的因素很多，对于选材是否正确、热处理规范是否合理，仍需以实物机台实验结果为准，经若干修改最后才能确定。

11.3.2 轴类零件选材

几乎所有的机械中都有轴类零件。常用的轴有主轴、曲轴、花键轴、齿轮轴等。轴的功能是传递动力或运动。轴在运转时承受交变的弯曲应力和扭转应力，有时还有不同程度的冲击载荷。所以，轴经常出现磨损、形变和疲劳断裂而失效。

轴的磨损经常出现在与轴承配合的轴颈上、与滑动齿轮配合的花键部分以及与其他零件有相对运动的部位。要减缓轴的磨损，除提高配合精度和降低表面粗糙度外，从材料的性能上应提高其耐磨性。例如与锡基或铅基轴承配合的轴颈，硬度应为 HRC50～55；与铜基轴承配合的轴颈硬度应不低于 HRC55；与滚动轴承配合的轴颈，因不存在相对摩擦，硬度可取 HRC30～40。为了使轴颈具有高硬度，轴颈处采用表面淬火处理。

轴的变形有两种情况：一种情况是轴的刚度不足引起的过量弹性变形（例如轴加载后产生挠度或扭转角），这多半是由于设计不周，截面尺寸太小所造成的；另一种情况是轴出现永久性的弯曲和扭转变形，这种现象在机器过载或受到强烈冲击时最易发生，它是由于材料屈服强度不足所造成的结果。

轴最常见的失效形式是疲劳断裂，这种断裂往往是突然性的，最易发生在轴的轴肩、花键端部、轴孔底部等易于产生应力集中的部位。轴表面上的各种损伤、刀痕也常常是引起疲劳断裂的原因。为了提高抗疲劳断裂的能力，制造轴的材料应具有较高的疲劳强度和良好的淬透性。

因此，轴类零件通常都是调质钢制造，热处理工艺采用整体调质和局部表面淬火处理。对扭矩不大、截面尺寸不超过 25～30 mm、形状简单的轴一般可采用 40、45、50 三种碳素调质钢；扭矩较大、截面尺寸超过 30 mm、形状复杂的轴，则需采用淬透性较高的合金调质钢，如 40Cr、35Mn 或淬透性更好的 30CrMoA、40CrMnMo 等合金调质钢。

图 11-2 所示是设计中的 C616 型车床主轴的草图。该主轴的工作条件是：当车床进行车削时，主轴承受弯曲和扭转应力，有时还有冲击载荷；ϕ44 锥孔和 ϕ75 外锥面有相对摩擦；花键部分与配合件有相对滑动。轴承为滚动轴承。

根据 C616 型车床的用途，该轴承受中等载荷，工作平稳，不存在强烈冲击。轴的结构较长，但轴颈变化平缓，中心有通孔，最大壁厚为 25 mm。因此可首先试选用 45 碳素结构钢作强度试算。从手册查出 45 钢经调质后的 $\sigma_{0.2}$ 和 σ_{-1} 值，然后作强度校核计算，如强度不够可另选其他强度较高的钢，如 30CrMoA、38CrMoAlA 等。

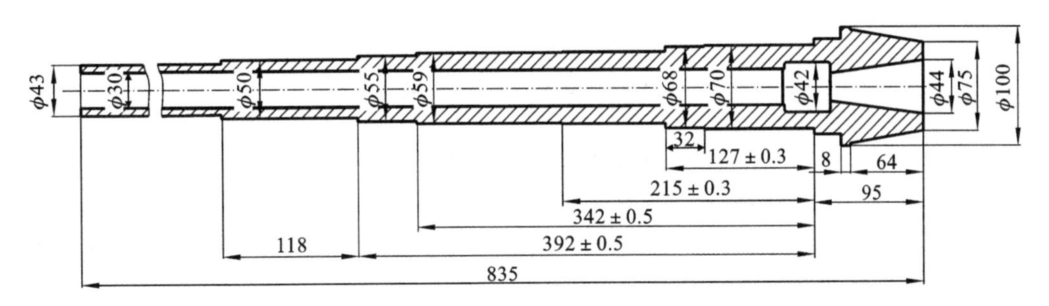

图 11-2　车床主轴

轴的刚度取决于钢的弹性模量 E 和断面尺寸，选取何种钢对轴的刚度影响不大，只需对其负载面加以校核即可。

对轴颈和锥面以及花键部位的耐磨性要求，如用 45 钢经表面淬火和不同温度下的回火，可分别达到不同的硬度，工艺上也不存在困难。该轴长度虽然较长，但直径较大、壁厚较均匀，如加强工艺措施，可以将变形控制在一定限度，并达到淬透。

根据上述考虑和计算，此轴选用 45 钢是合理的。最后，根据轴的质量要求制定热处理条件如下：

整体调质：HBS220～230；

ϕ44 及 ϕ75 锥面表面淬火、回火，HRC45～50；

花键表面部分淬火、回火，HRC48～53。

11.3.3　箱体类零件的选材

箱体是机器中的基础零件。各种零件安装在箱体中以保持相对的位置和协调地运动。因此，箱体一般都具有形状比较复杂、体积较大、壁薄容易变形等结构特点，同时还要求它有精度较高的孔和平面，如图 11-3 所示是构成龙门铣床的箱体床身。

箱体不仅承担机器上各个零部件的重量，而且还承受各零件工作时的作用力，以及各零件稳定在箱体机架或基础上的紧固力。所以箱体的基本要求是：要有足够的强度和刚度、形状简单便于制造、拆卸方便。对高速和承受冲击的箱体，还应考虑振动稳定性的要求。

图 11-3　构成机床床身的箱体

强度和刚度是设计箱体结构、选择箱体材料以及拟定工艺方案的基本出发点。由于形状和受力比较复杂，目前用数学分析的方法尚难以计算其中的应力与应变。一般在设计中都是参考同类型机器进行类比设计，而只对危险截面作强度和刚度校核。箱体设计是否合理仍需决定于实物机台试验的结果。

由于形体复杂，绝大多数箱体都采用铸件。铸铁的铸造性好、价格低廉、又具有消震能力，所以工作平稳和中等载荷的箱体一般都采用灰口铸铁或球墨铸铁制造。例如金属切削机床中的各种箱体。

载荷较大、承受冲击较强的箱体常采用铸钢制造，其中 ZG270-500、ZG230-450 应用最多。由于铸钢的铸造性较差，铸钢箱体往往壁厚较大、形体笨重。

要求重量轻、散热良好的箱体，例如飞机发动机气缸等多采用铝合金铸造。载荷较大但结构形状简单、体积较大而生产批量较少的箱体，为了减轻重量也可采用各种低碳钢型材拼制成焊接件。焊接的箱体应采用焊接性优良的钢材，如 Q235、20、16Mn 等。

箱体无论是铸件或焊件，其中往往存在很大的铸造或焊接内应力，如不消除在使用期中会缓慢发生变形，最终引起失效。因此箱体毛坯在加工前或在粗加工后，一般都需要进行去应力退火或自然时效。例如图 11-3 所示的箱体床身，因使用条件要在不大冲击载荷下工作，所以采用了铸件。铸造成的毛坏一般需在 550 ℃下加热后保温数小时，然后缓冷以除去其中的铸造内应力，或者将该毛坯长期放置，待其自然时效后再予以加工。

11.3.4　其他常用零件选材举例

机器零件的种类繁多，就是同种零件使用条件也不一样，它们所选材料和使用的热处理方法也不一样。下面列举一些其他常用零件的选材和热处理要求。图 11-4～图 11-7 所示是机械中常见的蜗轮、弹簧、锁紧螺母、汽车前轴球头销等。它们的选材和热处理要求及工艺见表 11-3。

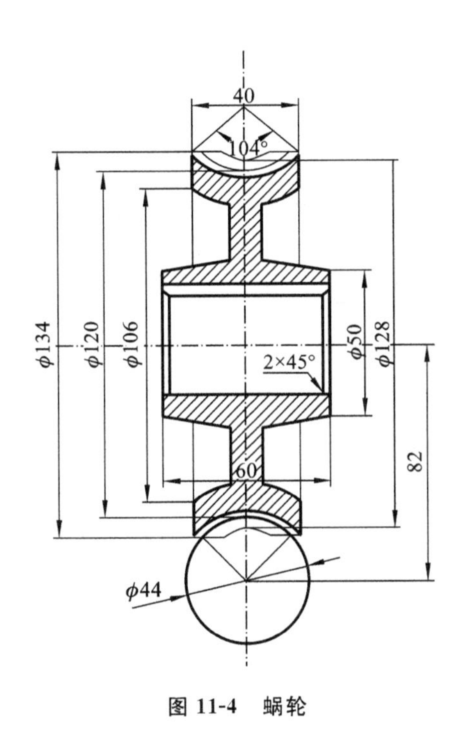

图 11-4 蜗轮

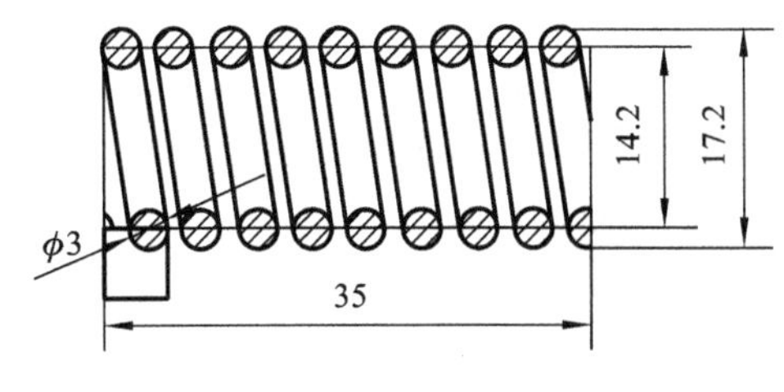

图 11-5 弹簧

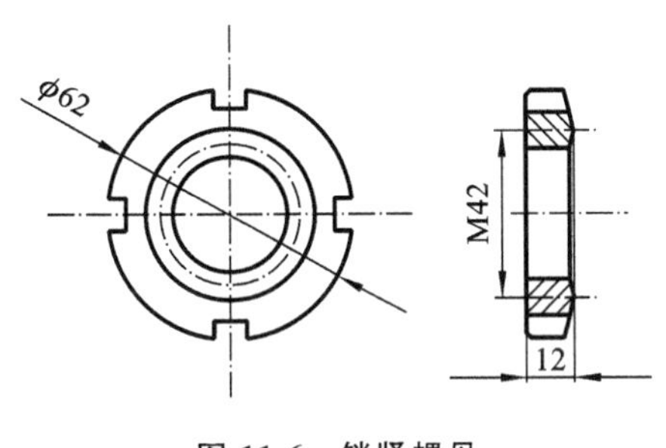

图 11-6 锁紧螺母

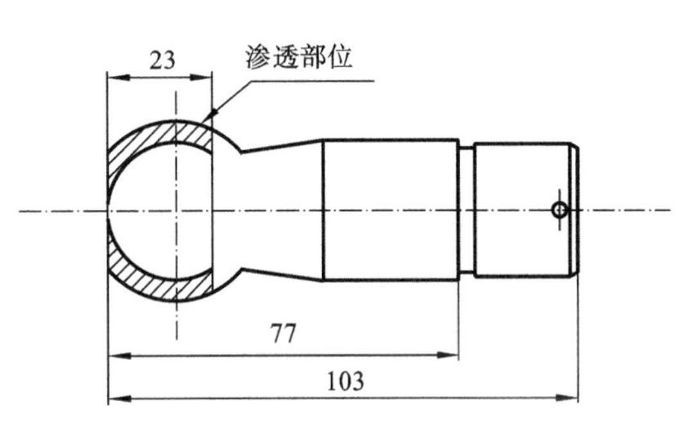

图 11-7 球头销

表 11-3 常用零件的选材和热处理要求及工艺

零件名称	材料	热处理要求及工艺
蜗轮	ZQSn10-1	去应力退火
弹簧	65Mn	淬火中温回火，HRC46～56
锁紧螺母	45	缺口处表面淬火：HRC35～48
球头销	20CrMnTi	渗碳 0.8～1 mm，淬火低温回火：HRC 58～62

思考练习题

1. 图 11-5 所示的弹簧采用 65Mn 钢制造，是否可选用其他钢代替？如何进行热处理？

2. 图 11-7 所示的球头销为什么采用 20CrMnTi？有人建议改用 40Cr 或 16Mn 钢，是否可行？

3. 图 11-8 所示是大型轧钢机中的人字齿轮传动轴，承受很大的扭矩，属于重载、中速、

重型零件。方案一提出采用45钢、整体调质处理、齿面淬火 HRC51～58;方案二提出采用20CrMnTi钢,渗碳淬火处理;方案三认为应采用合金调质钢如34CrMoA或40CrMrMo等钢、整体调质处理并对齿部进行表面淬火。试分析这三个方案的合理性。

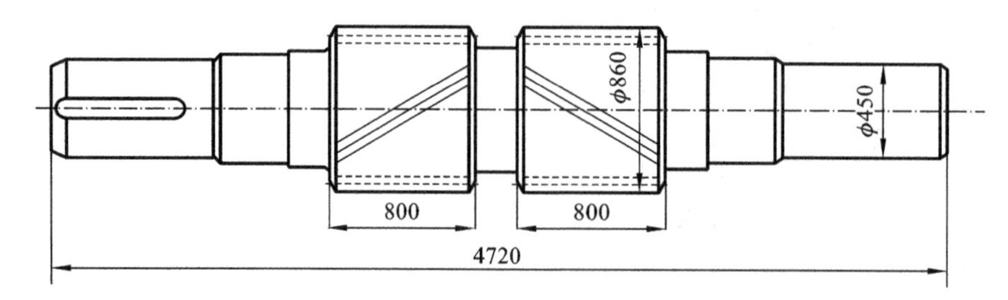

图 11-8　轧钢机齿轮轴

4. 据文献报道:载重汽车发动机中的螺栓,原设计采用40Cr钢调质处理 HRC33～35。后来改进采用15MnVB钢,880 ℃油中淬火,200 ℃回火后 HRC38～41,可使其寿命提高1.5倍。试分析其原因。

附录A　化学元素周期表

■与铁形成连续的γ相固溶体
●与铁形成封闭的γ相区
▲不溶解与铁的
□扩大γ相区
○缩小γ相区
——粗线区内在钢中形成碳化物的元素
----点划线为金属与非金属的分界线

原子序数——12 密六——晶体结构
元素符号——Mg ▲——外层电子的构数
（有＊的是人造元素）
元素名称——镁 $3s^2$ 24.305——括号内指可能的构型原子量

过渡族元素（ⅢB～ⅡB）

周期	ⅠA	ⅡA	ⅢB	ⅣB	ⅤB	ⅥB	ⅦB	Ⅷ			ⅠB	ⅡB	ⅢA	ⅣA	ⅤA	ⅥA	ⅦA	O	电子层	O族电子数
1	1 密六 H □ 氢 $1s^1$ 1.00797																	2 密六 He 氦 $1s^2$ 4.0026	K	2
2	3 体心 Li ▲ 锂 $2s^1$ 6.939	4 密六 Be ● 铍 $2s^2$ 9.0122											5 正交 B ○ 硼 $2s^22p^1$ 10.811	6 钻石 六角 C □ 碳 $2s^22p^2$ 12.011	7 复杂 N □ 氮 $2s^22p^3$ 14.0067	8 复杂 正交 O ○ 氧 $2s^22p^4$ 12.011	9 F 氟 $2s^22p^5$ 18.9984	10 面心 Ne 氖 $2s^22p^6$ 20.179	L K	8 2
3	11 体心 Na ▲ 钠 $3s^1$ 22.9898	12 密六 Mg ▲ 镁 $3s^2$ 24.305											13 面心 Al ● 铝 $3s^23p^1$ 26.9815	14 钻石 Si ● 硅 $3s^23p^2$ 28.086	15 正交 单斜 P ● 磷 $3s^23p^3$ 30.9738	16 正交 S ○ 硫 $3s^23p^4$ 32.064	17 正交 Cl 氯 $3s^23p^5$ 35.453	18 面心 Ar 氩 $3s^23p^6$ 39.948	M L K	8 8 2
4	19 体心 K ▲ 钾 $4s^1$ 39.10	20 面心 密六 Ca ▲ 钙 $4s^2$ 40.08	21 密六 Sc 钪 $3d^14s^2$ 44.956	22 密六 体心 Ti ● 钛 $3d^24s^2$ 47.90	23 体心 复杂 V ● 钒 $3d^34s^2$ 50.941	24 体心 密六 Cr ● 铬 $3d^54s^1$ 51.996	25 复杂 正方 Mn ■ 锰 $3d^54s^2$ 54.9380	26 体心 面心 Fe 铁 $3d^64s^2$ 55.847	27 密六 面心 Co ■ 钴 $3d^74s^2$ 58.9332	28 面心 Ni ■ 镍 $3d^84s^2$ 58.71	29 面心 Cu □ 铜 $3d^{10}4s^1$ 63.546	30 密六 Zn □ 锌 $3d^{10}4s^2$ 65.37	31 正交 Ga 镓 $4s^24p^1$ 69.72	32 钻石 Ge ● 锗 $4s^24p^2$ 72.59	33 菱形 As ● 砷 $4s^24p^3$ 74.9216	34 六角 单斜 Se 硒 $4s^24p^4$ 78.96	35 正交 Br 溴 $4s^24p^5$ 79.904	36 面心 Kr 氪 $4s^24p^6$ 83.80	N M L K	8 18 8 2
5	37 体心 Rb ▲ 铷 $5s^1$ 85.467	38 面心 Sr ▲ 锶 $5s^2$ 87.62	39 密六 Y 钇 $4d^15s^2$ 88.906	40 密六 体心 Zr ○ 锆 $4d^25s^2$ 91.22	41 体心 Nb ○ 铌 $4d^45s^1$ 92.906	42 体心 Mo ● 钼 $4d^55s^1$ 95.94	43 密六 Tc 锝 $4d^55s^2$ (98.9062)	44 密六 Ru ■ 钌 $4d^75s^1$ 101.07	45 面心 Rh ■ 铑 $4d^85s^1$ 102.9055	46 面心 Pd ■ 钯 $4d^{10}$ 106.4	47 面心 Ag ▲ 银 $4d^{10}5s^1$ 107.868	48 密六 Cd ▲ 镉 $4d^{10}5s^2$ 112.40	49 正方 In 铟 $5s^25p^1$ 114.82	50 钻石 正方 Sn ● 锡 $5s^25p^2$ 118.69	51 菱形 Sb ● 锑 $5s^25p^3$ 121.75	52 六角 Te ○ 碲 $5s^25p^4$ 127.60	53 正交 I 碘 $5s^25p^5$ 126.9045	54 面心 Xe 氙 $5s^25p^6$ 131.30	O N M L K	8 18 18 8 2
6	55 体心 Cs ▲ 铯 $6s^1$ 132.905	56 体心 Ba ▲ 钡 $6s^2$ 137.34	57-71 La-Lu 镧系	72 密六 体心 Hf 铪 $5d^26s^2$ 178.49	73 体心 Ta ○ 钽 $5d^36s^2$ 180.948	74 体心 复杂 W ● 钨 $5d^46s^2$ 183.85	75 密六 Re 铼 $5d^56s^2$ 186.2	76 密六 Os ■ 锇 $5d^66s^2$ 190.2	77 面心 Ir ■ 铱 $5d^76s^2$ 192.2	78 面心 Pt ■ 铂 $5d^96s^1$ 195.09	79 面心 Au □ 金 $5d^{10}6s^1$ 196.9665	80 菱形 Hg ▲ 汞 $5d^{10}6s^2$ 200.59	81 密六 面心 Ti ▲ 铊 $6d^26p^1$ 204.37	82 面心 Pb ▲ 铅 $6s^26p^2$ 207.2	83 菱形 Bi ▲ 铋 $6s^26p^3$ 208.9806	84 Po 钋 $6s^26p^4$ (209)	85 At 砹 $6s^26p^5$ (210)	86 Rn 氡 $6s^26p^6$ (222)	P O N M L K	8 18 32 18 8 2
7	87 Fr 钫 $7s^1$ (223)	88 Ra ▲ 镭 $7s^2$ (226)	89-103 Ac-Lr 锕系	104 Rf 鈩 ($6d^27s^2$) (261)	105 Db ($6d^37s^2$) (262)															

	57～71 镧系元素	57 密六 面心 La 镧 $5d^1 6s^2$ 138.91	58 密六 面心 Ce○ 铈 $4f^1 5d^1 6s^2$ 140.12	59 密六 Pr 镨 $4f^3 6s^2$ 140.907	60 密六 Nd 钕 $4f^4 6s^2$ 144.42	61 Pm 钷 $4f^5 6s^2$ (145)	62 菱形 Sm 钐 $4f^6 6s^2$ 150.35	63 体心 Eu 铕 $4f^7 6s^2$ 151.96	64 密六 Gd 钆 $4f^7 5d^1 6s^2$ 157.25	65 密六 Tb 铽 $4f^8 5d^1 6s^2$ 158.9254	66 密六 Dy 镝 $4f^{10} 6s^2$ 162.50	67 密六 Ho 钬 $4f^{11} 6s^2$ 164.930	68 密六 Er 铒 $4f^{12} 6s^2$ 167.26	69 密六 Tm 铥 $4f^{13} 6s^2$ 168.934	70 面心 Yb 镱 $4f^{14} 6s^2$ 173.04	71 密六 Lu 镥 $4f^{14} 5d^1 6s^2$ 174.97
	89～103 锕系元素	89 面心 Ac 锕 $6d^1 7s^2$ (227)	90 面心 Th 钍 $6d^2 7s^2$ 232.038	91 正方 Pa 镤 $5f^2 6d^1 7s^2$ (231)	92 正交 正方 U □ 铀 $5f^3 6d^1 7s^2$ 238.03	93 正交 正方 Np 镎 $5f^4 6d^1 7s^2$ (237)	94 单斜 Pu 钚 $5f^6 7s^2$ (244)	95 密六 Am 镅 * $5f^7 7s^2$ (243)	96 Cm 锔 * $5f^7 6d^1 7s^2$ (247)	97 Bk 锫 * $5f^9 7s^2$ (247)	98 Cf 锎 * $5f^{10} 7s^2$ (251)	99 Es 锿 * $(5f^{11} 7s^2)$ (254)	100 Fm 镄 * $(5f^{12} 7s^2)$ (257)	101 Md 钔 * $(5f^{13} 7s^2)$ (258)	102 No 锘 * $(5f^{14} 7s^2)$ (255)	103 Lr 铹 * $5f^{14} 6d^1 7s^2$ (256)

附录B 黑色金属的硬度及强度换算值*

洛氏硬度		布氏硬度	维氏硬度	强度	洛氏硬度		布氏硬度	维氏硬度	强度
(HRC)	(HRA)**	(HB/10/3000)	(HV)	(近似值) σ_b/MPa	(HRC)	(HRA)	(HB/10/3000)	(HV)	(近似值) σ_b/MPa
65	83.9	—	856	—	36	(68.5)	332	338	1131
64	83.3	—	825	—	35	(68.0)	323	329	1100
63	82.8	—	795	—	34	(67.5)	314	320	1070
62	82.2	—	766	—	33	(67.0)	306	312	1042
61	81.7	—	739	—	32	(66.4)	298	304	1015
60	81.2	—	713	2607	31	(65.9)	291	296	989
59	80.6	—	688	2496	30	(65.4)	283	289	964
58	80.1	—	664	2391	29	(64.9)	276	281	940
57	79.5	—	642	2293	28	(64.4)	269	274	917
56	79.0	—	620	2201	27	(63.8)	263	268	895
55	78.5	—	599	2115	26	(63.3)	257	261	874
54	77.9	—	579	2034	25	(62.8)	251	255	854
53	77.4	—	561	1957	24	(62.3)	245	249	835
52	76.9	—	543	1885	23	(61.7)	240	243	816
51	76.3	501	525	1817	22	(61.2)	234	237	799
50	75.8	488	509	1753	21	(60.7)	229	231	782
49	75.3	474	493	1692	20	(60.2)	225	226	767
48	74.7	461	478	1635	(19)	(59.7)	220	221	752
47	74.2	449	463	1571	(18)	(59.1)	216	216	737
46	73.7	436	449	1521	(17)	(58.6)	211	211	724
45	73.2	424	436	1480	(16)	(58.1)	208	203	710
44	72.6	413	423	1434	(15)	(57.6)	204	198	690
43	72.1	401	411	1389	(14)	(57.1)	200	193	675
42	71.6	391	399	1347	(13)	(56.5)	196	190	660
41	71.1	380	388	1307	(12)	(56.0)	192	184	645
40	70.5	370	377	1268	(11)	(55.5)	188	180	625
39	70.1	360	367	1232	(10)	(55.0)	185	176	615
38	(69.6)	350	357	1197	(9)	(54.5)	181	172	600
37	(69.0)	341	347	1163	(8)	(53.9)	177	168	590

续表

洛氏硬度		布氏硬度	维氏硬度	强度	洛氏硬度		布氏硬度	维氏硬度	强度
(HRB)	(HRA)**	(HB/10/1000)	(HV)	(近似值) σ_b/MPa	(HRB)	(HRA)	(HB/10/1000)	(HV)	(近似值) σ_b/MPa
100	(61.3)	(225)	233	803	79	(48.3)	130	143	498
99	(60.7)	(216)	227	783	78	(47.8)	128	140	489
98	60.0	(207)	222	763	77	(47.2)	126	138	480
97	59.3	(199)	216	744	76	(46.7)	124	135	472
96	58.7	(193)	211	726	75	(46.1)	122	132	464
95	58.1	(187)	206	708	74	(45.6)	120	130	456
94	57.4	(181)	201	691	73	(45..1)	118	128	449
93	56.8	(176)	196	675	72	(44.5)	116	125	442
92	56.1	(172)	191	659	71	(44.0)	115	123	435
91	55.5	(168)	187	644	70	(43.5)	113	121	429
90	54.9	(164)	183	629	69	(43.0)	112	119	423
89	54.2	(160)	178	614	68	(42.5)	110	117	418
88	53.6	(157)	174	601	67	(42.0)	109	115	412
87	53.0	(154)	170	587	66	(41.5)	108	114	407
86	52.4	(151)	166	575	65	(41.1)	107	112	403
85	51.8	(148)	163	562	64	(40.6)	106	110	398
84	51.2	(145)	159	550	63	(40.1)	105	109	394
83	50.6	(142)	156	539	62	(39.6)	104	108	390
82	50.0	(138)	152	528	61	(39.2)	103	106	386
81	49.4	136	149	518	60	(38.7)	102	105	383
80	48.9	135	146	508					

注：* 表中所列数值系根据实验数据统计所得的近似换算值，特别是强度值；

* * 括号内的数值仅供参考，在实际测试时不宜使用。

表中标注的地方与查询的数值有不同，表中的数据为查到的数据。

附录C 国内外部分钢号对照

钢 种	中国 GB	美国 ASTM	日本 JIS	德国 DIN EN	英国 BS EN	法国 NF EN	俄罗斯 ГОСТ	韩国 KS
碳素结构钢	Q235A	Grade D	SS400	S235JR(1.0038)			$\text{С}_{\text{т}}$3КП	SS400
低合金高强度结构钢	Q345E	Grade 50 [345]	SPFC 590	S355NL(1.0546)			345	SEV245
优质碳素结构钢	08F	1008	SPHD,SPHE	DC01(1.0330)			08КП	SM9CK
	10	1010	S10C	C10E(1.1121)			10	SM10C
	20	1020	S20C	C22E(1.1151)			20	SM20C
	45	1045	S45C	C45E(1.1191)			45	SM45C
	15Mn	1016	SWRCH16K	C16E(1.1148)			15Г	SWRCH16K
合金结构钢	20Cr	5120	SCr420	17Cr3(1.7016)			20Х	SCr420
	40Cr	5140	SCr440	41Cr4(1.7035)			40Х	SCr440
	15CrMo	A387 Gr.12	SCM415	18CrMo4(1.7243)			15ХМ	SCM415
	42CrMo	4142	SCM440	42CrMo4(1.7225)			42ХМ	SCM440
	40CrNi	3140.G31400	SNC236	40NiCr6	640M40	35NC6	40ХН	SNC236
	38CrMoAlA	AMS6470	SACM645	34CrAlMo5	905M39	40CAD6-12	38Х2МЮА	SCM645
	20CrMnTi	—	SMK22	20MnCr5G	—	20MC5	18ХГТ	SCM421
	40CrNiMoA	4340,E4340	SNCM439	36CrNiMo4(1.6511)			40ХН2МА	SNCM439
弹簧钢	65	1065	SWRH67B	C66D(1.0612)			65	—
	65Mn	1566	SWRH67B	65Mn4	080A67	—	65Г	—
	60Si2Mn	9260	SUP6,SUP7	61SiCr7(1.7108)			60С2Г	SPS3
	50CrVA	6150	SUP10	51CrV4(1.8159)			50ХФА	SPS6
滚动轴承钢	GCr15	52100	SUJ2	(B1)100Cr6(1.3505)			ШХ15	STB2
	GCr15SiMn	A 485(2)	—	(B3)100CrMnSi6-4(1.3520)			ШХ15СГ	STB3
奥氏体锰钢	ZG120Mn13	A128 Gr.B3	SCMnH1	GX120Mn13			110Г13Л	SCMnH1
碳素工具钢	T18	W1A-8	SK80	C80U			У8	STC6
	T10	W1A-9.5	SK105	C105U(1.1545)			У10	STC4
	T12	W1A-11.5	SK120	C120U(1.1563)			У12	STC2

续表

钢种	中国 GB	美国 ASTM	日本 JIS	德国 DIN EN	英国 BS EN	法国 NF EN	俄罗斯 ГОСТ	韩国 KS
合金工具钢	9SiCr	—	—	90CrSi5	BH21	—	9ХС	—
	Cr12	D3	SKD1	X210Cr12			Х12	STD1
	Cr12Mo1V1	D2	SKD11	X160CrMoV12-1			Х12МФ	STD11
	CrWMn	—	SKS31	—			ХВГ	STS31
	3Cr2W8V	H21	SKD5	X30WCrV9-3			3Х2В8Ф	STD5
	5Cr08MnMo	—	SKT5	40CrMnMo7	—	—	5ХГМ	—
	5Cr06NiMo	L6	SKT4	55NiCrMoV7			5ХНМ	STF4
高速工具钢	W18Cr4V	T1	SKH2	HS18-0-1			Р18	SKH2
	W6Mo5Cr4V2	M2	SKH51	HS6-5-2(1.3343)			Р6М5	SKH51
不锈钢	06Cr19Ni10	304	SUS304	X5CrNi18-10(1.4301)			08Х18Н10	STS304
	022Cr19Ni10	304L	SUS304L	X2CrNi19-11(1.4306)			03Х18Н11	STS304L
	06Cr18Ni11Ti	321	SUS321	X6CrNiTi18-10(1.4541)			08Х18Н10Т	STS321
	12Cr13	410	SUS410	X12Cr13(1.4006)			12Х13	STS410
	20Cr13	420	SUS420J1	X20Cr13(1.4021)			20Х13	STS420J1
	30Cr13	420	SUS420J2	X30Cr13(1.4028)			30Х13	STS420J2
	10Cr17	430	SUS430	X6Cr17(1.4016)			12Х17	STS430
	07Cr17Ni7Al	631	SUS631	X7CrNiAl7-7(1.4568)			09Х17Н7Ю	STS631
耐热钢	16Cr23Ni13	309	SUH309	X12CrNi23-13(1.4833)			20Х23Н12	STR309
	06Cr25Ni20	310S	SUS310S	X12CrNi25-20(1.4842)			10Х23Н18	STS310S
	06Cr17Ni12Mo2	316	SUS316	X5CrNiMo17-12-2(1.4401)			08Х17Н13М2	STS316
	06Cr18Ni11Nb	347	SUS347	X6CrNiNb18-10(1.4550)			08Х18Н12Б	STS347
	14Cr17Ni2	431	SUS431	X17CrNi16-2(1.4057)			14Х17Н2	STS431
	12Cr5Mo	AISI 502	SFVAB5A	X12CrMo5(1.7362)			15Х5М	SCMV6
	42Cr9Si2	SAE HNV3	SUH1	X45CrSi9-3(1.4718)			40Х9С2	STR11

资料主要来源：朱中平. 中外钢号对照手册[M]. 北京：化学工业出版社，2011.

附录 D 常用结构钢的退火及正火工艺规范

钢号	临界点/℃			退火			正火	
	Ac_1	Ac_3	Ar_1	加热温度/℃	冷却	HBW	加热温度/℃	HBW
35	724	802	680	850～880	炉冷	≤187	860～890	≤191
45	724	780	682	800～840	炉冷	≤197	840～870	≤226
45Mn2	715	770	640	810～840	炉冷	≤217	820～860	187～241
40Cr	743	782	693	830～850	炉冷	≤207	850～870	≤250
35CrMo	755	800	695	830～850	炉冷	≤229	850～870	≤241
40MnB	730	780	650	820～860	炉冷	≤207	850～900	197～207
40CrNi	731	769	660	820～850	炉冷 ＜600 ℃	—	870～900	≤250
40CrNiMoA	732	774	—	840～880	炉冷	≤229	890～920	—
65Mn	726	765	689	780～840	炉冷	≤229	820～860	≤269
60Si2Mn	755	810	700	—	—	—	830～860	≤245
50CrVA	752	788	688	—	—	—	850～880	≤288
20	735	855	680	—	—	—	890～920	≤156
20Cr	766	838	702	860～890	炉冷	≤179	870～900	≤270
20CrMnTi	740	825	650	—	—	—	950～970	156～207
20CrMnMo	710	830	620	850～870	炉冷	≤217	870～900	—
38CrMoAlA	800	940	730	840～870	炉冷	≤229	930～970	—

附录E　常用钢的回火温度与硬度对照表

钢　号	淬火规范			回火温度(℃)与回火后硬度　HRC												备　注
	加热温度/℃	淬火冷却介质	硬度HRC	180±10	240±10	280±10	320±10	360±10	380±10	420±10	480±10	540±10	580±10	620±10	650±10	
35	860±10	水	>50	51±2	47±2	45±2	43±2	40±2	38±2	35±2	33±2	28±2	250±22HBW	220±20HBW	—	—
45	830±10	水	>50	56±2	53±2	51±2	48±2	45±2	43±2	38±2	34±2	30±2	250±20HBW	220±20HBW	—	
T8,T8A	790±10	水,油	>62	62±2	58±2	56±2	54±2	51±2	49±2	45±2	39±2	34±2	29±2	25±2	—	
T10,T10A	780±10	水,油	>62	63±2	59±2	57±2	55±2	52±2	50±2	46±2	41±2	36±2	30±2	26±2	—	
40Cr	850±10	油	>55	54±2	53±2	52±2	50±2	49±2	47±2	44±2	41±2	36±2	31±2	260HBW	—	具有回火脆性的钢,如40Cr、65Mn、30CrMnSi等,在中温或高温回火后,用清水或油冷却
50CrVA	850±10	油	>60	58±2	56±2	54±2	53±2	51±2	49±2	47±2	43±2	40±2	36±2	—	30±2	
65Si2Mn	870±10	油	>60	60±2	58±2	56±2	55±2	54±2	52±2	50±2	44±2	35±2	30±2	—	—	
65Mn	820±10	油	>60	58±2	56±2	54±2	52±2	50±2	47±2	44±2	40±2	34±2	32±2	28±2	—	
5CrMnMo	840±10	油	>52	55±2	53±2	52±2	48±2	45±2	44±2	44±2	43±2	38±2	36±2	34±2	32±2	
30CrMnSi	860±10	油	>48	48±2	48±2	47±2	—	43±2	42±2	—	—	36±2	—	30±2	26±2	
GCr15	850±10	油	>62	61±2	59±2	58±2	55±2	53±2	52±2	50±2	—	41±2	—	30±2	—	
9SiCr	850±10	油	>62	62±2	60±2	58±2	57±2	56±2	55±2	52±2	51±2	45±2	—	—	—	
CrWMn	830±10	油	>62	61±2	58±2	57±2	55±2	54±2	52±2	50±2	46±2	44±2	—	—	—	
9Mn2V	800±10	油	>62	60±2	58±2	56±2	54±2	51±2	49±2	41±2	—	—	—	—	—	

续表

钢号	淬火规范			回火温度(℃)与回火后硬度 HRC												备注
	加热温度/℃	淬火冷却介质	硬度 HRC	180±10	240±10	280±10	320±10	360±10	380±10	420±10	480±10	540±10	580±10	620±10	650±10	
3Cr2W8V	1100	分级,油	≈48	—	—	—	—	—	—	—	46±2	48±2	48±2	43±2	41±2	一般采用 560～580 ℃回火 2 次
Cr12	980±10	分级,油	>62	62	59±2	—	57±2	—	—	55±2	—	52±2	—	—	45±2	
Cr12MoV	1030±10	分级,油	>62	62	62	60	—	57±2	—	—	—	53±2	—	—	45±2	一般采用 560 ℃回火 3 次,每次 1h
W18Cr4V	1270±10	分级,油	>64	—	—	—	—	—	—	—	—	—	—	—	—	

注:①淬火冷却介质用质量分数为 10%的 NaCl 的水溶液。

②淬火加热在盐浴炉内进行,回火在井炉内进行。

③回火保温时间:碳素钢一般采用 60～90 min,合金钢采用 90～120 min。

参考文献

[1] 温秉权. 机械制造基础[M]. 北京:北京理工大学出版社,2017.
[2] 任海东,程琴. 机械制造基础[M]. 北京:北京邮电大学出版社,2015.
[3] 武同. 机械制造基础[M]. 北京:科学出版社,2015.
[4] 戴枝荣,张远明. 工程材料及机械制造基础(Ⅰ)-工程材料[M]. 3 版. 北京:高等教育出版社,2014.
[5] 陈文凤. 机械工程材料[M]. 北京:北京理工大学出版社,2013.
[6] 姜敏凤. 金属材料及热处理知识[M]. 北京:机械工业出版社,2015.
[7] 林江. 工程材料及机械制造基础[M]. 北京:机械工业出版社,2013.
[8] 孙学强. 机械制造基础[M]. 北京:机械工业出版社,2010.
[9] 周凤云. 工程材料及应用[M]. 2 版. 武汉:华中科技大学出版社,2002.
[10] 齐民,于永泗. 机械工程材料[M]. 10 版. 大连:大连理工大学出版社,2017.
[11] 韩国筠. 金属材料及金属零件加工[M]. 武汉:中国地质大学出版社,1986.
[12] 吴承建. 金属材料学[M]. 北京:冶金工业出版社,2009.
[13] 凤仪. 金属材料学[M]. 北京:国防工业出版社,2009.
[14] 周建波. 金属材料与热处理[M]. 杭州:浙江大学出版社,2014.
[15] 崔振铎,刘华山. 金属材料及热处理[M]. 长沙:中南大学出版社,2010.
[16] 韩喆,陈淑花,叶东南. 金属材料与热处理[M]. 北京:冶金工业出版社,2013.
[17] 姜敏凤. 金属材料与热处理知识[M]. 2 版. 北京:机械工业出版社,2015.
[18] 陈琪,刘浩. 金属材料及零件加工[M]. 武汉:华中科技大学出版社,2013.
[19] Philip A. Schweitzer. Metallic Materials-Physical, Mechanical, and Corrosion Properties[M]. New York:Marcel Dekker,Inc. 2003.
[20] George E. Totten. Steel Heat Treatment-Equipment and Process Design[M]. 2nd ed. CRC(Taylor & Francis) Press,2007.